OBERSCHULE

Abschluss-Prüfungs-
aufgaben mit Lösungen **2015**

Biologie

Realschulabschluss
Sachsen

2006–2014

STARK

ISBN 978-3-8490-0980-9

17. ergänzte Auflage
www.stark-verlag.de

Inhalt

Fortsetzung siehe nächste Seite

Abschlussprüfung 2010

Abschlussprüfung 2011

Abschlussprüfung 2012

Abschlussprüfung 2013

Abschlussprüfung 2014

Jeweils im Herbst erscheinen die neuen Ausgaben
der Abschlussprüfungsaufgaben mit Lösungen.

Autorin:

Britta Müller, Dresden

Vorwort

Liebe Schülerinnen und Schüler,

das vorliegende Buch richtet sich an Schülerinnen und Schüler der Abschlussklassen 9 und 10, die sich gezielt auf ihre Abschlussprüfungen vorbereiten und außerhalb des Unterrichts üben, wiederholen oder Lücken schließen möchten.

Dazu enthält der Band zunächst „**Hinweise zur Zentralen Prüfung**“, die Ihnen helfen, die formalen Rahmenbedingungen für die Abschlussprüfung kennenzulernen. Die anschließenden „**Tipps zum Umgang mit Prüfungsaufgaben**“ zeigen Ihnen konkret, wie Sie erfolgreich an die Aufgaben der Abschlussprüfung herangehen können.

Anhand der Aufgabenstellungen der **Abschlussprüfungen der letzten Jahre** wird Ihnen ein Eindruck über die Anforderungen der Abschlussprüfungen vermittelt.
Die ausführlichen **Lösungsvorschläge** zu den Aufgaben dienen Ihnen bei der Prüfungsvorbereitung als Kontrolle und Hilfestellung. Mit dem Nachvollziehen der Lösungen können Vorkenntnisse wiederholt und Wissenslücken geschlossen sowie die Darstellung von Ergebnissen geübt werden.

Vielen Lösungen sind durch Rauten gekennzeichnete **Lösungstipps** in *kursivem* Druck vorangestellt, um Ihnen den Zugang zur Bearbeitung der Aufgaben zu erleichtern.

Sollten nach Erscheinen dieses Bandes noch wichtige **Änderungen in der Prüfung** vom Staatsministerium für Kultus bekannt gegeben werden, finden Sie aktuelle Informationen dazu im Internet unter *www.stark-verlag.de/pruefung-aktuell.*

Wir wünschen Ihnen mit diesem Buch viel Freude bei Ihrer intensiven Vorbereitungsarbeit und Erfolg bei Ihrer Abschlussprüfung!

Stichwortverzeichnis

Hinweise und Tipps zur Zentralen Abschlussprüfung

Die schriftliche Abschlussprüfung

Die schriftliche Abschlussprüfung für den Realschulabschluss in Sachsen besteht aus zwei Teilen. Teil 1 der Prüfung ist der Pflichtteil mit ein bis drei Aufgaben (in einigen Jahrgängen schwankte die Anzahl), Teil 2 besteht aus mehreren Wahlaufgaben, von denen Sie nur eine bearbeiten müssen. Es ist aber auch möglich, Lösungen zu mehreren Wahlaufgaben in die Arbeit zu schreiben, da nur die Aufgabe mit der höchsten erreichten Punktzahl in die Wertung eingeht.
Die Gesamtarbeitszeit beträgt 150 Minuten, nachdem Sie sich 15 Minuten intensiv mit den Aufgaben vertraut machen können. In der Prüfungsarbeit sind insgesamt 50 Bewertungseinheiten zu erreichen. 25 davon werden für den Pflichtteil und weitere 25 für eine Wahlaufgabe vergeben.
Als Hilfsmittel dürfen Sie in der Prüfung ein Wörterbuch der deutschen Rechtschreibung sowie ein Tabellenwerk und Formelsammlung (ohne ausführliche Musterbeispiele sowie ohne Wissensspeicheranhang) verwenden. Ein Konzept ist nicht erforderlich.

Inhalte und Anforderungen der Prüfung im Fach Biologie

Inhalte des Lehrplans

Den gesamten neuen Biologielehrgang durchziehen künftig fünf fachliche Schwerpunktlinien, die als Erschließungsfelder bezeichnet werden und je nach Klassenstufe erweitert werden. Nach Einführung der Erschließungsfelder Fortpflanzung, Angepasstheit, Vielfalt, Bau und Funktion, Information sowie Wechselwirkung sollen diese selbständig auf neue Lerninhalte übertragen und angewendet werden. Lernkompetenz, Methodenkompetenz und Sozialkompetenz sollen Ziele sein, die bei der Bearbeitung biologischer Phänomene entwickelt werden.

Anforderungen der Prüfung

Zur Abschlussprüfung sollen naturwissenschaftliche Denk- und Arbeitsweisen angewendet werden. Mit diesen können Sie Lebewesen vergleichend betrachten und genetische wie ökologische Zusammenhänge erkennen. Sie können Unterschiede in Bau und Verhalten von Menschen als Folgen der biologischen und kulturellen Entwicklung erklären und Sie können Informationen unterschiedlichster Quellen mit unterschiedlichen Methoden auswerten und bearbeiten. An Diskussionen können Sie sich sachgerecht beteiligen und Ihren Standpunkt vertreten. Zu Beginn eines jeden Arbeitsauftrages in den Aufgaben der Abschlussprüfung steht ein Signalwort, das Ihnen die erwartete Tätigkeit anzeigt. Da nicht nur die Inhalte der Antworten, sondern auch ihre Form bewertet wird (siehe S. IV), ist es sehr wichtig, dass Sie bei der Erstellung Ihrer Lösung das „Richtige“ tun.

„Nennen Sie …“ zeigt Ihnen zum Beispiel an, dass Sie hier nur Begriffe stichpunktartig aufzählen sollen. Weitere Erklärungen sind nicht verlangt und auch nicht erwünscht. Steht dagegen zu Beginn eines Arbeitsauftrages „Erläutern Sie …“, wird von Ihnen erwartet, dass Sie einen zusammenhängenden Text schreiben, in dem Sie den in der Aufgabe thematisierten Sachverhalt ausführlich erklären. Dabei müssen Sie auf Ihr Unterrichtswissen zurückgreifen und es auf den vorliegenden Fall anwenden. Nur so kommen Sie zu der gewünschten Lösung, die Ihnen dann die volle Punktzahl einbringt.
Sie sehen also, dass es entscheidend ist, sich mit den verschiedenen in der Prüfung geforderten Tätigkeiten vertraut zu machen. Dabei hilft Ihnen die folgende Tabelle:

Tätigkeit	**Beschreibung**
Ableiten	Erkenne wesentliche Merkmale und ziehe deine Schlüsse!
Argumentieren	Weise nach, ob eine Aussage richtig oder falsch ist. Wäge Pro und Kontra ab. Formuliere deine Meinung!
Auswerten	Stelle zwischen Zahlen, Daten und grafischen Ergebnissen einen Zusammenhang her und erkläre!
Begründen	Formuliere zusammenhängend Ursache und Wirkung einer Erscheinung und deren Beziehung zueinander! (weil, da, denn, …)
Beschreiben	Gib mit eigenen Worten fachlich richtig und strukturiert Zusammenhänge oder Sachverhalte wieder! (zeitliche Reihenfolge beachten)
Beweisen	Stelle in Sätzen ausreichend Argumente für die Richtigkeit eines Sachverhalts zusammen!
Bewerten	Vergleiche Sachverhalte an ihren Bewertungskriterien oder ordne in Kategorien ein!
Darstellen	Gib Zusammenhänge, Sachverhalte, Vorgänge sprachlich strukturiert und fachlich korrekt wieder!
Definieren	Formuliere kurz und exakt die wesentlichen Merkmale des zu definierenden Begriffes und den dazugehörigen Oberbegriff!
Einschätzen	Äußere deine eigene begründete Meinung zu einem Sachverhalt zusammenhängend in Sätzen!
Erklären	Formuliere einen Sachverhalt mithilfe eigener Kenntnisse zusammenhängend, nachvollziehbar und verständlich unter Einbeziehung eigener Beispiele!
Erläutern	Erkläre einen Sachverhalt anschaulich durch zusätzliche Informationen!
Nennen	Zähle stichpunktartig wesentliche Fakten, Begriffe, Daten oder Sachverhalte auf!
Protokollieren	Gib deine Beobachtungen nach der Durchführung von Experimenten detailliert, zeitlich richtig und fachlich einwandfrei an!
Skizzieren/ Zeichnen	Gib Strukturen auf das Wesentliche reduziert/möglichst exakt auf dem Zeichenpapier an!

Stellung nehmen	Prüfe einen Sachverhalt kritisch und sorgfältig und gib ein begründetes Urteil ab!
Vergleichen	Stelle Gemeinsamkeiten und Unterschiede eines Sachverhaltes in Tabellen- oder Satzform dar! Ziehe Schlussfolgerungen!
Zusammenfassen	Stelle das Wesentliche eines Sachverhaltes in konzentrierter Form dar!

Tipps zur Vorbereitung auf die Abschlussprüfung

Bereiten Sie sich langfristig auf die Abschlussprüfung vor. Neben der notwendigen Übung und Sicherheit im Umgang mit den Aufgabenstellungen, die Sie dadurch gewinnen, entdecken Sie so frühzeitig noch eventuelle Lücken und können diese schließen.

- Schauen Sie sich Ihre Aufzeichnungen aus dem Unterricht an. Ordnen Sie die Inhalte nach den verschiedenen Themengebieten und danach, was Sie kennen und können und was Ihnen Schwierigkeiten bereitet.
- Planen Sie Ihren Lernablauf: Wie viel Zeit brauche ich für welches Themengebiet? Wiederholen Sie kurz die Inhalte, die Ihnen schon geläufig sind und erarbeiten Sie dann ausführlich die Themen, die Ihnen bislang unklar sind.
- Arbeiten Sie die Themengebiete zunächst alleine durch. Wenn Sie die Grundlagen einigermaßen sicher beherrschen, können Sie dann mit einem Partner oder in einer Kleingruppe noch spezielle Fragen klären.
- Wenn Sie die Themen sicher beherrschen, können Sie mit den in diesem Buch vorliegenden Prüfungsaufgaben den „Ernstfall“ proben. Üben Sie unter Prüfungsbedingungen, d. h. nehmen Sie sich dafür mindestens 150 Minuten zusammenhängend Zeit. Wenn Ihr Arbeitsplatz entsprechend vorbereitet ist (bereit liegen sollten Schreibgerät und Zeichenhilfsmittel sowie ein Wecker oder eine Uhr mit Zeitsignal) kann es losgehen.
- Versuchen Sie zunächst, die Aufgaben vollständig selbstständig zu lösen.
- Beachten Sie, dass die Lösungsdarstellung in der Abschlussprüfung stets vollständig nachvollziehbar sein muss. Auch das wird bewertet! Üben Sie daher schon jetzt, ausführliche und übersichtliche Lösungen zu schreiben.
- Wenn Sie mit der Lösung einer Aufgabe nicht mehr weiterkommen, lesen Sie erst den **Lösungstipp**. Wenn Ihnen diese Hilfestellung noch nicht genügt, lesen Sie die Musterlösung. Dieses Thema sollten Sie dann aber unbedingt notieren und noch einmal in Ihren Unterrichtsaufzeichnungen durchgehen!
- Nach Abschluss einer Übungsaufgabe machen Sie erst einmal eine Pause. Dann vergleichen Sie schrittweise Ihre **Lösungen** mit den Musterlösungen in diesem Buch. Suchen Sie ggf. nach Fehlern oder Verbesserungsmöglichkeiten Ihrer Ansätze.

Tipps zum Umgang mit Prüfungsaufgaben

Das Lösen von Aufgaben ist für Sie an sich selbstverständlich nichts Neues. Auch in der Abschlussprüfung werden Ihnen keine völlig neuen Aufgaben begegnen, auf die Sie nicht vorbereitet wurden. Sie können also prinzipiell die „Strategien“ anwenden, die Sie bisher auch bei all Ihren Klassenarbeiten verfolgt haben. Wegen der Vielfalt der Aufgabenarten und der Tatsache, dass die Aufgaben der Abschlussprüfung nicht von Ihrem Fachlehrer gestellt werden, stellt dies dennoch eine Herausforderung dar. Daher können Ihnen einige Tipps helfen, diese Situation erfolgreich zu meistern:

- Lesen Sie alle Aufgabenstellungen sehr aufmerksam auf **Hinweise auf den Lösungsansatz** im Aufgabentext, in den Skizzen oder zusätzlichen Informationstexten hin durch.

– Beachten Sie das Signalwort, das Ihnen die erwartete Tätigkeit anzeigt. Sollen Sie nur Begriffe „nennen“ oder sollen Sie auch etwas „erklären“? Passen Sie die Ausführlichkeit Ihrer Antwort diesen Anforderungen an.
– Eine kleine **Skizze** kann den Einstieg in eine komplexe Aufgabe erleichtern.
– Formulieren Sie längere Antworten immer **in klaren und überschaubaren Sätzen**. Nutzen Sie Übergänge und Verknüpfungen zwischen Ihren Sätzen. Bei längeren Texten bietet sich am Ende ein kurzer, zusammenfassender Abschlusssatz an.
– Planen Sie einen nicht zu knappen **Zeitraum für die Überprüfung** der Lösungen ein. Gehen Sie noch einmal alles durch, ob Sie auch keine Aufgabe vergessen haben. Lesen Sie Ihre Lösungen auf Rechtschreibung und Grammatik durch, da viele Fehler zu Punktabzügen führen können. Beachten Sie bei einer Korrektur, dass auch diese noch lesbar und nachvollziehbar sein muss!
– Versehen Sie am Ende der Bearbeitungszeit **alle Blätter** mit Ihrem Namen und nummerieren Sie die einzelnen Seiten durch.

Bewertung der Aufgaben

Die Bewertung der Arbeit erfolgt nach den angegebenen Bewertungseinheiten der Aufgabenblätter. Sie erhalten dort eine Gesamtpunktzahl. Die Verteilung der Bewertungseinheiten können Sie anhand der Aufgabenstellung selbst ermitteln, z. B. ergeben zwei Nennungen je einen Bewertungspunkt, eine Erklärung oder Begründung erbringt je zwei Bewertungspunkte. Ihre Fachkenntnisse sowie Ihre klare und zusammenhängende Darstellung der biologischen Abläufe sollen sprachlich richtig und in sauberer äußerer Form in der Arbeit sichtbar werden. Unklare Beschreibungen und mangelnde sprachliche Wiedergabe führen zu Verlust von Bewertungseinheiten. Folgende Bewertung der Abschlussprüfung wird vorgegeben:

Bewertungseinheiten	**Note**
50–47	1 – sehr gut
46–38	2 – gut
37–29	3 – befriedigend
28–19	4 – ausreichend
18–10	5 – mangelhaft
9– 0	6 – ungenügend

Hinweise zur Benutzung dieses Buches

Dieses Buch beinhaltet die vollständigen Prüfungsaufgaben der letzten Jahre. Die Lösungen sind schülergerecht aufgearbeitet, vollständig und ausführlich. Teilweise sind auch mehrere Lösungswege angeboten. Die Hinweise zur Lösung sind *kursiv* gedruckt und zusätzlich durch die Rauten am Seitenrand gekennzeichnet. Die Hinweise beinhalten u. a.:
– Umschreibungen der Aufgabenstellungen zu Ihrem besseren Verständnis
– Erklärungen der von Ihnen erwarteten Tätigkeiten
– Hinweise auf die Anzahl der Antwortmöglichkeiten
– Arbeitsanleitungen zum Mikroskopieren
– alternative Antwortmöglichkeiten und weiterführende Informationen
Damit wird Ihnen das Auffinden dieser Zusatzinformationen erleichtert und die Aufgabenstellung besser verständlich.

Realschulabschluss 2006 Biologie (Sachsen)
Pflichtaufgabe 1: Verdauung

BE

1.1 Der Lehrer demonstriert Ihnen ein Experiment zur Löslichkeit von Traubenzucker und Stärke in Wasser. Im Glas A und im Glas B befindet sich je einer der zu prüfenden Stoffe.
- Notieren Sie Ihre Beobachtungsergebnisse.
- Begründen Sie, in welchem Glas der Traubenzucker enthalten ist. 3

1.2 Stärke wird wie die anderen Nährstoffe im Verdauungskanal in ihre Grundbausteine zerlegt.
- Benennen Sie vier der in der Abbildung gekennzeichneten Teile des Verdauungssystems.
- Geben Sie den Abschnitt des Verdauungskanals an, in dem die Resorption des Traubenzuckers ins Blut erfolgt.

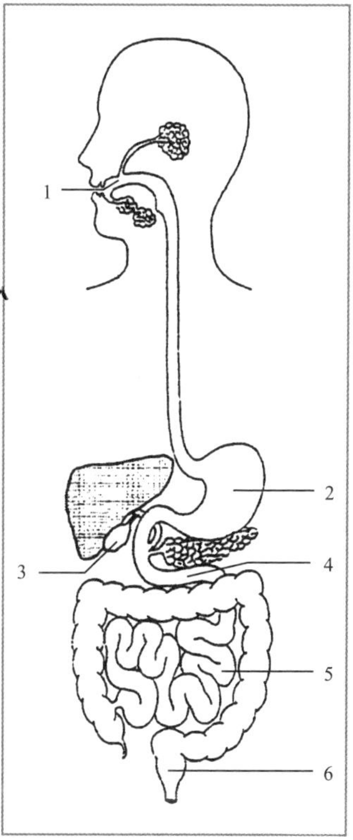

1: Mundhöhle mit Zunge und Zähnen
2: Magen
3: Gallenblase
4: Zwölffingerdarm
5: Dünndarm
6: Mastdarm mit After

3

1.3 Traubenzucker wird vom Organismus für viele Lebensprozesse benötigt.
- Begründen Sie diese Aussage an einem Beispiel. 2

Lösungen

1.1 *Im Verlauf des Experimentes zeigt sich eine unterschiedliche Löslichkeit der Stoffe Traubenzucker und Stärke. Was ist im Glas A und B zu beobachten?*
Zur Begründung formulieren Sie zusammenhängend Ursache und Wirkung einer Erscheinung und deren Beziehung zueinander. Verwenden Sie dabei Konjunktionen wie weil, da, denn …!

Beobachtungsergebnisse:
- Der Stoff im Glas A löst sich nicht bzw. nur sehr schlecht auf, er verklumpt und setzt sich am Boden ab.
- Der Stoff im Glas B löst sich sehr schnell und vollständig auf, es bleiben keine Rückstände sichtbar.

Im Glas B muss sich Traubenzucker befunden haben, denn Traubenzucker ist sehr gut in Wasser löslich. Diese Eigenschaft macht ihn so bedeutsam für unsere Ernährung sowie Energiegewinnung.

1.2 *Die Abbildung zeigt schematisch unser Verdauungssystem mit den gekennzeichneten Bestandteilen. Wählen Sie vier Ihnen bekannte Teile aus und benennen Sie diese.*
Für den Vorgang der Resorption ist ein Abschnitt des Verdauungssystems verantwortlich, benennen Sie diesen.

Teile des Verdauungssystems:
1 Mundhöhle mit Zunge und Zähnen
2 Magen
3 Gallenblase
4 Zwölffingerdarm
5 Dünndarm
6 Mastdarm mit After

Die Resorption des Traubenzuckers wie auch der anderen Nahrungsbestandteile erfolgt im Dünndarm über die Darmzotten ins Blut.

1.3 *Hier soll an einem Beispiel zusammenhängend die Bedeutung des Traubenzuckers für die Lebensprozesse des menschlichen Körpers dargestellt werden.*

Traubenzucker gehört zu den Kohlenhydraten, ist ein Einfachzucker und damit ein Grundbaustein in unserer Ernährung. Er ist Energiespender für körperliche Prozesse. Um verbrauchte Energie schnell wieder zur Verfügung zu stellen, kann Traubenzucker in fester (z. B. Tabletten) oder in flüssiger Form (z. B. Fruchtsäfte) aufgenommen werden. Durch seine sehr gute Löslichkeit gelangt er zügig über die Darmzotten und das Blut zu den Orten seines Verbrauchs.
Im täglichen Leben, bei Sport und Spiel, müssen unsere Muskeln besonders viel Kraft entwickeln. Die Energiemengen, die der Körper benötigt, sind von der Art der Tätigkeit abhängig. Bei leichter körperlicher Tätigkeit ist viel weniger Energiebedarf vorhanden als bei Leistungssport oder schwerer körperlicher Tätigkeit.
Auch zur Erzeugung von Wärme zur Aufrechterhaltung unserer Körpertemperatur dient der Traubenzucker.

Wahlaufgabe 2: Bau und Funktion des Laubblattes

BE

2.1 Laubblätter verschiedener Pflanzen weisen zahlreiche Unterschiede in Form, Farbe und Größe auf. Vergleicht man mikroskopische Präparate von Laubblättern, erkennt man aber viele Gemeinsamkeiten im inneren Bau.
- Benennen Sie die in der Abbildung gekennzeichneten Teile.
- Geben Sie eine Funktion von Teil 3 an.

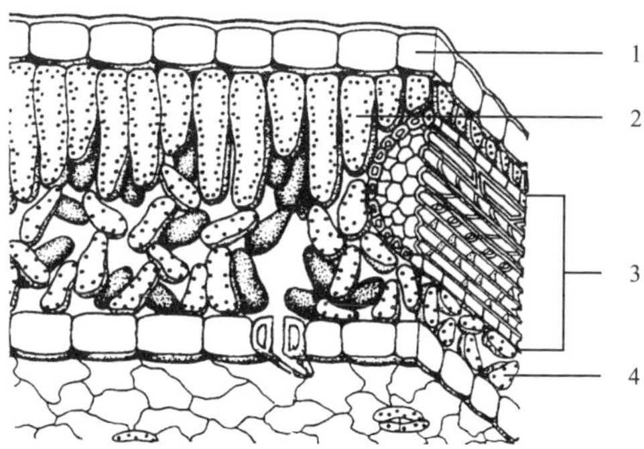

Querschnitt eines Laubblattes 3

2.2 Die Verdunstung von Wasser (Transpiration) über die Laubblätter ist von äußeren Faktoren abhängig.
- Erläutern Sie die Wirkung eines Umweltfaktors auf die Transpiration. 2

2.3 Pflanzen sind an ihren Standort angepasst. Die Laubblätter können z. B. folgende Merkmale aufweisen:

a) Laubblätter mit vertieft liegenden Spaltöffnungen
b) dünne, zarte Laubblätter
c) großflächige Laubblätter
d) Laubblätter mit starker Kutikula

- Ordnen Sie diese Blattmerkmale Pflanzen feuchter oder trockener Standorte zu.
- Begründen Sie eine Ihrer Zuordnungen. 4

Lösungen

2.1 *Die Skizze zeigt einen Blattquerschnitt mit Beschriftung. Diese Bestandteile sollen von Ihnen richtig zugeordnet werden.*
Für das Leitbündel soll nur eine der unten genannten Funktionen angegeben werden.

Teile des Laubblattquerschnittes:
1 obere Epidermis mit Kutikula
2 Palisadengewebe
3 Leitbündel
4 Schwammgewebe

Das Leitbündel, auch Leitgewebe, besteht aus einem Gefäßteil und einem Siebteil:
- Im Gefäßteil wird das Wasser aus den Wurzeln in alle Teile der Pflanze transportiert.
- Im Siebteil werden Nährstoffe aus den Blättern in die gesamte Pflanze transportiert.

2.2 *Umweltfaktoren können biotisch (lebend) oder abiotisch (nicht lebend) sein. Auf die Verdunstung des Wassers wirken verschiedene abiotische Faktoren ein. Durch Wind, Temperatur oder Sonneneinstrahlung wird die Stärke der Verdunstung beeinflusst. Formulieren Sie in Sätzen, wie ein selbst gewählter Umweltfaktor (Licht, Temperatur, Wasserversorgung, Windgeschwindigkeit …) auf die Verdunstung des Wassers (Transpiration) wirkt.*

Ist es z. B. sehr windig, verdunstet das Wasser schneller, es muss von der Wurzel mehr Wasser nachgeliefert werden. Ein starker Transpirationssog entsteht, da im Blattinneren eine hohe und auf der Blattoberfläche eine geringe Wasserkonzentration besteht.

2.3 *Hier ist es günstig eine Tabelle anzulegen und die gegebenen Merkmale zuzuordnen. Eine der Zuordnungen (a, b, c oder d) ist zu begründen.*

Standort feucht	**Standort trocken**
b) dünne, zarte Laubblätter c) großflächige Laubblätter	a) Laubblätter mit vertieft liegenden Spaltöffnungen d) Laubblätter mit starker Kutikula

a) Häufig findet man an trockenen Standorten Pflanzen mit nach unten eingerollten Blättchen (Besenheide) oder mit einem zusätzlichen Haarfilz zum Schutz der damit vertieft liegenden Spaltöffnungen, um den Wasserverlust gering zu halten.

b) Sauerklee, eine Pflanze des feuchten Waldbodens, kann auch bei geringer Sonneneinstrahlung bestens gedeihen. Trifft Sonnenlicht direkt auf die Laubblätter, so rollen sich diese zum Schutz vor Verdunstung zusammen. Im Schatten dagegen sind die Blättchen weit ausgebreitet.

c) Wasserpflanzen (See- oder Teichrosen) haben zum Teil riesige Laubblätter, denn sie nehmen mit ihnen Wasser sowie Nährstoffe durch die Blattunterseite auf.

d) Pflanzen trockener Standorte fallen häufig durch fleischige Blätter, nadelförmige Blätter oder mehrschichtige Blätter mit einer starken Kutikula auf. Dadurch kann die Transpiration an trockenen Standorten (Steppen, Wüsten, auf sandigen Böden oder an Mauern) herabgesetzt werden, die Pflanze kann längere Trockenperioden überstehen.

BE

3.1 Bringt man Samen einer im Tiefland wachsenden Löwenzahnpflanze ins Hochgebirge, so entwickeln sich Pflanzen mit verändertem Erscheinungsbild.

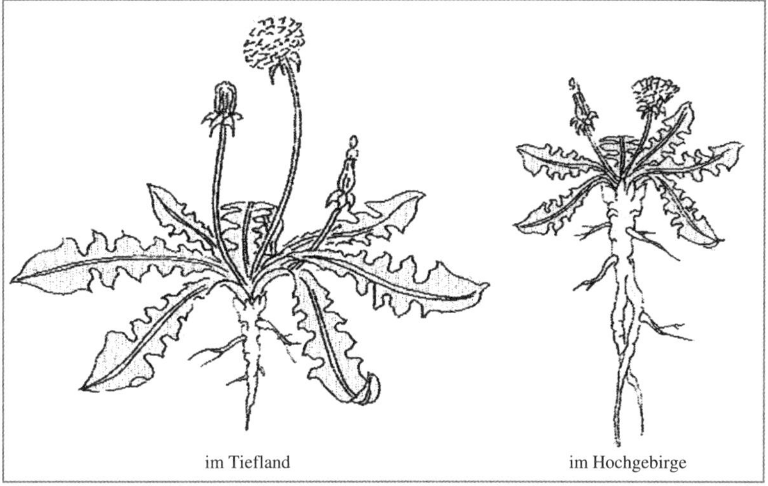

– Begründen Sie, ob Mutation oder Modifikation für die Merkmalsausbildung verantwortlich ist. 2

3.2 Mutationen treten meist plötzlich auf. Es gibt Ursachen, welche die Mutationen auslösen.
– Definieren Sie den Begriff Mutation.
– Nennen Sie vier Mutagene. 4

3.3 Albinoformen haben in der Natur meist geringe Überlebenschancen.
Erklären Sie diesen Sachverhalt an einem selbstgewählten Beispiel. 2

Lösungen

3.1 *Die Abbildung zeigt zwei Löwenzahnpflanzen unterschiedlicher Standorte mit verändertem Erscheinungsbild. Vergleichen Sie beide Pflanzen, die von einer gemeinsamen Mutterpflanze abstammen.*

Beide Löwenzahnpflanzen stammen von einer im Tiefland gewachsenen Pflanze ab, sie verfügen demnach über gleiche genetische Merkmale. Die Pflanze im Tiefland ist groß, kräftig, hat voll entwickelte Blüten sowie viele und große Laubblätter. Im Hochgebirge blieb die Pflanze kleiner, hat weniger Laubblätter, eine verkümmerte Blüte und eine stärkere Wurzel ausgebildet.
Im Hochgebirge erfolgte eine Anpassung (= Modifikation) an die dort herrschenden ökologischen Bedingungen. Der steinige Untergrund erfordert eine kräftigere Wurzel, das Grundwasser ist schwerer zu erreichen. Die durchschnittliche Temperatur liegt deutlich unter den Tieflandswerten, das optimale Wachstum kann nicht erreicht werden. Häufige starke Winde können nur kleine, fast am Boden kriechende Pflanzen unbeschadet überstehen. Somit ist die Löwenzahnpflanze für die Bedingungen des Hochgebirges optimal angepasst.

3.2 *Bei einer Definition formulieren Sie in exakter Form die wesentlichen Merkmale des zu definierenden Begriffes und geben den dazugehörigen Oberbegriff an. Mutagene, also mutationsauslösende Faktoren, sollen Sie nur aufzählen.*

Mutationen sind sprunghafte Veränderungen der genetischen Informationen, die ohne erkennbare Ursache erfolgen können oder durch bestimmte Faktoren hervorgerufen werden und zu Veränderungen im äußeren Erscheinungsbild der Lebewesen führen können.

Mutagene sind mutationsauslösende Faktoren und können physikalisch oder chemisch sein. Durch z. B. UV-Strahlung, Röntgenstrahlung, Medikamente, Pflanzengifte oder Industrieabgase können Zellen geschädigt werden und fehlerhafte Informationen an ihre Nachkommen weitergegeben.

3.3 *Wählen Sie ein konkretes Beispiel für einen Albino aus und stellen Sie den Zusammenhang zwischen seinem Erscheinungsbild und seinen Überlebenschancen dar.*

Ein Albino ist ein Lebewesen ohne Farbpigmente. Diese Störung ist das Ergebnis einer Mutation.
Tiere mit dieser Störung treten in der Natur gelegentlich auf. Ein weißer Alligator hat sehr helle, fast weiße Haut und rote Augen. Der Schutz vor Sonneneinstrahlung ist nicht gewährleistet, das Tier würde austrocknen. Die Netzhaut der Augen wird ständig überblendet, sodass die Tiere in der Natur erblinden. Damit ist ihnen eine Futtersuche nicht mehr möglich, sie verhungern. Die helle Haut bietet auch keine Tarnung mehr, ihre natürlichen Feinde finden sie trotz vorsichtigster Bewegung sehr schnell.
Weiße Schlangen oder Rehe erleiden das gleiche Schicksal, sie können deshalb nur in Gefangenschaft unter dem Schutz des Menschen überleben.

BE

4.1 Jeder Mensch hat eine Gesamtblutmenge von etwa 7 bis 8 Prozent seines Körpergewichtes. Das entspricht in der Regel einem Blutvolumen von 4 bis 6 Litern. Im Blut sind u. a. folgende Bestandteile enthalten:

a) rote Blutzellen
b) weiße Blutzellen
c) Blutplättchen
d) Blutplasma

– Geben Sie für diese Blutbestandteile je eine Funktion an. 4

4.2 Der Engländer W. HARVEY fand durch Versuche an Wirbeltieren heraus, dass das Blut im Körper ständig bewegt wird und nur in eine Richtung fließen kann.

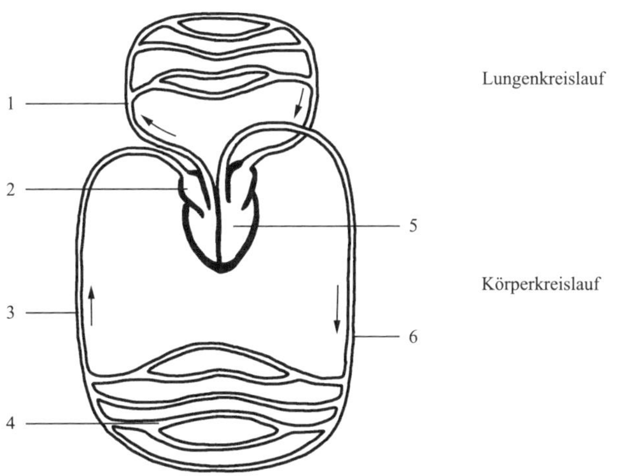

– Benennen Sie die in der Abbildung gekennzeichneten Teile des Blutkreislaufes.
– Erklären Sie, weshalb folgende Aussage falsch ist: „In den Venen fließt nur sauerstoffarmes Blut und in den Arterien nur sauerstoffreiches Blut.“ 5

4.3 Das Deutsche Rote Kreuz wirbt auf Plakaten mit der Aufforderung: „Spende Blut – rette Leben!“.
– Nennen Sie die 4 Blutgruppen des Menschen.
– Erläutern Sie, was bei einer Blutübertragung zu beachten ist. 4

4.4 Mit Erkältungen muss sich fast jeder von uns herumquälen. Allein in Deutschland schlagen die Erreger jährlich mehrere millionenmal zu und verursachen Husten, Schnupfen und Fieber.

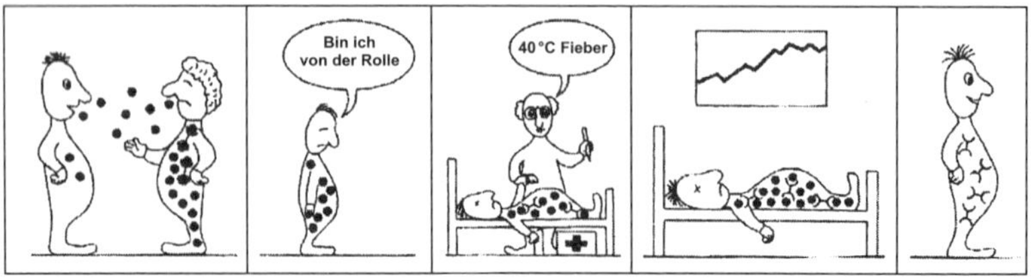

Schematischer Ablauf einer Infektionskrankheit

- Beschreiben Sie den dargestellten Verlauf einer Infektionskrankheit in einem zusammenhängenden Text unter Verwendung folgender Begriffe: Virenvermehrung, Infektion, Genesung, erste Symptome, Immunsystem, Krankheitserreger, Antikörper, Ausbruch der Krankheit. 4

4.5 Immunisierungen helfen gesund zu bleiben oder gesund zu werden.

Form der Immunisierung	**Aktive Immunisierung**	**Passive Immunisierung**
Der Impfstoff enthält		
Dauer des Schutzes		

- Übernehmen Sie die Tabelle in Ihre Aufzeichnungen und ergänzen Sie die fehlenden Fakten zur aktiven und passiven Immunisierung.
- Begründen Sie an einem Sachverhalt, warum zahlreiche Infektionskrankheiten auch im 21. Jahrhundert viele Menschen bedrohen. 4

4.6 Auf Herz- und Kreislauferkrankungen sind fast die Hälfte aller Todesfälle in Deutschland zurückzuführen. Viele Faktoren beeinflussen das Erkrankungsrisiko. Dazu gibt es unterschiedliche Aussagen.

a) Fettes Essen führt zu Cholesterinablagerungen in den Gefäßen.
b) Regelmäßiges Bewegungstraining erhöht die körperliche Fitness.
c) Alkohol verengt die Blutgefäße.
d) Kochsalzreiche Nahrung führt zu Bluthochdruck.
e) Durch Übergewicht sinkt der Blutdruck.
f) Bei Stress nimmt die Frequenz des Herzschlages zu.

- Entscheiden Sie, welche Aussagen richtig sind.
- Erläutern Sie, warum das Rauchen einer der wichtigsten Risikofaktoren für Herz- und Kreislauferkrankungen ist. 4

Lösungen

4.1 *Hier ist es günstig, eine Tabelle mit den vorgegebenen Blutbestandteilen sowie den dazugehörenden Funktionen anzulegen.*

Blutbestandteile	**Funktionen**
a) rote Blutzellen	Sauerstoff- und Kohlenstoffdioxidtransport
b) weiße Blutzellen	Abwehr von Krankheitserregern
c) Blutplättchen	Blutgerinnung/Wundverschluss
d) Blutplasma	Transport der im Serum vorhandenen Nähr- und Abfallstoffe

4.2 *Diese Skizze zeigt die schematische Darstellung von Lungen- und Körperkreislauf mit Beschriftung einiger Teile. Diese sollen Sie alle namentlich angeben. In der rechten Spalte der Tabelle finden Sie Zusatzinformationen, die zur Beantwortung des zweiten Teils der Aufgabe wichtig sind.*
Zur Erklärung, dass die vorgegebene Aussage falsch ist, müssen Sie Ihre Kenntnisse über die Aufgaben der einzelnen Bestandteile des Kreislaufsystems anwenden.

Der menschliche Blutkreislauf besteht aus Lungen- und Körperkreislauf.

Bestandteil	***Funktion***
1 – Lungenarterie	*führt sauerstoffarmes Blut zur Lunge hin*
2 – rechte Vorkammer	*sauerstoffarmes Körperblut kommt an und wird zur rechten Herzkammer gepresst*
3 – Körpervene	*bringt sauerstoffarmes Blut aus dem Körper*
4 – Kapillaren	*Austausch von sauerstoffreichem und sauerstoffarmem Blut in den Körperzellen*
5 – linke Herzkammer	*pumpt Blut in den Körperkreislauf*
6 – Körperarterie	*bringt sauerstoffreiches Blut in den Körper*

Die Körpervene bringt **sauerstoffarmes** Blut aus dem Körper zum Herzen, die Lungenvene bringt **sauerstoffreiches** Blut (nach dem Einatmen) aus der Lunge zum Herzen.
Die Körperarterie bringt dieses **sauerstoffreiche** Blut in den Körper, die Lungenarterie führt das **sauerstoffarme** Blut wieder zur Lunge zurück. Damit ist aufgezeigt, dass sowohl Vene wie auch Arterie jeweils sauerstoffarmes und sauerstoffreiches Blut durch den Körper transportieren. Die Aussage ist also falsch.

4.3 *Zählen Sie hier die Ihnen bekannten Blutgruppen auf und wenden Sie Ihre Kenntnisse zur Blutübertragung an.*

Blutgruppen des Menschen: A, B, AB und 0.

Bei der Blutübertragung muss beachtet werden, dass stets nur Blut der gleichen Gruppe verwendet wird, da jede Blutgruppe über Antikörper und Antigene verfügt und bei unpassenden Blutgruppen Verklumpungen auftreten, die eine Blutzirkulation in den Gefäßen unmöglich macht und schließlich zum Tode führt. Auch der Rhesusfaktor muss übereinstimmen, weil das Rhesus-Protein im Blut ohne den Rhesus-Faktor ebenfalls zu Verklumpungen führen würde. Der Empfänger dieses Blutes würde Antikörper ausbilden.

4.4 *Entwerfen Sie zu dieser Bildergeschichte einen Text, der alle Begriffe in der richtigen Reihenfolge des Ablaufs einer Infektionskrankheit enthält.*

Ein infizierter Mensch kommt einem gesunden Menschen zu nahe. Durch zwischenmenschliche Gesten (Händedruck, Umarmung, Ansprechen) werden die **Krankheitserreger** auf die Schleimhäute des gesunden Menschen übertragen, es kommt zur **Infektion**. Die **Viren vermehren sich** nun rasant im Körper des infizierten Menschen und nach einigen Tagen treten die **ersten Symptome** einer Erkrankung auf, bis schließlich die **Krankheit voll zum Ausbruch** kommt. Diese Zeitspanne ist die Inkubationszeit und je nach Krankheitserreger unterschiedlich lang. Doch das **Immunsystem** wehrt sich durch die Aktivierung seiner **Antikörper**, welche die eingedrungenen Krankheitserreger (Viren) langsam bekämpfen. Fieber tritt auf und der Körper benötigt viel Ruhe. Nach einigen Tagen haben die Antikörper den Kampf gegen die Erreger gewonnen und die **Genesung** wird eingeleitet.

4.5 *Wählen Sie nach dem Ergänzen der Tabelle eine Infektionskrankheit aus, die auch heute noch für viele Menschen gefährlich ist. Welche Ursachen hat diese Krankheit und welche Auswirkungen gibt es für die Menschheit? Erklären Sie eine dieser Ursachen.*

Form der Immunisierung	**Aktive Immunisierung**	**Passive Immunisierung**
Der Impfstoff enthält	abgeschwächte Krankheitserreger	Serum mit Antikörpern
Dauer des Schutzes	viele Jahre, zum Teil lebenslang	nur kurze Zeit bis zur Genesung

Viele Infektionskrankheiten wurden erfolgreich bekämpft. Entsprechende Impfungen z. B. gegen Masern, Tuberkulose, Röteln waren für alle Menschen Pflicht. Leider haben nicht alle Menschen diese Impfungen vornehmen lassen oder die Möglichkeit der Impfung erhalten (afrikanische oder südostasiatische Staaten). Dadurch konnten Erreger sich immer wieder ausbreiten und für Menschen zur Gefahr werden.

Auch mangelnde Kenntnis über die Ursachen der Ausbreitung (z. B. bei AIDS) und fehlender Schutz und Hygiene lassen Infektionskrankheiten auch im 21. Jahrhundert noch viele Menschen erkranken und sogar zur tödlichen Gefahr werden.

4.6 *Lesen Sie die Aussagen konzentriert durch und finden Sie die richtigen Antworten heraus. Die falschen Aussagen sind hier kurz begründet, jedoch ist dies in der Prüfungsarbeit nicht notwendig. Nutzen Sie Ihre Kenntnisse über das Atmungssystem und das Blutgefäßsystem, um das Rauchen als Risikofaktor darzustellen*

Folgende Aussagen sind richtig: a), b), d), f)

Die anderen Aussagen sind falsch, denn:
c) Alkohol erweitert die Blutgefäße.
e) Durch Übergewicht steigt der Blutdruck.

Auch das Rauchen beeinflusst das Risiko der Herz-Kreislauf- Erkrankungen, weil Teer als Ablagerung in den Lungenbläschen die Sauerstoffaufnahme stark behindert und zu einer verstärkten Atmung führt. Das Blut muss nun schneller durch den Körper transportiert werden, um alle Organe mit Sauerstoff zu versorgen. Es besteht die Gefahr von Bluthochdruck. Das Nikotin führt zur Verengung der Herzkranzgefäße und letztlich zum Herzinfarkt.

BE

5.1 Zahlreiche Funde von Fossilien machen es heute möglich, längst ausgestorbene Arten durch Computeranimationen in Filmen zu lebendigen Bildern werden zu lassen.

- Beschreiben Sie an einem Beispiel die Entstehung von Fossilien.
- Nennen Sie zwei weitere Fossilienformen.
- Erläutern Sie eine Bedeutung von Fossilien für die Wissenschaft. 5

5.2 Durch die Züchtung von Haustieren aus Wildformen hat der Mensch über lange Zeiträume Arten nach seinen Bedürfnissen verändert. So unterscheiden sich zum Beispiel Hausrinder im Aussehen, in der Fleisch- und der Milchleistung sehr von der Wildform, dem Ur. Diese Veränderungen lassen sich auf die Wirkung von Evolutionsfaktoren zurückführen.

- Geben Sie vier Evolutionsfaktoren an.
- Erklären Sie die Wirkung eines Evolutionsfaktors bei der Züchtung von Hausrindern. 4

5.3 Homologe Organe sind Belege für die Evolution.

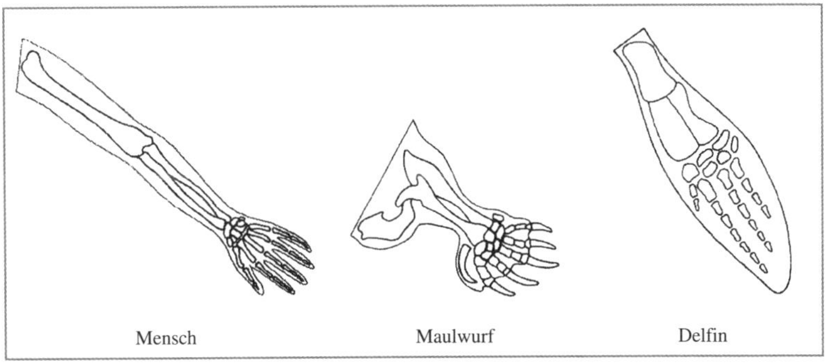

- Definieren Sie den Begriff „homologe Organe“.
- Begründen Sie, welche der abgebildeten Gliedmaßen homologe Organe sind. 4

5.4 Schlangen haben sich im Verlauf der Evolution aus vierbeinigen Reptilien entwickelt. Bei manchen Schlangenarten sind heute noch Reste eines Gliedmaßenskeletts nachweisbar. Diese haben jedoch ihre ursprüngliche Funktion verloren.
- Wie nennt man solche Organe?
- Beschreiben Sie ein weiteres Beispiel. 3

5.5 Trotz stammesgeschichtlich naher Verwandtschaft weisen Mensch und Schimpanse viele Unterschiede im Bau auf.

Schimpanse

Mensch

- Stellen Sie in einer Tabelle je einen Unterschied im Bau der genannten Skelettteile gegenüber: Schädel, Wirbelsäule, Gliedmaßen.
- Nennen Sie eine Gemeinsamkeit im Bau des Skeletts von Mensch und Schimpanse. 5

5.6 Alle heute lebenden Menschen gehören zur gleichen Art Homo sapiens.
- Begründen Sie diese Aussage.
- Leiten Sie die Sonderstellung des Menschen im Reich der Lebewesen anhand eines Merkmals ab. 4

Lösungen

5.1 *Formulieren Sie in Sätzen die Teilvorgänge bis zur Entstehung einer von Ihnen gewählten Fossilart. Zählen Sie dann zwei weitere Arten von Fossilien auf. Wofür sind die Erkenntnisse über Fossilien wichtig? Antworten Sie in Sätzen.*

Fossilien sind Zeitzeugen vergangener Epochen und zeigen Spuren oder Überreste von Lebewesen, die im Verlauf der Entwicklungsetappen ausgestorben sind.
So sind Versteinerungen nur im Sedimentgestein zu finden. Durch Ablagerung und Verfestigung der unterschiedlichsten Materialien konnten sie in Jahrmillionen entstehen. Da der Verwesungsprozess unter Luftabschluss nicht stattfinden konnte und der hohe Druck zur Temperaturerhöhung führte, wurde die Körpersubstanz stark verändert. Dabei blieb Kohlenstoff zurück, eine Inkohlung entstand.

Weiterhin kennt man Abdrücke, Mumifizierungen oder Hartteile.

Durch die Fossilien und ihre genaue Untersuchung erlangt man Kenntnisse über das Aussehen sowie die Lebensbedingungen längst ausgestorbener Arten, man erkennt Entwicklungstendenzen und verwandtschaftliche Beziehungen der Arten untereinander, sie geben die Formenvielfalt der Natur wieder oder zeigen Abstammungslinien zu heute lebenden Arten auf.

5.2 *Schreiben Sie die vier Ihnen bekannten Evolutionsfaktoren auf.*
Wählen Sie einen Faktor aus und übertragen Sie Ihre Kenntnisse auf das Beispiel der Züchtung heute lebender Hausrinder. Im folgenden Text sind alle vier Evolutionsfaktoren erklärt, damit Sie Ihre Lösung auf jeden Fall wieder finden können, egal für welchen Faktor Sie sich entschieden haben.

Die Evolutionsfaktoren sind die Mutation, die Neukombination, die natürliche Auslese oder Selektion sowie die Isolation.

Bei der Züchtung von Hausrindern ist z. B. die Milchleistung der Tiere von Bedeutung. Tiere mit guter Milchleistung wurden gezielt weitervermehrt, um dieses Merkmal auch in der Folgegeneration zu erhalten. Damit wurde bewusst **selektiert**, d. h. Auslese betrieben. Dazu wurden Tiere mit besonders guter Milchleistung ausgewählt und diese Milchkühe in besonderen Zuchtanlagen gehalten. Mit entsprechenden Bullen gekreuzt erhielt man wiederum Kühe, die diese Eigenschaft besitzen.
Will man diese Merkmale erhalten, so müssen die Tiere von anderen Merkmalsträgern **isoliert** werden, damit das Erbgut nicht wieder miteinander vermischt wird und die gezüchteten Merkmale erhalten bleiben. Dazu verbleiben die neu gezüchteten Tiere in einer Anlage, um sie räumlich von Tieren mit anderen Merkmalen zu trennen und eine Vermehrung mit diesen zu verhindern.
Benötigt ein Landwirt nun Tiere mit sehr guter Milch- und Fleischleistung, so muss er je ein Tier mit entsprechendem Merkmal miteinander kreuzen, damit es zu einer **Neukombination** dieser beiden Merkmale kommen kann. Diese besonderen Sorten findet er in verschiedenen Ställen vor.
Ein großes Euter für eine verstärkte Milchleistung kann aber auch das Ergebnis einer zufällig auftretenden **Mutation** sein, dann kann dieses Tier dieses Merkmal in seinem Erbgut auf weitere Generationen übertragen.

5.3 *Für den Begriff „homologe Organe“ sollen Sie wesentliche Merkmale angeben und ihn in das Thema Evolution einordnen.*
Betrachten Sie die drei Abbildungen genau und finden Sie Gemeinsamkeiten und Unterschiede der Gliedmaßen. Bei welchen Bildern erkennen Sie Übereinstimmungen?

Als homologe Organe werden Organe gleichen Ursprungs mit Gemeinsamkeiten im Grundbauplan bezeichnet. Das äußere Erscheinungsbild zeigt durch die Anpassung an die jeweiligen Lebensbedingungen eine Reihe von Unterschieden. Diese sind durch genetische Veränderungen über lange Zeiträume entstanden.

Bei den abgebildeten Gliedmaßen handelt es sich um die Vordergliedmaßen des Menschen, ausgebildet als Arm, das Grabbein eines Maulwurfs sowie die Flosse eines Delfins. Die Funktionen der Vordergliedmaßen sind zwar unterschiedlich, aber bei allen Beispielen sind Oberarmknochen, Unterarmknochen, Mittelhand- und Fingerknochen erkennbar. Die Form und Größe der jeweiligen Knochen ist verschieden, abhängig von ihrem Gebrauch und den Körpermerkmalen des Lebewesens.
Alle drei Gliedmaßen sind homologe Organe.

5.4 *Erst nennen Sie nur den Namen einer solchen Erscheinung der Evolution. Übertragen Sie Ihre Kenntnisse anschließend auf ein weiteres selbst gewähltes Lebewesen, bei dem eine solche Erscheinung auftritt.*

Solche Organe, wie sie bei der Schlange beschrieben werden, nennt man rudimentäre Organe. *(Dabei handelt es sich um Reste ursprünglicher Organe, die aber ihre Funktion verloren haben und zurückgebildet wurden.)*

Ein weiteres Beispiel ist der Blinddarm des Menschen oder der Beckengürtel des Wals. Beide Organe wurden durch Anpassung an Veränderungen (Mensch-Ernährung, Wal-Fortbewegung) nicht mehr benötigt und bildeten sich zurück. Damit konnten diese Lebewesen mit weniger Energieverbrauch überleben, da keine überflüssigen Organe erhalten werden mussten.

5.5 *Fertigen Sie eine Tabelle an. Diese wird für die Punktevergabe mit berücksichtigt. Tragen Sie nun für Schädel, Wirbelsäule und Gliedmaßen je einen Unterschied zwischen Schimpanse und Mensch ein.*
Finden Sie nun noch eine Gemeinsamkeit im Bau des Skeletts von Schimpanse und Mensch. Achten Sie auf eine übersichtliche Zuordnung Ihrer Aussagen.

	Mensch	**Schimpanse**
Unterschiede:		
– Schädel	– kleiner Gesichtsschädel, großer Hirnschädel	– großer Gesichtsschädel, kleiner Hirnschädel
– Wirbelsäule	– doppelt s-förmig gebogen	– einfach gebogen
– Gliedmaßen	– Arme zur freien Bewegung mit Greif-Hand, Beine zum Laufen mit Stand-Fuß	– Vordergliedmaßen sehr lang, zur Fortbewegung mit Klammer-Hand, Hintergliedmaßen kürzer, zur Fortbewegung mit Klammer-Fuß
Gemeinsamkeit im Bau des Skeletts:	Grundaufbau mit Schulter- und Beckengürtel sowie Arm- und Beinskelett	

5.6 *Formulieren Sie zusammenhängend und in Sätzen, dass alle Menschen dieser Erde zur gleichen Art gehören. Nutzen Sie Ihre Kenntnisse zum Begriff „Art“.*
Vergleichen Sie den Menschen mit anderen Lebewesen und finden Sie Merkmale, die nur er besitzt. Was macht ihn zu etwas Besonderem?

Alle heute lebenden Menschen sind übereinstimmend in ihren anatomischen (baulichen) und physiologischen (funktionellen) Merkmalen. Sie besitzen gleiche genetische Merkmale und sind untereinander fortpflanzungsfähig.

Der Mensch nimmt im Reich der Lebewesen dadurch eine Sonderstellung ein, dass er ein denkendes, bewusst handelndes und seine Umwelt gezielt veränderndes Lebewesen ist. Er erkennt Naturgesetze und Zusammenhänge und kann diese gezielt zu seinem Nutzen verändern und beeinflussen.

BE

6.1 Die Waldfläche in Sachsen beträgt zurzeit 514 000 Hektar. Etwa 25 % aller Wälder können dem Ökosystem Mischwald zugeordnet werden.

- Benennen Sie die in der Skizze gekennzeichneten Schichten.
- Ordnen Sie drei dieser Schichten jeweils eine typische Pflanze und ein typisches Tier zu. 5

6.2 In Kiefernmonokulturen ist der Kiefernspinner ein häufig auftretender Schädling. Aus Gelegen mit etwa 100 Eiern schlüpfen im Sommer Schmetterlingsraupen, die sich von den Kiefernnadeln ernähren. Eine Raupe frisst bis zu 750 Nadelblätter.

Temperatur in °C	**Schlüpferfolg in %**
5	0
10	40
15	75
20	98
25	80
30	45
35	15

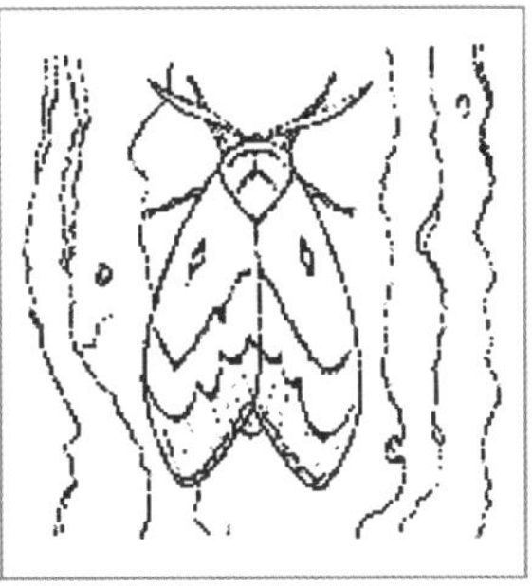

- Stellen Sie den Zusammenhang zwischen Temperatur und Schlüpferfolg in einem Kurvendiagramm grafisch dar. Fordern Sie dazu Millimeterpapier an.
- Beschreiben Sie den Einfluss des Umweltfaktors Temperatur auf die Anzahl der Kiefernspinner. 5

6.3 In Sachsen zeichnet sich bei jüngeren Waldbeständen eine Tendenz zum naturnäheren Mischwald ab. In älteren Wäldern dominieren reine Fichten- und Kiefernbestände.
- Begründen Sie am Beispiel des Kiefernspinners den langfristigen ökologischen Vorteil eines Mischwaldes gegenüber einer Nadelwaldmonokultur. 2

6.4 Neben den Waldökosystemen sind Gewässer in ihrer Vielfalt für die Natur von zentraler Bedeutung.
In stehenden bzw. langsam fließenden Gewässern können folgende Lebewesen beobachtet werden:

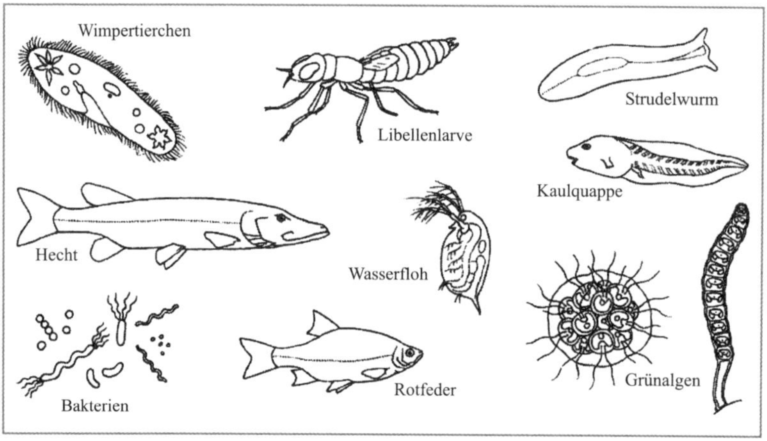

- Stellen Sie mithilfe der Abbildung eine Nahrungskette auf, die aus mindestens sechs Gliedern besteht.
- Ordnen Sie folgenden Lebewesen die Begriffe Produzent, Konsument oder Destruent (Reduzent) zu: Hecht, Grünalgen, Wasserfloh, Kaulquappe.
- Erklären Sie den Begriff Produzent. 7

6.5 Der Braunkohleabbau in Mitteldeutschland und in der Lausitz hinterlässt eine stark veränderte Umwelt.
Lesen Sie den als Anlage beigefügten Text. Er beschreibt eine Möglichkeit der Entwicklung von Bergbaufolgelandschaften.
- Geben Sie vier Fakten zur vom Menschen unbeeinflussten Entwicklung von Bergbaufolgelandschaften an.
- Nennen Sie vier Artenschutzprojekte, mit denen die natürliche Entwicklung unterstützt wird.
- Erläutern Sie eine Bedeutung der im Text beschriebenen Form der Landschaftsentwicklung. 6

Anlage:
Vom Braunkohletagebau zum Naturparadies

Prof. Heinz Sielmann begeisterte sich als einer der ersten für das große ökologische Entwicklungspotenzial, das sich in den durch Braunkohleabbau geschundenen Landschaften in der Niederlausitz verbirgt. Hier, wo innerhalb weniger Jahrzehnte das vernichtet wurde, was die Erde in Jahrmillionen geschaffen hatte, wurde die Heinz Sielmann Stiftung aktiv. Die Stiftung konnte im Jahr 2000 mit Zustimmung aller Beteiligten zunächst 771,5 Hektar einer ehemaligen Tagebaulandschaft in Brandenburg kaufen.

Auf den Schlabendorfer Feldern, südöstlich von Luckau im Landkreis Dahme-Spreewald, dort, wo sich einst das Dorf Wanninchen befand, erobert sich seitdem die Natur die vom Braunkohlebergbau zerstörten Flächen beharrlich zurück: Der Grundwasserspiegel in diesem Gebiet ist um einige Meter gestiegen. Die sogenannten Restlöcher, die nach Aufgabe des Tagebaus zurückblieben, füllen sich stetig mit Wasser – eine Entwicklung, an deren Ende eine vielgestaltige Seenlandschaft stehen wird. Dies alles spielt sich mit einer unglaublichen Dynamik ab. Für kurze Zeit entstehen Kleingewässer, andernorts schafft das steigende Grundwasser neue Abbruchkanten, die beispielsweise der Uferschwalbe als Brutplatz dienen. Viele Arten nutzen auch das offene, nährstoffarme Land: So ist der seltene Wiedehopf wieder regelmäßig auf den Trockenrasen bei der Suche nach Großinsekten anzutreffen.

Diese Erfolge für selten gewordene Tierarten waren mehr als genug Motivation für die Heinz Sielmann Stiftung, weitere Flächen zu kaufen. Im Juli 2004 sind es bereits 2 742 Hektar Fläche, die in „Sielmanns Naturlandschaft Wanninchen“ nachhaltig für den Naturschutz gesichert werden.

Gemeinsam mit ihrem Projektpartner, dem „Biologischen Arbeitskreis Alwin Arndt“ Luckau e. V. setzte die Heinz Sielmann Stiftung innerhalb der gekauften Flächen bereits eine Reihe von Artenschutz-Projekten um, beispielsweise den Bau einer Nistwand für die selten gewordenen Uferschwalben mit einem integrierten Überwinterungsquartier für Fledermäuse oder die Errichtung von Lesesteinhaufen aus Findlingen. Dort haben Zauneidechse und Mauswiesel Unterschlupf und der Steinschmätzer einen Brutplatz gefunden.

Andernorts wurden Fledermauskästen aufgehängt, Sitzkrücken für Greifvögel aufgestellt, Insektennistwände errichtet und Nistgelegenheiten für Wiedehopf, Schellente und andere Arten geschaffen. Hecken und Waldränder sind für viele Arten ein wichtiger Teillebensraum, so etwa für Neuntöter und Rebhuhn oder für den Igel. Um solche Strukturen zu fördern, unterstützte die Heinz Sielmann Stiftung ihre Projektpartner bei der Randbepflanzung der Wirtschaftswege und bei dem Aufbau eines stufigen, artenreichen Waldrandes. Über eine Länge von einigen Kilometern konnten Schlehe, Weißdorn, Hundsrose, Feldahorn und andere standortgerechte Arten gepflanzt werden.

Quelle: Auszug aus einer Internetveröffentlichung der Heinz Sielmann Stiftung (bearbeitet)
http://www.sielmann-stiftung.de/000000963908e1207/00000096390a54143/index.html
(13.06.2006)

Lösungen

6.1 *Betrachten Sie die Abbildung genau. Geben Sie für jede Zahl den passenden Begriff an. Für die Zuordnung je einer Pflanze und eines Tiers empfiehlt sich eine Tabelle.*

Mischwald-Schicht	**Typische Pflanze**	**Typisches Tier**
1 Baumschicht	Tanne, Eiche	Eichelhäher, Waldohreule
2 Strauchschicht	Holunder, Berberitze	Buchfink, Wildschwein
3 Krautschicht	Buschwindröschen, Adlerfarn	Waldeidechse, Laubsänger
4 Moosschicht	Laubmoos, Steinpilz	Tausendfüßer, Gehäuseschnecken

6.2 *Sie sehen in der Tabelle Temperaturwerte und den Schlüpferfolg der Schmetterlingsraupen. Tragen Sie diese Werte in ein Koordinatensystem auf Millimeterpapier ein. Achten Sie auf Genauigkeit und die Beschriftung der Achsen. Verbinden Sie anschließend die Punkte zu einer Kurve.*

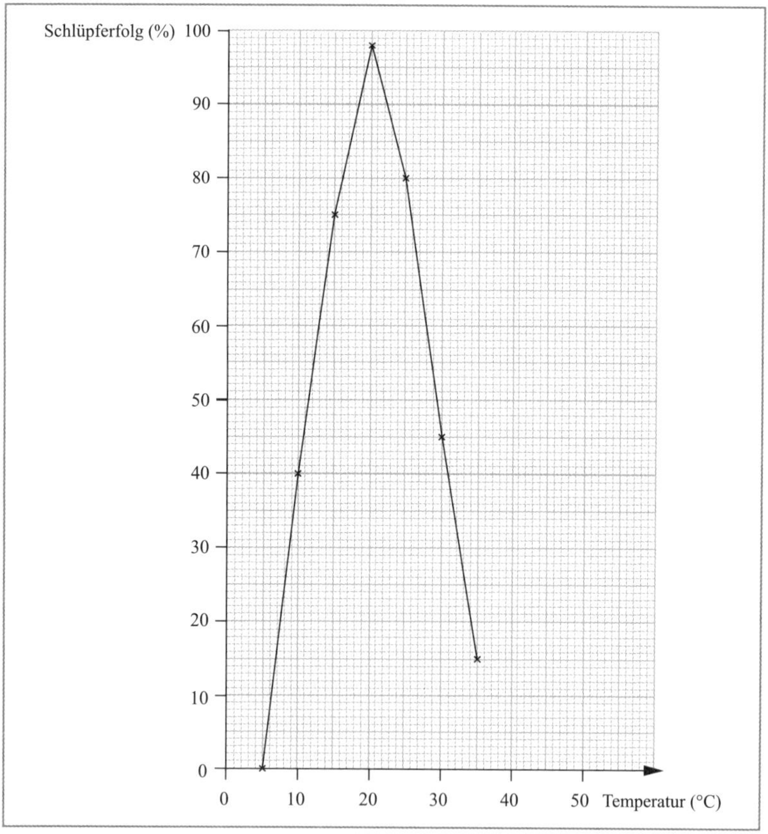

Formulieren Sie danach in Sätzen, wie sich die Temperatur auf die Anzahl der geschlüpften Schmetterlingsraupen auswirkt. Bei welcher Temperatur liegt der optimale Erfolg?

Der Kurvenverlauf zeigt deutlich die Abhängigkeit des Schlupferfolges von der Temperatur.
Bei geringer Temperatur von 5 °C schlüpfen keine Raupen *(d. h. im Winterhalbjahr bleibt die Kiefernmonokultur unbeschadet)*. Mit steigender Temperatur erhöht sich deutlich die Zahl der Raupen, die bei Temperaturen um die 20 °C (Idealtemperatur mit Optimum) fast vollständig schlüpfen können. *(Da alle Raupen nun fressen müssen, werden die Nadelbäume regelrecht kahl gefressen.)*
Im Hochsommer bei großer Hitze sinkt die Zahl der geschlüpften Raupen wieder auf 45 % und weniger ab, diese Temperatur ist also nicht geeignet für eine optimale Entwicklung der Raupen.

6.3 *Vergleichen Sie die Vor- und Nachteile von Mischwald und Nadelwaldmonokultur und stellen Sie diese gegenüber. Überlegen Sie nun, in welchem Wald der Kiefernspinner weniger Schaden anrichten kann und der Wald somit besser geschützt ist.*

In einer Monokultur wächst nur eine Pflanzenart, z. B. reine Fichten- oder Kiefernbestände.
Trifft ein Schädling in einen solchen Bestand, kann er sich ungehindert über alle Pflanzen ausbreiten und diese befallen und schädigen. Der Kiefernspinner hätte ideale Bedingungen für seine Ausbreitung.
Im naturnahen Mischwald wachsen verschiedene Laub- und Nadelgehölze in einem Waldbestand. Es herrscht eine große Artenvielfalt. Daher kann ein eingefallener Schädling nur einen Bruchteil dieses Bestandes schädigen, denn er bevorzugt nur eine oder wenige Pflanzenarten. Durch den Futtermangel überlebt nur ein Teil der Schädlinge bzw. reduzieren natürliche Feinde ihre Ausbreitung. Die Gesamtschädigung bleibt gering und der Waldbestand gut erhalten.
Deshalb wird langfristig bei der Aufforstung der Mischwald von ökologischem Vorteil sein.

6.4 *In langsam fließenden Gewässern leben sehr viele Tier- und auch Pflanzenarten. Zwischen ihnen hat sich ein Nahrungsnetz ausgebildet, welches aus einer großen Zahl von Nahrungsketten aufgebaut hat. Sie verzweigen sich und zeigen die gegenseitige Abhängigkeit zum Überleben.*
Betrachten Sie die vorgegebenen Lebewesen. Wer ist von wem abhängig in der Ernährung? Bringen Sie sechs Lebewesen in eine Nahrungskette.
Nutzen Sie Ihre Kenntnisse über die Begriffe Produzent, Konsument und Destruent und ordnen Sie die vorgegebenen Beispiele richtig zu.
Vergessen Sie nicht, die Merkmale des Produzenten am Schluss zu nennen.

Eine mögliche Nahrungskette könnte sein:

Grünalge → Wimpertierchen → Wasserfloh → Rotfeder → Hecht → Bakterien

→ wird gefressen von …

Produzent	Konsument	Destruent (Reduzent)
Grünalge	Wasserfloh Kaulquappe Hecht	–

Produzenten sind alle grünen Pflanzen, die durch den Vorgang der Fotosynthese die Lebensgrundlagen für alle anderen Lebewesen (Konsumenten, Reduzenten) herstellen. Sie stehen stets am Anfang einer Nahrungskette.

6.5 *Konzentrieren Sie sich auf den Inhalt des langen beigefügten Textes. In ihm sind viele Informationen zu Bergbaufolgelandschaften enthalten. Finden Sie heraus, was sich ohne Hilfe des Menschen dort entwickelt hat. Wählen Sie davon vier Fakten aus.*
Was haben die Menschen bewusst verändert oder geschaffen? Wählen Sie auch hier vier Maßnahmen aus, die der Natur nützlich sind.
Geben Sie für eine dieser Maßnahmen Vorteile an oder zeigen Sie an Beispielen die positive Wirkung dieser Maßnahme.

Bergbaufolgelandschaften haben eine eigene Entwicklung. Es zeigen sich Jahre nachdem der Braunkohlenabbau beendet wurde in diesen Gebieten:
- ein Ansteigen des Grundwasserspiegels,
- Kleingewässer, die durch das Füllen der Restlöcher mit Regen- oder Grundwasser entstehen,
- neue Abbruchkanten, die durch den steigenden Wasserspiegel zu neuen Lebensräumen werden,
- offene, nährstoffarme Gebiete mit Trockenrasen.

Viele Artenschutzprojekte sollen helfen, die natürliche Entwicklung in diesen Gebieten zu unterstützen. Dazu zählen:
- Bau von Nistwänden für Uferschwalben,
- Schaffung von Überwinterungsquartieren für Fledermäuse,
- Errichtung von Lesesteinhaufen für Zauneidechse und Mauswiesel sowie Steinschmätzer,
- Anbringung von Fledermauskästen,
- Bau von Sitzkrücken für Greifvögel,
- Aufstellen von Insektennistwänden,
- Randbepflanzung von Wirtschaftswegen und Aufbau eines stufigen, artenreichen Waldrandes.

Alle diese Beispiele zeigen, wie in diesen ehemaligen Braunkohletagebaugebieten, die Jahrzehnte alles pflanzliche und tierische Leben aus der Natur vertrieben haben und Mondlandschaften entstehen ließen, wieder funktionierende Ökosysteme entstehen können. Tagebaulöcher wurden gezielt geflutet. Flussläufe wurden um- und eingeleitet, damit der Wasserspiegel kontinuierlich steigt. Der Umriss des Sees wird genau geplant und mit ihm die künftige Nutzung des Gewässers samt Uferbereichen.
Das „Bitterfelder Meer“, ein derartiges Gewässer, soll ab 2007 als Naherholungsgebiet mit Badestrand, Anglerverein, Hafen, Halbinseln als Naturschutzgebiete und Rundwanderweg dem Menschen für Sport und Erholung dienen sowie den Artenreichtum an Pflanzen und Tieren im und um den See fördern.

BE

1.1 Das Auge liefert uns die meisten Informationen über die Umwelt.

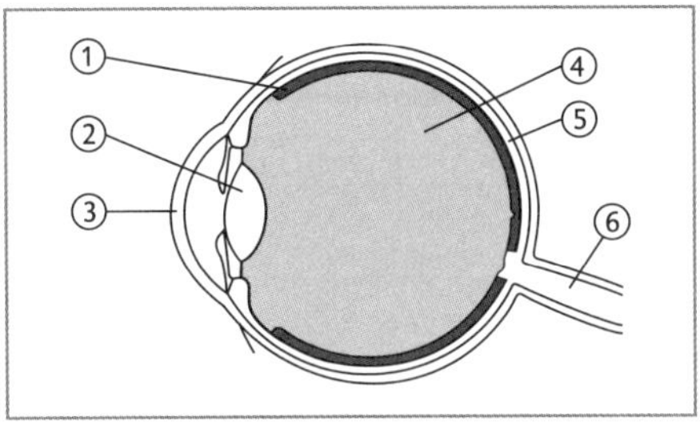

Schematische Darstellung des Auges

– Benennen Sie die in der Abbildung gekennzeichneten Teile des Auges.
– Geben Sie für zwei dieser Teile je eine Funktion an. 4

1.2 Das Auge kann sich an Veränderungen der Umwelt anpassen. Die Abbildungen A und B zeigen die Anpassungserscheinung an unterschiedlich weit entfernte Gegenstände.

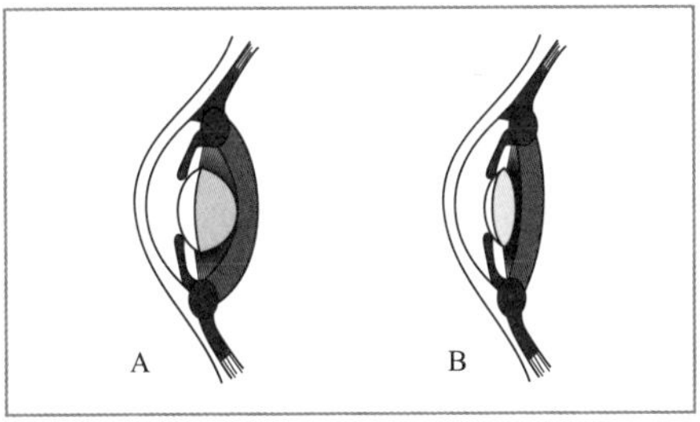

– Benennen Sie diese Anpassung.
– Beschreiben Sie die Veränderungen im Auge bei der Anpassung an nahe oder entfernte Gegenstände. 3

1.3 Das Auge ist vielfältigen Umwelteinflüssen ausgesetzt.
– Begründen Sie eine Maßnahme zum Schutz Ihrer Augen. 2

Lösungen

1.1 *Sie sehen eine schematische Darstellung des menschlichen Auges mit Beschriftung. Die Ziffern 1–6 sollen Sie benennen und zwei Teile auswählen, für die Sie die Aufgaben bzw. Funktionen angeben.*

Teile des Auges:

1 Netzhaut	– Reizaufnahme durch Lichtsinneszellen
2 Linse	– Lichtbrechung
3 Hornhaut	– Schutz und Lichtbrechung
4 Glaskörper	– Stabilität und Erhaltung der Augenform
5 Aderhaut	– Versorgung des Auges
6 Sehnerv	– Reizweiterleitung zum Sehzentrum des Gehirns

1.2 *Das Bild zeigt Ihnen die Form der Linse beim Betrachten unterschiedlich weit entfernter Gegenstände. Geben Sie den Namen des Vorgangs an, der hier abgebildet ist. Wie verändert sich das Auge, wenn es Gegenstände in weiter Ferne oder in nächster Nähe betrachtet? Welche der abgebildeten Linsen sieht nah bzw. fern?*

Die dargestellte Anpassungserscheinung des Auges heißt **Akkommodation** des Auges.
Im **Bild A** ist die Linse stark gekrümmt. Die Ziliarmuskeln werden kontrahiert. Es erfolgt eine stärkere Lichtbrechung. Das Auge sieht auf nahe Gegenstände.
Im **Bild B** sieht man die Linse durch entspannte Ziliarmuskeln stark abgeflacht. Damit wird die Lichtbrechung geringer, das Auge sieht auf entfernte Gegenstände.

Unser Auge kann also nicht gleichzeitig nahe und ferne Gegenstände scharf erkennen, denn die Anpassung an die Entfernung muss zwischen den Sehvorgängen erst erfolgen.

1.3 *Sie wissen viel über Umwelteinflüsse. Welche sind für unsere Augen schädlich? Leiten Sie daraus Maßnahmen ab, wie Sie Ihre Augen schützen können. Argumentieren Sie mit Beispielen.*

Unsere Augen sind täglich vielen Umwelteinflüssen ausgesetzt. Dazu zählen z. B. Sonneneinstrahlung, Wind, giftige Dämpfe, Fremdkörper oder die Strahlung von Bildschirmen.
Sonnenbrillen mit UV-Schutz verhindern eine Überblendung des Auges und Schädigung der Netzhaut.
Schutzbrillen bieten unterschiedlichen Berufsgruppen und bei verschiedenen Tätigkeiten Schutz vor Dämpfen oder Fremdkörpern, die für die Hornhaut oder Teile im Auge eine Gefahr bedeuten. Sie müssen als Arbeitsschutz getragen werden.
Bei der Arbeit am Computer ist stets auf den richtigen Abstand zum Bildschirm zu achten, damit wir unsere Augen nicht überanstrengen. Auch unser Auge braucht Ruhe und Entspannung. Dafür ist der Wechsel an unterschiedliche Entfernungen beim Sehen gut geeignet.

BE

2.1 Pflanzen- und Tierzellen weisen Gemeinsamkeiten und Unterschiede auf.

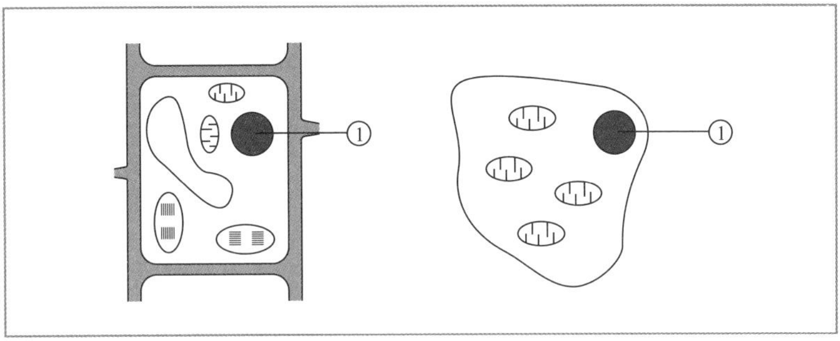

Schematische Darstellung einer Pflanzen- und einer Tierzelle

Die Zellen der Tiere, des Menschen und die der Pflanzen besitzen eine dünne Haut, die ____________________. Bestandteile aller lebenden Zellen sind weiterhin das ________________, der ____________________ und die ________________. In Zellen, die Fotosynthese betreiben, befinden sich außerdem die ________________. Pflanzliche Zellen haben zur Festigung zusätzlich eine ____________________.

- Übertragen Sie den Lückentext in Ihre Arbeit und ergänzen Sie die fehlenden Begriffe unter Zuhilfenahme der Abbildungen.
- Geben Sie eine Funktion für Teil 1 an. 4

2.2 Pflanzen- und Tierzellen können sich teilen.

- Ordnen Sie folgende Aussagen nach zutreffend und nicht zutreffend:
  a) Bei einer Zellteilung teilt sich zuerst der Zellkern.
  b) Ei- und Samenzellen entstehen durch Mitose.
  c) Die Zellteilung ist Voraussetzung für das Wachstum von Lebewesen.
  d) Die ungeschlechtliche Fortpflanzung basiert auf Zellteilungen. 2

2.3 Viele Lebewesen speichern in ihren Zellen Stärke, Eiweiße oder Fette.

- Erläutern Sie die Bedeutung eines Speicherstoffes für ein Lebewesen. 2

Lösungen

2.1 *Das Bild zeigt Ihnen je eine Pflanzen- und Tierzelle mit ihren Bestandteilen. Betrachten Sie diese genau und schreiben Sie auf die Striche im Lückentext die fehlenden Bestandteile aus den Abbildungen. Der Teil 1 ist besonders hervorgehoben. Welche Funktion oder Aufgabe hat er in beiden Zellen?*

Lückentext:
Die Zellen der Tiere, des Menschen und die der Pflanzen besitzen eine dünne Haut, die Zellmembran. Bestandteile aller lebenden Zellen sind weiterhin das Zellplasma, der Zellkern und die Mitochondrien. In Zellen, die Fotosynthese betreiben, befinden sich außerdem die Chloroplasten. Pflanzliche Zellen haben zur Festigung zusätzlich eine Zellwand.

Teil 1 ist der Zellkern, er ist das Steuerzentrum der Zelle, von dem aus alle Vorgänge innerhalb der Zelle kontrolliert werden. Er beinhaltet das Erbgut, welches von Generation zu Generation weitergegeben wird.

2.2 *Lesen Sie die Aussagen dieser Aufgabe genau durch. Überlegen Sie, welche Sätze richtig, also zutreffend, und welche Sätze falsch, also nicht zutreffend, sind. Ordnen Sie diese übersichtlich in eine Tabelle ein.*

Aussagen zutreffend	**Aussagen nicht zutreffend**
a, c, d	b Diese Aussage ist falsch, weil Ei- und Samenzelle durch Meiose entstehen.

2.3 *Finden Sie hier, um die Bedeutung eines der genannten Speicherstoffe zu erläutern, Beispiele aus dem Tier- und Pflanzenreich. Zeigen Sie auf, was Stärke, Eiweiße oder Fette für diese Lebewesen an Vorteilen bringen oder wofür sie benötigt werden. Die Speicherstoffe dienen der Pflanze als Energiereserve oder sind für die Tiere als Nahrungsspeicher für Winter- oder Dürrezeiten wichtig.*

Der Eisbär benötigt für sein Leben in eisigen Temperaturen eine dicke Fettschicht als Polster im Unterhautfettgewebe. Sie liefert große Energiemengen zur Aufrechterhaltung der Körpertemperatur.
Der Mensch wandelt Stärke in Traubenzucker um. Dieser gelangt durch Resorption vom Dünndarm ins Blut. Bei der biologischen Oxidation wird daraus in den Zellen Energie gebildet, die für alle wichtigen Lebensprozesse (Atmung, Zellteilung, Wachstum) benötigt wird.
Bei sportlichen Aktivitäten wird viel Energie verbraucht, der Körper greift auf seine **Speicherstoffe** zurück.

Realschulabschluss 2007 Biologie (Sachsen)
Pflichtaufgabe 3: Evolution

BE

3.1 Die heutigen Tier- und Pflanzenarten haben eine lange Evolutionsgeschichte. Sie begann vor über 3,5 Milliarden Jahren mit den ersten einzelligen Lebewesen und führte u. a. zu folgenden Wirbeltierklassen:

a) Lurche
b) Vögel
c) Fische
d) Kriechtiere (Reptilien)

– Ordnen Sie die genannten Wirbeltierklassen in zunehmender Höhe ihrer Organisationsstufen. 1

3.2 Die Übergänge zwischen zwei Wirbeltierklassen erfolgten nicht sprunghaft. Immer wieder traten Zwischenformen (Übergangsformen) auf. Durch fossile Funde sind besonders der Urvogel und der Quastenflosser bekannt.

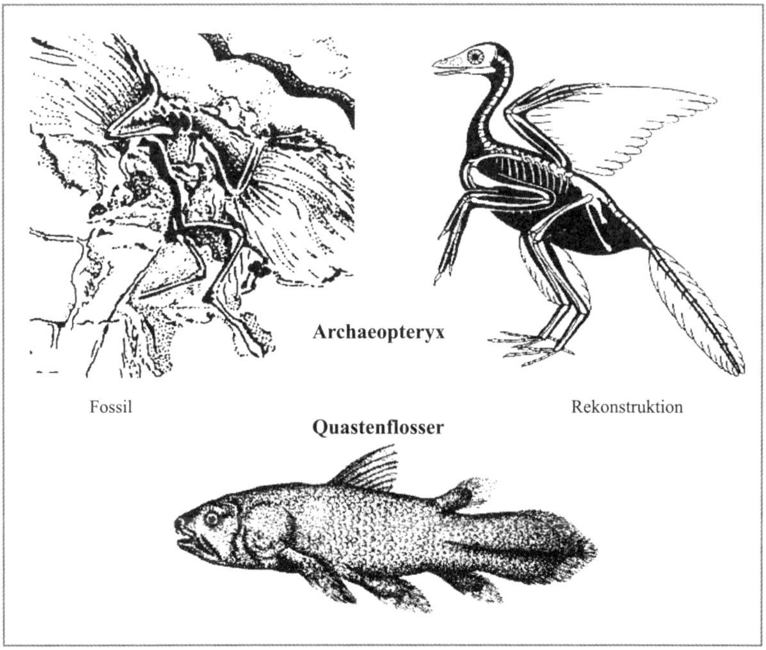

– Geben Sie für den Quastenflosser <u>oder</u> den Urvogel die entsprechenden Wirbeltierklassen an, von denen er Merkmale besitzt.
– Ordnen Sie der von Ihnen gewählten Zwischenform jeweils zwei Merkmale den angegebenen Wirbeltierklassen zu. 3

3.3 Im Jahr 1859 veröffentlichte DARWIN sein Hauptwerk „Die Entstehung der Arten durch natürliche Zuchtwahl“. Die von ihm benannten Triebkräfte der Evolution werden heute als Evolutionsfaktoren bezeichnet.

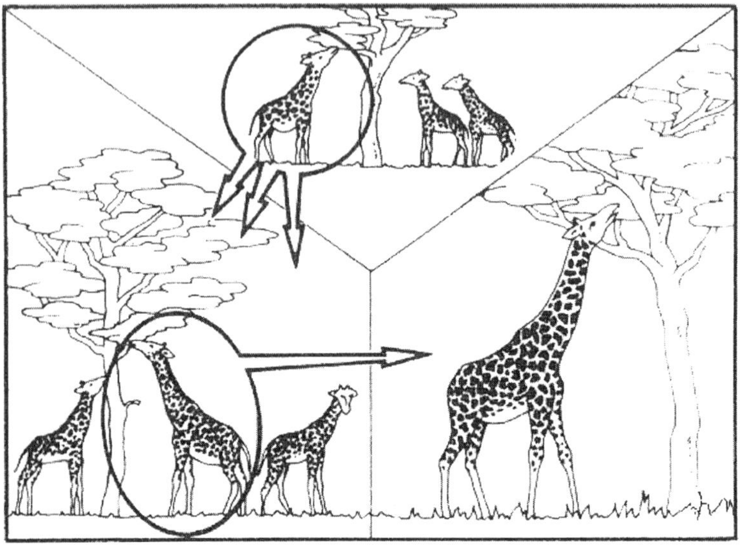

– Erklären Sie mithilfe von zwei Evolutionsfaktoren die Entstehung von Langhalsgiraffen aus Kurzhalsgiraffen. 4

Lösungen

3.1 *Bringen Sie die Buchstaben a bis d in die richtige Reihenfolge ihrer Entstehung auf der Erde. Die Entwicklung verlief von einfachen Formen zu hochentwickelten Lebewesen.*

Fische	→	Lurche	→	Kriechtiere	→	Vögel
(c)		(a)		(d)		(b)

3.2 *Hier sehen Sie zwei Übergangsformen (Zwischenformen) abgebildet. Wählen Sie eine Form aus und nennen Sie die Wirbeltierklassen, zwischen denen diese Form steht und Merkmale besitzt. Belegen Sie nun durch die Angabe der typischen Merkmale dieser Wirbeltierklassen die Zugehörigkeit der Übergangsform.*

Quastenflosser

Fisch
- Ausbildung von Flossen
- Körperform

Lurch
- Gelenkknöchelchen
- Sauerstoffaufnahme aus der Luft

Archaeopteryx (Urvogel)

Kriechtier
- Zähne im Kiefer
- drei bekrallte Finger an den Gliedmaßen
- langer Schwanz mit beweglichen Wirbeln

Vogel
- Vordergliedmaßen Flügel
- Federkleid zur Erhaltung der Körpertemperatur

3.3 *Hier wenden Sie Ihr Wissen von den Evolutionsfaktoren auf ein konkretes Beispiel an. Wie sind die Langhalsgiraffen entstanden? Wählen Sie zwei Evolutionsfaktoren für Ihre Erklärung aus.*

Die **Evolutionsfaktoren** heißen Mutation, Neukombination von Genen, Isolation und Selektion (natürliche Auslese). Alle wirkten sich auf die Entstehung der Langhalsgiraffen aus. Durch die Verpaarung zweier Tiere wurden die genetischen Informationen dieser Tiere neu kombiniert. Die Nachkommen waren nicht gleich, sie hatten unterschiedlich lange Hälse. Bei der Suche nach Nahrung waren die Tiere mit den langen Hälsen im Vorteil, sie konnten sich in ihrer Umwelt besser behaupten, sie wurden kräftig und vermehrten sich erfolgreich. Tiere mit kürzeren Hälsen konnten in schlechten Nahrungszeiten dagegen nicht überleben und starben. Sie wurden somit (aus)selektiert.
Auch durch Mutation konnten Tiere mit besonders langen Hälsen entstehen. Auch diese Tiere überlebten gut und gaben ihr Erbgut an die folgende Generation weiter.

BE

4.1 In Ruhe atmet ein Erwachsener etwa 16 bis 20 mal pro Minute. Bei jedem Atemzug werden ca. 0,5 l Luft eingeatmet.

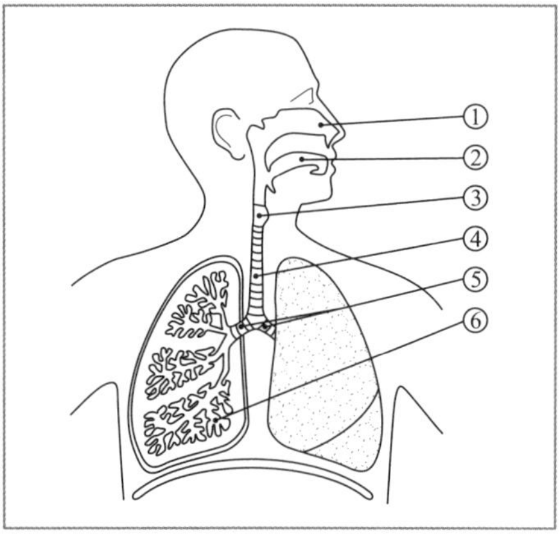

Atmungsorgane des Menschen

- Benennen Sie die in der Abbildung gekennzeichneten Teile des Atmungssystems.
- Begründen Sie mithilfe eines Baumerkmales, warum es gesünder ist durch die Nase einzuatmen. 5

4.2 Die Lunge des Menschen besteht aus 300 bis 500 Millionen Lungenbläschen. Die Oberfläche aller Lungenbläschen entspricht der Größe eines Tennisplatzes. In den Lungenbläschen findet der Gasaustausch statt.

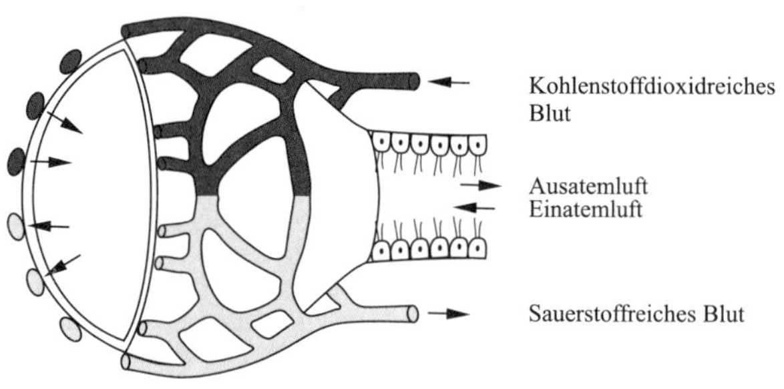

Funktionsmodell des Lungenbläschens

- Erläutern Sie den Gasaustausch in den Lungenbläschen. Gehen Sie dabei auf den zugrunde liegenden physikalischen Vorgang ein.
- Erklären Sie einen Vorteil, den eine große innere Oberfläche der Lungenbläschen für den Gasaustausch hat. 5

4.3 Im Kamin wird Holz verbrannt. Ein vergleichbarer Vorgang findet in den Mitochondrien unseres Körpers statt.

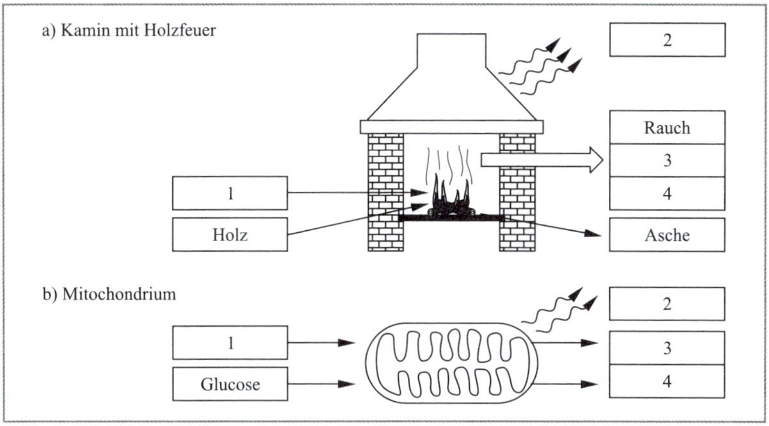

- Geben Sie für die Ziffern 1–4 die fehlenden Begriffe an.
- Benennen Sie den in den Mitochondrien ablaufenden biochemischen Vorgang.
- Begründen Sie an einem Beispiel, warum dieser Vorgang lebensnotwendig ist. 5

4.4 Die Ausatemluft des Menschen enthält etwa 4 % Kohlenstoffdioxid. Dieses farblose Gas kann experimentell nachgewiesen werden.
- Fordern Sie das Nachweismittel schriftlich an.
- Führen Sie den Nachweis durch.
- Notieren Sie Ihre Beobachtung. 3

4.5 Die Bundeszentrale für gesundheitliche Aufklärung führte eine Erhebung zum Rauchverhalten Jugendlicher durch. In dem vorgegebenen Diagramm wird die Entwicklung des Raucheranteils unter 12- bis 19-jährigen Jugendlichen dargestellt.

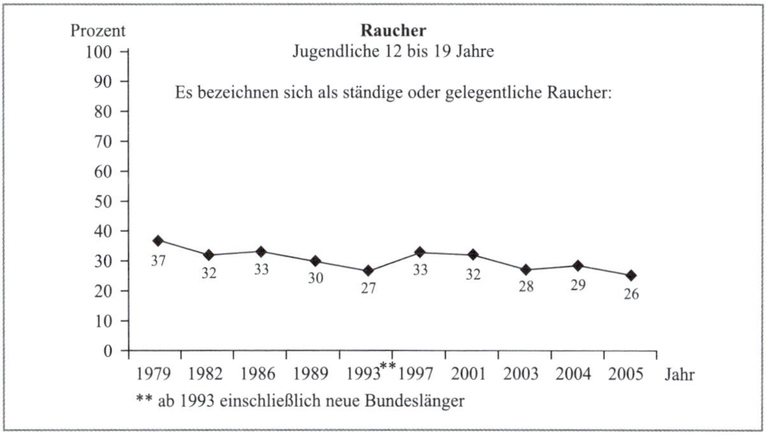

- Geben Sie die Tendenz des Rauchverhaltens an, die sich aus der Kurve ergibt.
- Erläutern Sie einen möglichen Grund für die festgestellte Tendenz. 3

4.6 Viele Kinder und Jugendliche stehen vor der gleichen Entscheidung wie unser kleiner Freund rechts im Bild.

- Erläutern Sie einen Vorteil des Nichtrauchens für die körperliche Entwicklung von Jugendlichen.
- Erklären Sie an einem Sachverhalt, warum das „Nein“ sagen zum Rauchen vielen Schülern nicht leicht fällt.

4

Lösungen

4.1 *Die Skizze zeigt die schematische Darstellung der Atmungsorgane des Menschen mit der Angabe von Teilen. Diese sollen Sie namentlich angeben. Im zweiten Aufgabenteil geht es um die Funktionen der Nasenhöhle. Durch welche Besonderheiten im Bau ist die Atmung durch die Nase gesünder für den Menschen?*

Teile des Atmungssystems:
1 Nasenhöhle
2 Mundhöhle/Rachen
3 Kehlkopf
4 Luftröhre
5 Bronchien
6 Lungenbläschen im Lungenflügel

In der Nasenhöhle wird die eingeatmete Luft gereinigt. Dazu dienen feine Härchen, die die Staubpartikel festhalten. Desweiteren wird die Einatemluft durch die feuchte Schleimhautauskleidung angefeuchtet. Durch die Nasenhöhle wird auch die Temperatur der einzuatmenden Luft an die Körpertemperatur angepasst, d. h. kalte Luft wird vorgewärmt. Bei der Atmung durch die Mundhöhle kann die Einatemluft nicht so vorbereitet werden, deshalb ist die Atmung durch die Nase gesünder.

4.2 *Am Funktionsmodell des Lungenbläschens sollen Sie hier die Vorgänge beim Gasaustausch erklären und den physikalischen Vorgang benennen, durch den dieser Austausch möglich ist. Warum ist eine große Fläche im Inneren der Lungenbläschen für die Atmung wichtig?*

Beim **Gasaustausch** in den Lungenbläschen liegt als physikalischer Vorgang die Diffusion vor, d. h. ein Konzentrationsausgleich durch eine halbdurchlässige Membran.
Beim Einatmen gelangt eine hohe Konzentration an Sauerstoff in das Lungenbläschen und wird von dort durch die Membran an die Blutgefäße abgegeben. Dieses sauerstoffreiche Blut gelangt nun in den Körper zu den Zellen.
Aus dem Körper gelangt Kohlenstoffdioxid mit dem Blut zu den Lungenbläschen und wird durch die Membran an die Lunge abgegeben und ausgeatmet.

Durch die riesige innere Oberfläche in den Lungenbläschen kann gleichzeitig in Millionen Bläschen Sauerstoff ein- und Kohlenstoffdioxid ausgeatmet werden. Die Lunge erhält eine hohe Leistungsfähigkeit und kann auch bei geringer Atemfrequenz immer genügend Sauerstoff aufnehmen.

4.3 *Hier sehen Sie auf zwei Bildern vergleichbare Vorgänge dargestellt. Finden Sie heraus, welche Begriffe zu den Ziffern passen (diese müssen bei beiden Vorgängen gleich sein). Ergänzen Sie den Fachbegriff für den Vorgang in den Mitochondrien. Weshalb können wir ohne diesen Vorgang nicht überleben. Finden Sie Argumente.*

Beide Vorgänge laufen nach dem gleichen Prinzip ab.
Ziffer 1 Sauerstoff
Ziffer 2 Wärmeenergie
Ziffer 3 Wasser
Ziffer 4 Kohlenstoffdioxid
Der Vorgang in den Mitochondrien heißt **biologische Oxidation**.
Er dient zur Energieerzeugung in den Zellen. Diese ist zum Beispiel für die Erhaltung der Körpertemperatur notwendig. Energie ist für alle Körperfunktionen wie Bewegung, Verdauung oder Wachstum erforderlich.

4.4 *Bei dieser Aufgabe führen Sie selbstständig den Nachweis von Kohlenstoffdioxid durch. Notieren Sie zuerst den Namen des Nachweismittels in Ihre Arbeit und legen Sie es dem Lehrer vor. Danach erhalten Sie alle Geräte und Chemikalien und Sie beginnen das Experiment. Beobachten Sie genau.*

Nachweismittel: Barium- oder Calciumhydroxidlösung
Durchführung: Durch einen Strohhalm wird Ausatemluft in das klare Nachweismittel gepustet. **Vorsicht, Schutzbrille tragen!**
Beobachtung: Die klare Lösung des Nachweismittels trübt sich milchig ein, es hat eine chemische Reaktion stattgefunden.

4.5 *Betrachten Sie das vorliegende Diagramm und schauen Sie sich die Werte an. Wie hat sich das Rauchverhalten der Jugendlichen verändert? Woher kommen diese Veränderungen, was können Gründe dafür sein. Wählen Sie einen Grund für Ihre Erläuterungen.*

Die Kurve zeigt einerseits, dass stets über 26 % der Jugendlichen im Alter zwischen 12 und 19 Jahren rauchen. Man erkennt einen Anstieg um 6 % im Jahr 1997 und eine Gesamtabnahme der Zahl der rauchenden Jugendlichen um 11 % über die gesamte Zeitdauer. Damit wurde 2005 der niedrigste Wert erreicht.

Gründe dafür können sein:
- eine bessere Aufklärung durch Elternhaus und Bildungseinrichtungen
- abschreckende Forschungsergebnisse zu Auswirkungen des Rauchens
- deutliche Preissteigerungen für Zigaretten
- bessere Kontrollen bei der Abgabe von Rauchwaren
- mehr Einsicht und Bildung der Jugendlichen
- Erwerbseinschränkungen durch die Einführung von Kartenautomaten

Die Jugendlichen erfahren verstärkt mehr Hilfe und Beratung von Eltern, Gesundheits- und Beratungsstellen über ein rauchfreies Leben. Aktionen des Gesundheitsministeriums in Schulen belohnen Klassen mit attraktiven Preisen bei Einhaltung des Nichtrauchens. Damit gewinnt man zunehmend mehr Jugendliche, die das Rauchen ablehnen. Sie sehen auch die Bemühungen, in Gaststätten und allen öffentlichen Einrichtungen das Rauchen zu untersagen.

4.6 *Überlegen Sie, warum es für die Entwicklung eines Jugendlichen besser ist nicht zu rauchen. Weshalb ist aber die konsequente Ablehnung des Rauchens so schwer zu begründen? Wählen Sie einen Grund aus und erklären Sie ihn.*

Das Rauchen bringt viele Giftstoffe in den Körper. Teerablagerungen in den Lungenbläschen verhindern den Gasaustausch und senken die Leistungsbereitschaft der Lunge beim Sport. Nikotin wirkt als Nervengift und blockiert die Leistungen unseres Nervensystems, die Entwicklung der inneren Organe wird im zeitigen Jugendalter gestört. Dazu zählen durch Ablagerungen in den Arterien beginnender Bluthochdruck oder die Schädigung von Magen und Geschlechtsdrüsen. Je eher mit dem Rauchen begonnen wird, desto stärker sind die Wachstums- und Entwicklungsstörungen bei den Jugendlichen.

Gehört man zu einer Clique, wenn man nicht raucht? Ist man stark oder feige, wenn man „NEIN" sagt? Viele Schüler befürchten, von den anderen ausgelacht oder ausgeschlossen zu werden. Der Gruppenzwang verhindert ihre eigentliche Ablehnung des Rauchens. Sie wollen dazugehören, ebenso „Stress" abbauen wie die Raucher und cool gegenüber jüngeren Schülern wirken. Sie wollen sich etwas trauen und Anerkennung erhalten.

BE

5.1 Erscheinungen in der Natur unterliegen vielfältigen Gesetzen. Sie zu entschlüsseln ist unter anderem Aufgabe der Biologie. Im Ergebnis seiner umfangreichen Kreuzungsexperimente formulierte G. J. MENDEL allgemein gültige Gesetze über die Vererbung von Anlagen.
– Geben Sie den Wortlaut des ersten Mendel'schen Gesetzes an. 2

5.2 Die Blutgruppen des Menschen werden auch nach diesen Gesetzen vererbt. Die Gerichtsmedizin nutzt diese Erkenntnisse unter anderem zum Vaterschaftsnachweis. Eine Frau mit der Blutgruppe A hat ein Kind mit der Blutgruppe 0 geboren. Die beiden als Vater in Frage kommenden Männer haben die Blutgruppen AB bzw. B, streiten aber beide die Vaterschaft ab.
– Stellen Sie ein Kreuzungsschema auf, mit dessen Hilfe Sie den biologischen Vater ermitteln können.
– Geben Sie die Blutgruppe des biologischen Vaters an. 4

5.3 Die DNA hat die Struktur eines schraubenförmig gewundenen Doppelstranges. Entschraubt wird sie bildlich folgendermaßen dargestellt:

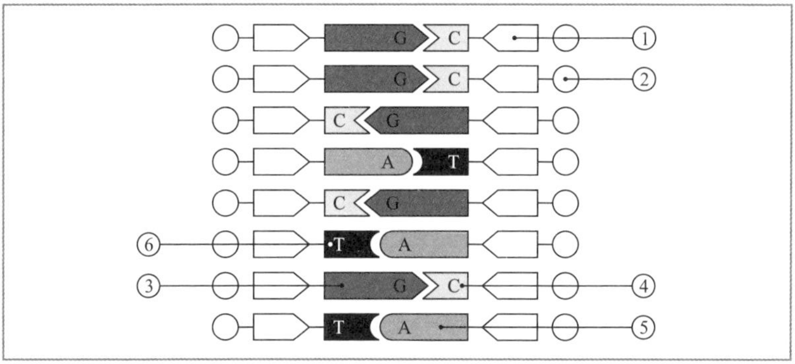

– Benennen Sie die in der Abbildung gekennzeichneten DNA-Bausteine.
– Nennen Sie einen Zellbestandteil, der DNA enthält.
– Geben Sie eine Funktion der DNA an. 5

5.4 Die Chromosomen enthalten die DNA. Durch Chromosomenbilder können Rückschlüsse auf eventuell vorhandene Erbkrankheiten gezogen werden. Die Zeichnung zeigt die geordneten und nummerierten Chromosomen einer menschlichen Körperzelle.

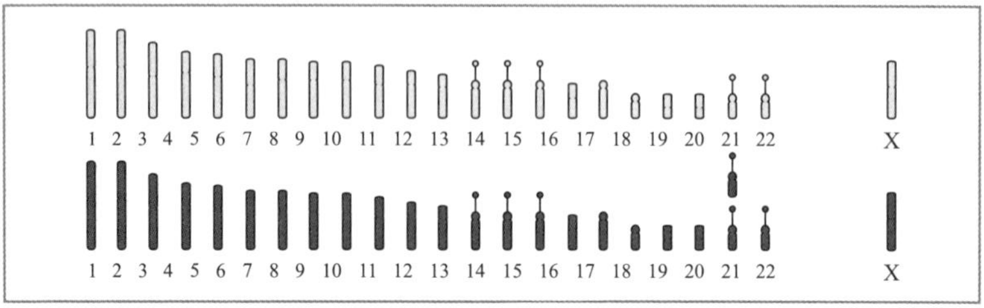

Chromosomenbild der Körperzelle eines Menschen

- Geben Sie das Geschlecht dieses Menschen an.
- Welche Besonderheit liegt in dem dargestellten Chromosomenbild vor?
- Benennen Sie die dadurch bedingte Erbkrankheit. 3

5.5 Krankheiten des Menschen können verschiedene Ursachen und Folgen haben.
- Unterscheiden Sie Erbkrankheiten und Infektionskrankheiten in Bezug auf Ursache, Verlauf und Heilungschance tabellarisch.
- Ordnen Sie den Erbkrankheiten und den Infektionskrankheiten je ein Beispiel zu. 5

5.6 Die Ursache von Veränderungen bei Lebewesen können Mutationen oder Modifikationen sein.
- Ordnen Sie folgende Beispiele der Mutation oder der Modifikation zu:
  a) Weißkohl, Rotkohl, Rosenkohl und Blumenkohl sind aus dem Wildkohl hervorgegangen.
  b) Kartoffeln einer Sorte haben auf verschiedenen Feldern unterschiedliche Größen.
  c) Die Chinesische Primel blüht bei Zuchtbedingungen unter 30 °C rot; bei Temperaturen über 30 °C entstehen weiße Blüten.
  d) Die Ableger einer geteilten Löwenzahnpflanze haben im Hochgebirge längere Wurzeln als in der Ebene.
  e) Gitarrenspieler haben Hornhaut an den Fingerkuppen.
  f) Kurzbeinigkeit ist ein günstiges Merkmal bei Zuchtschafen. 3

5.7 Die Klonierung gewinnt als biotechnologisches Verfahren immer mehr an Bedeutung.
- Was ist ein Klon?
- Erläutern Sie einen Vorteil der Klonierung für die Pflanzenzucht. 3

Lösungen

5.1 *Schreiben Sie hier den Wortlaut für das erste Mendel'sche Gesetz auf.*

Das **Uniformitätsgesetz** (1. Mendel'sches Gesetz) lautet:
Kreuzt man zwei Individuen, die in einem Merkmal unterschiedlich, aber jeweils reinerbig sind, so sind die Nachkommen in der 1. Tochtergeneration in diesem Merkmal untereinander gleich.

5.2 *Ermitteln Sie hier mit einem Kreuzungsschema den Vater eines Kindes. Wenden Sie Ihre Kenntnisse zu den Vererbungsgesetzen an und bedenken Sie, dass der Genotyp aus zwei Merkmalen zusammengesetzt ist.*

gegeben: Mutter mit Blutgruppe A
Kind mit Blutgruppe 0
gesucht: Vater mit Blutgruppe AB oder Vater mit Blutgruppe B

Kreuzungsschema für Vater mit Blutgruppe B:

♀ \ ♂	**B**	**0**
A	AB	A0
0	B0	00

Genotyp: AB, A0, B0, 00
Phänotyp: AB, A, B, 0

Kreuzungsschema für Vater mit Blutgruppe AB:

♀ \ ♂	**A**	**B**
A	AA	AB
0	A0	B0

Genotyp: AA, AB, A0, B0
Phänotyp: A, AB, A, B

Der Mann mit der Blutgruppe B ist der biologische Vater des Kindes. Der Nachweis ist im oberen Erbschema zu erkennen, denn die Verbindung aus der Blutgruppe A der Mutter und der Blutgruppe B des Vaters kann bei einem Kind zur Blutgruppe 0 führen.

5.3 *Sie haben die schematische Darstellung der Struktur der DNA/DNS abgebildet. Geben Sie die Namen der gekennzeichneten Bestandteile an. Wo befindet sich die DNA und welche Funktion erfüllt sie?*

Bestandteile der DNA:
1 Desoxyribose (Zucker)
2 Phosphorsäurerest
3 Guanin (organische Base)
4 Cytosin (organische Base)
5 Adenin (organische Base)
6 Thymin (organische Base)

Die DNA ist im Zellkern der Zelle enthalten. Ausnahmen bilden die Bakterien, dort befindet sie sich als Kernsubstanz im Plasma der Zelle.
Sie enthält die Erbinformation und ist verantwortlich für die Weitergabe der Erbinformationen an die folgende Generation.

5.4 *Betrachten Sie das gegebene Chromosomenbild. Bestimmen Sie das Geschlecht des Menschen aus diesem Bild. Finden Sie einen Fehler, der zur Entstehung einer Erbkrankheit führt und benennen Sie diese Krankheit.*

Geschlecht: weiblich, weil zwei X-Chromosomen vorhanden sind
Besonderheit: 21. Chromosomenpaar ist 3mal vorhanden (= Fehler bei der Teilung der Chromosomen)
Erbkrankheit: Trisomie 21 oder Down-Syndrom

5.5 *Stellen Sie in einer Tabelle Erbkrankheiten und Infektionskrankheiten gegenüber und vergleichen Sie diese. Nennen Sie je eine Krankheit.*

	Erbkrankheiten	**Infektionskrankheiten**
Ursache	Fehler in der genetischen Information, angeboren	Erworben durch Übertragung von Viren oder Bakterien, Ansteckung
Verlauf	Lebenslange Beeinträchtigungen, körperliche und/oder geistige Behinderungen	Ausbreitung der Erreger und Ausbruch der Krankheit, Heilungsphase
Heilungschance	Nicht heilbar, nur therapierbar (Abschwächung der Beeinträchtigungen)	Mit aktiver oder passiver Immunisierung möglich und erfolgreich
Beispiele	Trisomie 21, Bluterkrankheit, PKU, Albinismus	Grippe, Keuchhusten, Röteln

5.6 *Lesen Sie die Aussagen genau durch und entscheiden Sie, ob es sich um eine Mutation oder Modifikation handelt. Diese können Sie übersichtlich in eine Tabelle einordnen.*

Mutationen	**Modifikationen**
Aussage: a, f	Aussage: b, c, d, e

5.7 *Erklären Sie den Begriff Klon und überlegen Sie, welche positiven Auswirkungen dieses Verfahren in der Pflanzenzucht haben kann.*

Klone sind erbgleiche Nachkommen aus einer Mutterpflanze oder von einem Muttertier. Alle Nachkommen sind genetisch gleich ausgestattet und entwickeln gleiche Merkmale. In der Land- und Forstwirtschaft sowie im Gartenbau kann man dadurch große Mengen von gleichartigen Pflanzen herstellen, z. B. für die Produktion von Gemüsepflanzen. Die Fruchtgröße, die Fruchtform, die Ansprüche an die Umweltbedingungen und die Pflege sind gleich. Der Reifezeitpunkt kann genau kalkuliert werden und der Einsatz von Düngemitteln und Erntetechnik ist gut planbar. Man erreicht Sortenreinheit für die Weiterverarbeitung und die Verpackung der Ernte.
Erfolgreiche und beliebte Sorten können somit über Generationen erhalten bleiben und ihr Anbau optimiert werden.

Realschulabschluss 2007 Biologie (Sachsen)
Wahlaufgabe 6: Ökosystem Wiese

BE

6.1 Durch das Wirken der abiotischen Umweltfaktoren bilden sich unterschiedliche Wiesentypen heraus. Viele Pflanzen- und Tierarten sind aufgrund der vorherrschenden Umweltverhältnisse nur in bestimmten Wiesentypen zu finden.

Oberschicht
70–150 cm
- Glatthafer
- Knäulgras
- Wiesen-Bärenklau

Mittelschicht
10–70 cm
- Goldhafer
- Zaun-Wicke
- Margerite

Streuschicht
bis 10 cm
- Gänseblümchen
- Kleiner Klee
- Sternmoos

Wurzelschicht

- Beschreiben Sie die Auswirkung eines abiotischen Umweltfaktors auf das Wachstum der Pflanzen einer Wiese.
- Nennen Sie je zwei weitere abiotische und biotische Umweltfaktoren, die auf Pflanzen einer Wiese einwirken können. 4

6.2 Moose sind Vertreter der Streuschicht. Wie die meisten Pflanzen führen Moose den Prozess der Fotosynthese durch.
- Fertigen Sie ein Frischpräparat eines Moosblättchens an.
- Stellen Sie von Ihrem Frischpräparat ein mikroskopisches Bild ein und zeigen Sie es dem Lehrer.
- Zeichnen Sie von Ihrem Präparat eine Zelle mit den sichtbaren Zellbestandteilen.
- Beschriften Sie den Zellbestandteil, in dem die Fotosynthese stattfindet.
- Nennen Sie zwei Endprodukte der Fotosynthese. 6

6.3 Zwischen den Organismen der Lebensgemeinschaft Wiese bestehen zahlreiche Wechselbeziehungen (z. B. Nahrungsbeziehungen, Konkurrenzen).
- Stellen Sie unter Verwendung folgender Organismen eine mögliche Nahrungsbeziehung einer Wiese auf: Wiesenklee, Fäulnisbakterien, Marienkäfer, Blattlaus.
- Unterstreichen Sie alle Konsumenten dieser Nahrungsbeziehung.
- Erläutern Sie eine Bedeutung von Destruenten. 5

6.4 Blattläuse sind häufig in riesigen Mengen auf Wiesen zu finden. Ihr Körperbau und ihre Lebensweise sind an die dort wirkenden Umweltfaktoren angepasst. Lesen Sie den Text und beantworten Sie die nachfolgenden Fragen.

Pflanzenläuse
Die weitaus artenreichste Sippe sind die echten Blattläuse mit der Hauptgattung *Aphis*, kleinere, dünnbeinige, an Blättern, Knospen, jungen Trieben krautartiger und verholzender Pflanzen lebende Läuse.
Im Frühjahr, je nach der Witterung früher oder später, kommen aus Eiern, welche unter Laub und anderen geschützten Stellen überwintert hatten, flügellose Blattläuse hervor. Sie häuten sich viermal und ihr Wachstum kann in 10–12 Tagen vollendet sein. Die so erwachsene, flügellose Blattlaus („Amme") legt keine Eier, sondern bringt lebendige Junge zur Welt, und zwar ohne jegliche Zutat eines Männchens. Bei einer durchschnittlichen Nachkommenzahl von 70 Jungen und einer Entwicklungszeit von 14 Tagen kann eine einzige Stammmutter („Amme") im Verlauf eines Sommers theoretisch mehrere Billionen direkte Nachkommen haben. Dies wird allerdings durch die zahlreichen Fressfeinde der Blattläuse, wie z. B. Marienkäfer, verhindert. Ein Marienkäferweibchen mit seinen Nachkommen verzehrt etwa 130 000 Blattläuse pro Jahr.
Wird die Blattlauskolonie zu zahlreich, treten vereinzelt auch geflügelte Blattläuse auf. Sie wurden als flügellose Larven geboren, bekamen mit der Zeit die Flugwerkzeuge und benutzen sie nun, um entfernt von der Heimat neue Kolonien zu gründen.
Je näher der Winter rückt, desto seltener werden die „Ammengeburten". Es entstehen jetzt einige größere, ungeflügelte Weibchen und weit vereinzelter kleinere, in der Regel geflügelte Männchen, selbstverständlich gleichfalls durch lebendige Geburten. Beide paaren sich und die Weibchen legen Eier an Pflanzenstengel oder andere geschützte Stellen, je nach der Art. Diese eierlegenden Blattläuse sind dem inneren Bau nach wesentlich verschieden von den Ammen und können keine lebendigen Jungen erzeugen.
Was die schädlichen Einflüsse der Blattläuse auf die Pflanzen betrifft, so ist es klar, dass die fortwährende Entziehung der Säfte eine Schwächung der ganzen Pflanze zur Folge haben muss. Neben der Saftentziehung wirken meist auch die klebrigen, alle Spaltöffnungen verstopfenden Auswürfe der Blattläuse im höchsten Maße nachteilig auf die Pflanzen.

- Begründen Sie mithilfe des Textes, durch welchen Zellteilungsvorgang die Nachkommen bei „Ammengeburten" entstehen.
- Nennen Sie einen Grund, warum die Entstehung von Männchen in den Blattlauskolonien vor dem Winter notwendig ist.
- Beschreiben Sie die Wechselbeziehung zwischen der Anzahl von Blattläusen und der Anzahl von Marienkäfern einer Wiese.
- Erläutern Sie an einem Sachverhalt, welche Auswirkung die Verstopfung der Spaltöffnungen für die betroffene Pflanze haben kann. 7

6.5 Naturnahe Wiesen werden zunehmend seltener.
- Nennen Sie zwei mögliche Ursachen für diese Entwicklung.
- Erläutern Sie an einem Sachverhalt die Notwendigkeit der Erhaltung naturnaher Wiesen. 3

Lösungen

6.1 *Erklären Sie in Sätzen, welche von Ihnen ausgewählten Umweltfaktoren sich auf Wiesenpflanzen auswirken. Geben Sie nur einen Faktor an und zeigen Sie an Beispielen seine Auswirkungen. Anschließend nennen Sie noch zwei weitere abiotische Faktoren.*

Der **Licht**anteil am Wachstumsstandort ist entscheidend für die Fotosynthese. Je günstiger die Lichtmenge ist, desto mehr Sauerstoff kann die Pflanze an die Umwelt abgeben. Sie wächst optimal, bildet Samen zu ihrer Erhaltung und Früchte als Lebensgrundlage für andere Lebewesen.
Die **Wasser**menge beeinflusst das Wachstum der Pflanze. Bei Wassermangel kann die Flüssigkeitssäule in den Leitgefäßen abreißen und die Pflanze vertrocknet. Ein Überangebot an Wasser könnte zur Fäulnis im Wurzelbereich führen, die Pflanze stirbt in Folge dessen ab.
Pflanzen benötigen für eine optimale Entwicklung auch **Temperatur**en innerhalb ihres Toleranzbereiches, bei zu niedrigen Werten bilden sie keine Samen und sterben ab, bei zu hohen Werten besteht die Gefahr der Vertrocknung.
Die Wiese bietet durch ihre Schichtung Schutz für junge Pflanzen und schafft optimale Lebensräume in den unterschiedlichen Stockwerken.

Abiotische Faktoren einer Wiesenpflanze	**Biotische Faktoren einer Wiesenpflanze**
Lichteinfall, Bodenverhältnisse, Wassermenge, Windverhältnisse, Temperatur	Pflanzen gleicher Art, Pflanzen anderer Arten, Tiere, Parasiten, Menschen

6.2 *Sie erstellen selbstständig ein mikroskopisches Präparat und zeichnen einen Ausschnitt. Geben Sie an, wo in der Zelle die Fotosynthese stattfindet und nennen zwei Produkte, die bei der Fotosynthese entstehen.*

Geräte und Chemikalien:
- *Pinzette*
- *Präpariernadeln*
- *Pipette*
- *Objektträger*
- *Deckgläschen*
- *Moosblättchen*
- *Wasser*

Durchführung:
- *Säuberung von Objektträger und Deckgläschen*
- *1–2 Wassertropfen auf den Objektträger geben*
- *Moosblättchen vorsichtig mit der Pinzette abziehen und in den Wassertropfen geben*
- *Seitliches Auflegen des Deckgläschens und vorsichtiges Ablegen*
  Das Licht wird eingestellt, der Objektträger wird auf den Objekttisch aufgelegt und die Scharfeinstellung durch Heben/Senken des Tubus vorgenommen. Wir suchen einen geeigneten Bildausschnitt und zeichnen eine Zelle mit Anschlusszellen. Anschließend beschriften Sie zwei Zellbestandteile.

Mikroskopische Zeichnung:

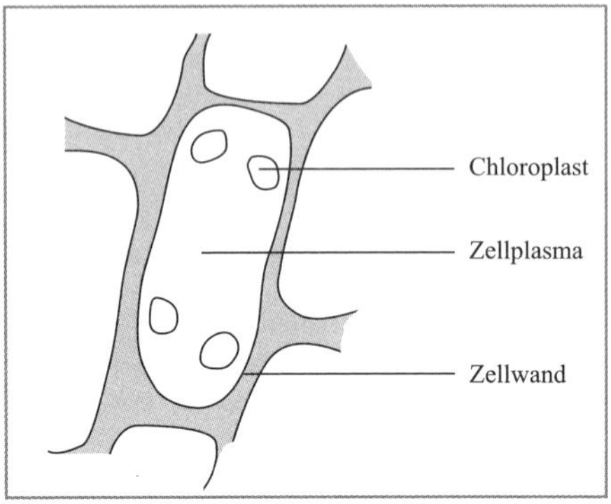

Endprodukte der **Fotosynthese** sind Glukose (Traubenzucker) und Sauerstoff.

6.3 *Entwerfen Sie zunächst eine Übersicht, aus der die Beziehungen der genannten Lebewesen hervorgehen. Welche der Organismen sind Konsumenten, also Verbraucher, in dieser Beziehung? Weshalb sind Destruenten = Zersetzer so wichtig in den Lebensgemeinschaften? Beantworten Sie diese Fragen in Sätzen.*

Auf einer Wiese bestehen zwischen Wiesenklee, Fäulnisbakterien, Marienkäfer und Blattlaus Nahrungsbeziehungen folgender Art:

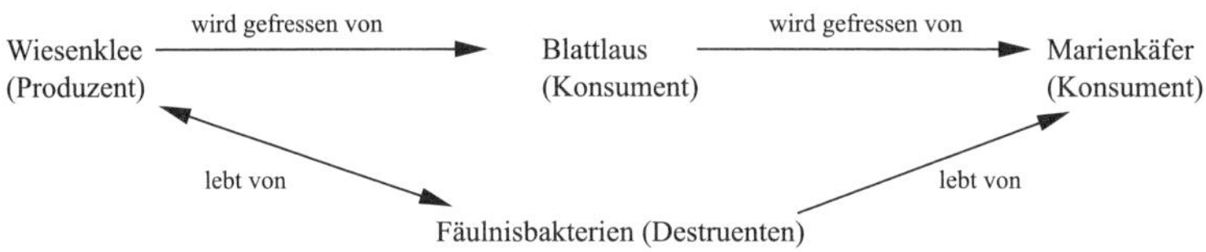

Die **Destruenten** (**Zersetzer**) sorgen für die Beseitigung aller Reste von Konsumenten und Produzenten. Sie verwandeln diese in anorganische Stoffe als Nahrungsgrundlage für die Produzenten, z. B. in Humus.

6.4 *Konzentrieren Sie sich beim Lesen des beigefügten Textes genau auf den Inhalt. Er enthält alle wichtigen Informationen zur Beantwortung der Fragen bzw. Aufgaben zum Text. Achten Sie auf die Arbeitstätigkeiten der einzelnen Aufgabenstellungen (z. B. Begründen nur in Sätzen und Nennen als Aufzählung von Fakten).*

- Die Nachkommen bei „Ammengeburten“ entstehen durch den Zellteilungsvorgang der Mitose (Verdopplung), denn ohne Zutun eines Männchens entstehen riesige Mengen an Nachkommen. Im Laufe eines Sommers entwickeln sich theoretisch mehrere Billionen Blattläuse.
- Vor dem Winter müssen, ebenfalls durch lebendige Geburten, Männchen entstehen, um sich mit den Weibchen zu verpaaren. Danach legen die Weibchen Eier an Pflanzenstengel oder andere geschützte Stellen ab. Aus diesen Eiern schlüpfen im Frühjahr flügellose Blattläuse. Somit wird das Überwintern der Blattläuse gesichert.
- Je mehr Blattläuse auf einer Wiese leben und entstehen, umso mehr Nahrung steht für Marienkäfer zur Verfügung, die sich zahlenmäßig stark vermehren können. Wird die Zahl der Käfer zu groß und ihr Hunger auf Blattläuse zu stark, so wird die Nahrung

weniger und nicht mehr alle Marienkäfer finden genügend Futter. Ein Teil von ihnen stirbt aus Nahrungsmangel.

- Wenn die Spaltöffnungen verstopfen, kann die Pflanzenzelle keinen Gasaustausch mehr betreiben. Es erfolgt keine Aufnahme von Kohlenstoffdioxid als Ausgangsstoff für die Fotosynthese. Damit fehlt ein wichtiger Ausgangsstoff für diesen Vorgang und die Pflanze stirbt ab. Außerdem sind die Wasserregulierung und damit der Verdunstungsschutz der Pflanze gestört.

6.5 *Überlegen Sie Ursachen, weshalb naturnahe Wiesen immer seltener werden. Geben Sie zwei mögliche Ursachen an. Weshalb ist es wichtig, naturnahe Wiesen unbedingt zu erhalten. Antworten Sie in Sätzen.*

Ursachen für die Reduzierung naturnaher Wiesen:
Naturnahe Wiesen fallen der Trockenlegung von Gebieten zum Opfer.
Sie werden als Bauplätze für die städtebaulichen Maßnahmen zerstört.
Durch den starken Anstieg der Umweltbelastung mit Chemikalien und Abgasen sterben die Wiesen ab.
Fortschreitende Klimaveränderungen bewirken eine Temperaturerhöhung und Austrocknung großer Feucht- und Wiesengebiete und nehmen den Tieren ihren Lebensraum.
Naturnahe Wiesen müssen als Lebensraum für viele Tier- und Pflanzenarten geschützt werden und erhalten bleiben. Der natürliche Kreislauf zwischen Produzenten, Konsumenten und Destruenten darf nicht aus dem Gleichgewicht geraten. Diese Gebiete dienen der Ruhe und Erholung, sie liefern sauerstoffreiche Luft und sind Erholungsorte für den Menschen, wenn er diese naturnahen Wiesen nicht zerstört.

Realschulabschluss 2008 Biologie (Sachsen)
Pflichtaufgabe 1: Bau und Funktionen des menschlichen Körpers

BE

1.1 Der Lehrer demonstriert Ihnen ein Experiment zur Löslichkeit von Traubenzucker (Glas A) und Stärke (Glas B) in Wasser.
- Notieren Sie Ihre Beobachtungen.
- Stellen Sie einen Zusammenhang zwischen einer Ihrer Beobachtungen und der folgenden Aussage her.
  Traubenzucker ist ein Kohlenhydrat, das nicht erst durch die Verdauungsenzyme zerlegt werden muss. Damit steht es als schnell wirkender Energiespender zur Verfügung. 3

1.2 Vierundzwanzig Stunden kann es dauern, bis die Nahrung verdaut ist, die Nährstoffbausteine zu den Körperzellen transportiert und die unverdaulichen Nahrungsreste als Kot wieder ausgeschieden werden.
- Benennen Sie die in der Abbildung gekennzeichneten Teile des Verdauungssystems.
- Geben Sie den Abschnitt des Verdauungskanals an, in dem die Eiweißverdauung beginnt.

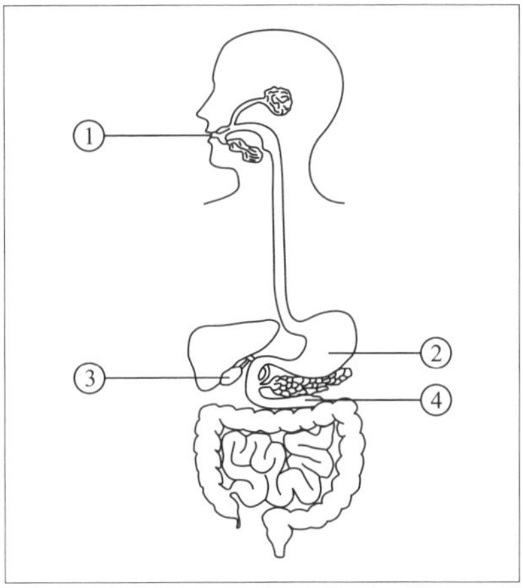

3

1.3 Viele junge Mädchen haben in einem bestimmten Alter das Problem, sich zu dick zu fühlen. Lesen Sie dazu auch den Text. Beantworten Sie die nachfolgenden Aufgaben.

> Ich wollte bleiben, wie ich war: klein, zierlich und umsorgt. Als ich in die Pubertät kam, dachte ich, ich gehe völlig aus dem Leim. Ich achtete streng auf die Kalorien, um mein Gewicht unter Kontrolle zu bringen. Ich magerte immer mehr ab. Trotzdem kam ich mir immer noch viel zu dick vor. Deshalb hungerte ich weiter. Gelegentliche Heißhungeranfälle betrachtete ich als Schwäche und gab mich ihnen immer seltener hin. Es bereitete mir regelrecht Freude, wenn meine Eltern sich um meine Gesundheit sorgten. „Mit meinem Körper mache ich, was ich will", dachte ich und merkte gar nicht, wie ich mir schadete. Nach einem Kreislaufzusammenbruch war ich eine zeitlang in der Klinik. (Katharina, 15 Jahre, Schülerin)

Quelle: Erlebnis Biologie 7; Antje Starke (Hrsg.), Schroedel 2004

- Benennen Sie Katharinas Essstörung.
- Erläutern Sie an einem Beispiel den Einfluss der Medien bei der Ausprägung von Essstörungen. 3

Lösungen

1.1 *Bei diesem Experiment soll die Löslichkeit von Traubenzucker und Stärke verglichen werden. Schauen Sie genau hin. Das Ergebnis bringen Sie mit der Aussage in der Aufgabenstellung in Verbindung.*

	Glas A (Traubenzucker)	**Glas B (Stärke)**
Beobachtungen	– weißes Pulver löst sich vollständig und schnell auf – Lösung ist klar	– weißes Pulver löst sich nur langsam und unvollständig auf – Lösung ist milchig-trüb

Traubenzucker und Stärke gehören zu den Kohlenhydraten, die ein Grundnährstoff des Menschen sind. Der Traubenzucker ist bei seiner Aufnahme bereits kleinster Baustein (Einfachzucker), muss daher nicht weiter zerlegt werden und kann ohne Arbeit der Verdauungsenzyme direkt in die Blutbahn überführt werden. Damit steht er als schnell wirkender Energielieferant zur Verfügung.
Stärke dagegen ist ein Vielfachzucker und muss erst durch die Verdauungsenzyme in seine Grundbausteine zerlegt werden.

1.2 *Sie sehen die schematische Darstellung unseres Verdauungssystems. Die gekennzeichneten Teile sollen Sie benennen und denjenigen Abschnitt angeben, in dem die Eiweißverdauung beginnt.*

Teile des Verdauungssystems:
1 Mundhöhle mit Zunge, Zähnen und Speichel
2 Magen
3 Gallenblase
4 Zwölffingerdarm

Die Eiweißverdauung beginnt im **Magen** durch die Wirkung der Enzyme des Magensaftes. Das Eiweiß wird in Aminosäuren zerlegt.

1.3 *Lesen Sie zuerst gründlich den Text. Nun schreiben Sie den Namen der Essstörung (Krankheit) auf, an der Katharina leidet. Haben die Medien auch Schuld daran, dass es so viele betroffene Menschen gibt? Wo sehen Sie diese Mitschuld?*

Essstörung: Magersucht (Bulimie)
Medien, dazu zählen Zeitungen, Zeitschriften, Fernsehen mit Serien und Shows sowie Werbeplakate, zeigen uns täglich glückliche Menschen mit Ideal- oder Modellmaßen in einem unbeschwerten Alltag. Dadurch geben sie den Jugendlichen ein unrealistisches Schönheitsideal vor.
Viele Mädchen vergleichen sich mit den gezeigten Modells und Schauspielerinnen und beurteilen ihre eigene Figur als nicht dem Ideal entsprechend. Sie entwickeln große Angst vor dem Dickwerden und dadurch entsteht eine gestörte Wahrnehmung ihres Körpers. Diäten sollen Erfolge bringen und sind oftmals Ausgangspunkt für eine Essstörung. Die Magersucht ist ein Versuch der Jugendlichen über ihren Körper und über sich selbst zu bestimmen, besonders wenn Liebe, Anerkennung und Förderung von der Familie oder von Freunden fehlen. Dabei richten sie große Schäden für ihre Gesundheit und Entwicklung an. Die Magersucht können die meisten Betroffenen nur mit fachlicher medizinischer und therapeutischer Hilfe überwinden.

Realschulabschluss 2008 Biologie (Sachsen)
Pflichtaufgabe 2: Ökosystem Trockensavanne

BE

2.1 Als Savannen bezeichnet man die Zonen zwischen den tropischen Regenwäldern und den Wüsten. In Savannen findet ein Wechsel von Regen- und Trockenzeiten statt. Dadurch entsteht die typische Gliederung in eine geschlossene Grasdecke und einzelne Bäume (z. B. Akazien) bzw. Baumgruppen. Die Savannen bieten zahlreichen Weidetieren (z. B. Zebras, Gnus) und Raubtieren (z. B. Löwen, Hyänen) Lebensraum. Sie alle sind in Körperbau und Verhalten an diesen Lebensraum angepasst.

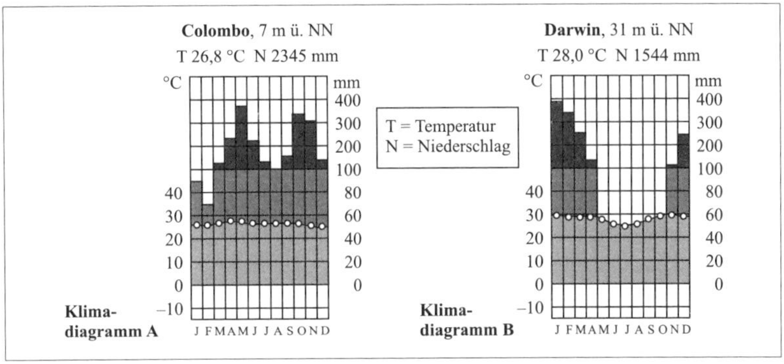

Klimadiagramm A **Klimadiagramm B**

- Geben Sie zwei Unterschiede zwischen den beiden Klimadiagrammen an.
- Leiten Sie ab, welches Klimadiagramm der Trockensavanne zugeordnet werden kann. 3

2.2 Starke Sonneneinstrahlung, Wassermangel und nährstoffarme Böden stellen die Lebewesen der Trockensavanne vor große Herausforderungen.
- Ordnen Sie die genannten Umwelteinflüsse den abiotischen oder biotischen Umweltfaktoren zu.
- Beschreiben Sie die Auswirkung eines genannten Umwelteinflusses auf ein Lebewesen der Savanne. 3

2.3 Afrikanische Elefanten (*Loxodonta africana*) sind u. a. durch folgende Körpermerkmale an das Leben in Savannen angepasst:
a) Rüssel mit zwei Greiffingern
b) riesige Ohrmuscheln
c) Stoßzähne bei beiden Geschlechtern
d) abgepolsterte Füße mit großen Sohlen

- Erläutern Sie an einem der aufgeführten Körpermerkmale die Angepasstheit der afrikanischen Elefanten an ihren Lebensraum. 2

Lösungen

2.1 *Betrachten Sie zuerst beide Klimadiagramme genau. Was ist darin angegeben? Nennen Sie zwei Unterschiede zwischen den beiden Diagrammen. Welches Diagramm passt zur Trockensavanne? Begründen Sie Ihre Entscheidung.*

Unterschiede in beiden Diagrammen:
Diagramm A zeigt eine fast konstante Temperatur über das gesamte Jahr. Jeden Monat fällt Niederschlag, im Februar besonders wenig, im Mai und Oktober besonders viel. Diagramm B zeigt in den Monaten Juni, Juli und August einen Temperaturabfall um bis zu 5 °C im Vergleich zum Rest des Jahres sowie eine Trockenzeit von Mai bis Oktober, in der nur minimale Feuchtigkeit vorhanden ist.

Daraus kann abgeleitet werden, dass Diagramm B der Trockensavanne zuzuordnen ist. In Savannen gibt es einen Wechsel von Regen- und Trockenzeiten und dadurch Veränderungen im Bewuchs und in der für die dort lebenden Tiere verfügbaren Nahrungsmenge.

2.2 *In der Aufgabe sind Umweltfaktoren genannt, die Sie den biotischen oder abiotischen Umweltfaktoren zuordnen müssen. Wählen Sie dann einen Savannenbewohner aus. Wie kommt er mit den genannten Umweltfaktoren zurecht?*

Abiotische Umweltfaktoren	Biotische Umweltfaktoren
– Starke Sonneneinstrahlung – Wassermangel – Nährstoffarme Böden	–

Die starke Sonneneinstrahlung zwingt die Tiere der Savanne z. B. Gnus dazu, sich in der Mittagshitze ein schattiges Plätzchen zu suchen, ihre Aktivitäten einzuschränken und auf die kühlen Abend- bzw. Nachtstunden zu warten. Ihr Körper darf nicht zu viel Wasser verlieren, sonst besteht für sie Lebensgefahr.

Oder:
Der Wassermangel und die nährstoffarmen Böden verhindern ein ausreichendes Wachstum von Pflanzen und Früchten. Damit wird die Nahrung für die Pflanzenfresser knapp. Sie müssen weit ziehen um Futter zu finden. Diese Wege sind anstrengend und führen zu großen Verlusten in den Herden. Die Tiere mergeln aus, werden schwach und viele überleben nicht. Die Gnus finden keine gefüllten Wasserlöcher mehr und verdursten auf der Suche nach eventuellen Wasservorräten.

2.3 *Hier sehen Sie das Bild eines Afrikanischen Elefanten mit vier besonderen Merkmalen, die ihm das Leben in der Savanne ermöglichen, da er damit gut an seinen Lebensraum angepasst ist. Ihre Aufgabe ist es, diese Angepasstheit der Elefanten an ihren Lebensraum anhand von einem der aufgeführten Körpermerkmale zu erläutern.*

a) Der Rüssel mit zwei Greiffingern dient als Tast-, Geruchs- und auch als Greiforgan. Damit kann er in der Savanne Blätter und Früchte vom Boden aufheben oder von hohen Bäumen pflücken. Wasser lässt sich mithilfe des Rüssels aus Wasserlöchern ansaugen und trinken.

Oder:

b) Die riesigen Ohrmuscheln dienen dem Elefanten als Fächer oder Wedel, um sich bei großer Hitze Kühlung zu verschaffen. Er kann nicht schwitzen und muss so seine Körpertemperatur regulieren.

Oder:

c) Die Stoßzähne bei beiden Geschlechtern sind zum einen Waffen, mit denen sie sich oder ihren Nachwuchs vor möglichen Angriffen schützen können. Zum anderen graben sie mit ihnen den Savannenboden nach Wurzeln um, lockern die Erde und bauen Schlammlöcher für ihre Körperhygiene.

Oder:

d) Die gepolsterten Füße mit großen Sohlen müssen ein Gewicht von bis zu 6 Tonnen bei Bullen (bis zu 2,5 Tonnen bei Kühen) tragen. Sie laufen auf heißem Boden, dürfen in Schlammlöchern nicht versinken und stachelige Gebüsche dürfen sie nicht verletzen. Sie sind Schutz und Fortbewegungsmittel für die gewaltigen Savannenbewohner.

Realschulabschluss 2008 Biologie (Sachsen)
Pflichtaufgabe 3: Mutation und Modifikation

BE

3.1 Ein Merkmal der belebten Natur ist die sehr große Vielfalt. Bei Lebewesen einer Art kann man neben Gemeinsamkeiten auch Unterschiede erkennen.
Diese Unterschiede erklärt der Biologe u. a. mithilfe der Mutation und der Modifikation.
– Definieren Sie den Begriff Mutation oder Modifikation. 2

3.2 Folgende Merkmalsänderungen können bei Lebewesen beobachtet werden:

a) Pillen-Brennnessel:
Normalform /Glattrandform

b) Weinblätter einer Pflanze

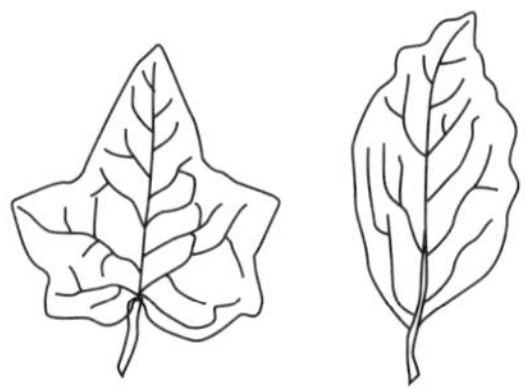

c) Efeublätter einer Pflanze:
Jugendform /Altersform

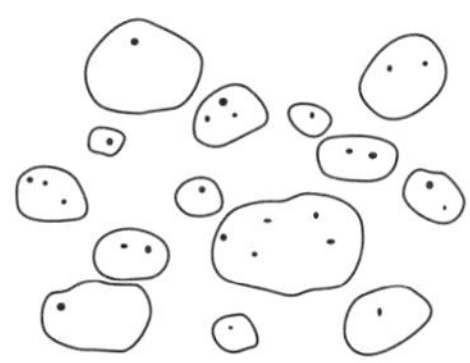

d) Kartoffelknollen einer Staude

– Ordnen Sie zwei der abgebildeten Beispiele der Modifikation zu.
– Begründen Sie eine Ihrer Zuordnungen. 3

3.3 Am 26. April 1986 ereignete sich in Tschernobyl der bisher schwerste Reaktorunfall in einem Kernkraftwerk. Bei der nuklearen Explosion wurde hochradioaktives Material freigesetzt. Auch nach über 20 Jahren lassen sich bei den unmittelbar Betroffenen bzw. deren Kindern die Folgen dieses Unfalls beobachten. Dazu gehört u. a. das gehäufte Auftreten von Erbkrankheiten.
– Nennen Sie zwei Erbkrankheiten des Menschen.
– Begründen Sie die verstärkte Häufung dieser Krankheiten. 3

Lösungen

3.1 *Geben Sie in exakter Form alle wesentlichen Merkmale der Begriffe Mutation oder Modifikation an.*

Mutationen sind sprunghafte, zufällige Veränderungen in der genetischen Information, die ohne erkennbare Ursache erfolgen können oder in bestimmten Faktoren/Auslösern (Mutagene) ihren Ursprung haben. Sie können zu Veränderungen im äußeren Erscheinungsbild der Lebewesen führen.

Oder:
Modifikationen sind Veränderungen im Erscheinungsbild der Organismen ohne Veränderungen des Erbgutes, die durch Anpassung an unterschiedliche Standorte mit ihren jeweiligen Umweltfaktoren entstanden sind.

3.2 *Die Bilder zeigen Ihnen unterschiedliche Erscheinungsformen von Pflanzen bzw. Früchten aus der Natur. Welche Beispiele gehören zur Modifikation? Begründen Sie eine Ihrer Zuordnungen.*

Modifikationen sind b) Weinblätter einer Pflanze sowie d) Kartoffelknollen einer Staude.

In der Natur treten bei einer Pflanze aufgrund ihrer Anpassung an die unterschiedlichen abiotischen Umweltfaktoren verschieden große Laubblätter auf. Licht- und Schattenblätter der Weinpflanze sind das Ergebnis von Fotosynthese mit mehr oder weniger Sonneneinstrahlung.
Lichtblätter auf der Südseite eines Hauses sind der Sonne meist vollständig ausgesetzt und daher mit sehr vielen Zellschichten des Palisadengewebes und vielen Chloroplasten für die Fotosynthese ausgestattet.
Die Blätter auf der schattigen Nordseite eines Hauses besitzen nur wenige Zellschichten mit einer geringen Anzahl an Chloroplasten und sind daher dünner als die Lichtblätter. Um das wenige vorhandene Licht auszunutzen sind die Schattenblätter jedoch größer.

Oder:
Die Kartoffelpflanze hat im Boden Wasser und Nährstoffe zur Verfügung. Aber nicht jede Knolle erhält diese für ihr Wachstum wichtigen Stoffe in gleicher Menge. Somit ist das Nahrungsangebot für die Entwicklung der Früchte unterschiedlich und von einer Kartoffelpflanze kann man verschieden große Kartoffeln ernten.

3.3 *Lesen Sie aufmerksam den Einleitungstext und nennen Sie zwei Ihnen bekannte Erbkrankheiten. Weshalb treten Erbkrankheiten im Gebiet um Tschernobyl so häufig auf? Wenden Sie Ihr Wissen an.*

- Trisomie 21 (Down-Syndrom)
- Albinismus

Oder:
- Bluterkrankheit

Ursache für die verstärkte Häufung von Erbkrankheiten ist die hochradioaktive Strahlung, die bei der Reaktorkatastrophe ausgetreten ist und auf die Menschen traf. Radioaktive Strahlung wirkt als Mutagen, d. h. sie bewirkt eine Schädigung der genetischen Information in den Zellen. Sind die Keimzellen betroffen, so gibt der Mensch die „Fehler" an die nächste Generation weiter und seine Kinder sind möglicherweise Träger von Erbkrankheiten. Die Erkrankungen werden auch an die folgenden Generationen weitervererbt, da sie bis heute nicht heilbar sind.

BE

4.1 Eine normal verlaufende Schwangerschaft dauert 40 Wochen. Am Ende dieser Zeit wiegt der Fetus etwa 3 Kilogramm.

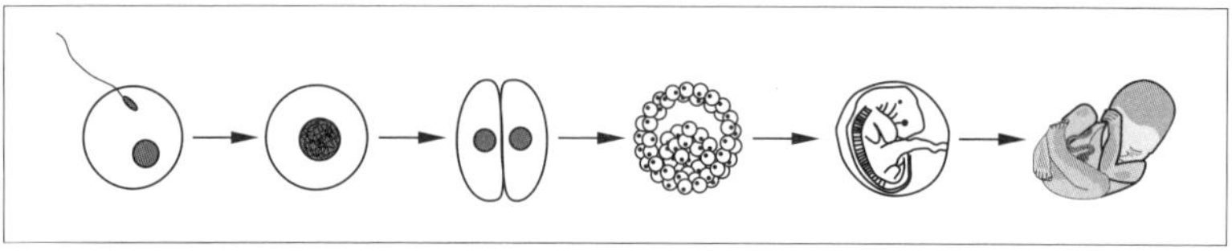

Entwicklungsabschnitte des Kindes im Mutterleib

- Beschreiben Sie den dargestellten Verlauf der Entwicklung des Kindes im Mutterleib in einem zusammenhängenden Text unter Verwendung folgender Begriffe:
  innere Befruchtung, Zellteilungen, Entwicklung der Organe, Fetus, Samenzelle, befruchtete Eizelle, Embryo, Eizelle. 4

4.2 In Deutschland regelt das Mutterschutzgesetz, dass werdende Mütter in den letzten sechs Wochen vor der Entbindung nicht beschäftigt werden dürfen.
- Beurteilen Sie diese staatliche Maßnahme.
- Formulieren Sie zwei Verhaltensregeln der Mutter, die zur gesunden Entwicklung des werdenden Kindes beitragen. 4

4.3 Obwohl bereits 1882 ALEXANDER FLEMMING unter dem Mikroskop menschliche Chromosomen betrachtete und den Bau beschrieb, dauerte es noch einige Jahrzehnte, ehe die typische Form und die Anzahl der Chromosomen des Menschen bestimmt wurden.
- Benennen Sie den Zellbestandteil, der die Chromosomen enthält.
- Stellen Sie ein Kreuzungsschema zur Vererbung des Geschlechts beim Menschen auf.
- Geben Sie das zu erwartende Verhältnis des Geschlechts der Nachkommen an. 5

4.4 In den Chromosomen der Zellen ist die DNA enthalten. Aufgrund ihrer besonderen Struktur passt sie bei einer Länge von fast 2 Metern in die nur wenige Mikrometer kleinen Chromosomen menschlicher Zellen.

Die DNA ist ein ______________________________ Doppelstrang, der aus Nucleotiden zusammengesetzt ist. Jedes Nucleotid besteht aus Phosphorsäureresten, ____________________ und organischen Basen. Es tritt stets die Basenpaarung Adenin – ________________ und Cytosin – ________________ auf.

- Übertragen Sie den Lückentext in Ihre Aufzeichnungen und ergänzen Sie die fehlenden Begriffe.
- Geben Sie eine Funktion der DNA an. 3

4.5 Würden die Keimzellen der Eltern 46 Chromosomen enthalten, dann müssten in den Körperzellen der Kinder 92 Chromosomen vorhanden sein. Die Kinder besitzen aber nur 46 Chromosomen in ihren Körperzellen.

– Entscheiden Sie für jede folgende Aussage, ob diese richtig oder falsch ist:

a) Der Vorgang zur Bildung der Keimzellen heißt Meiose.

b) Der Vorgang zur Bildung der Keimzellen heißt Mitose.

c) Die Keimzellenbildung ist Voraussetzung für die ungeschlechtliche Fortpflanzung.

d) Die Keimzellenbildung ist Voraussetzung für die geschlechtliche Fortpflanzung

– Begründen Sie eine Ihrer Entscheidungen. 4

4.6 Viele Krankheitserreger werden z. B. beim Geschlechtsverkehr übertragen, so auch HI-Viren, die Erreger der Immunschwächekrankheit AIDS. Ende April 2007 veröffentlichte das Robert-Koch-Institut (RKI) in Berlin die offiziellen Zahlen der HIV-Neuinfektionen für das Jahr 2006. Demnach ist erneut ein Anstieg der Neuinfektionen um 2 629 registrierte Fälle zu beobachten.

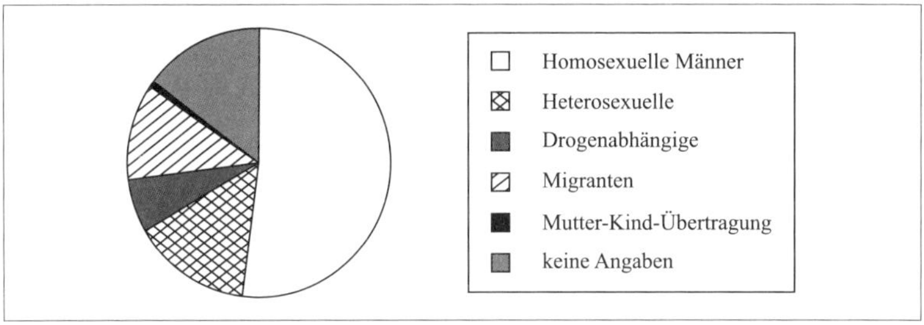

Betroffene Gruppen der HIV-Neuinfektionen 2006
Quelle: Robert-Koch-Institut

– Geben Sie zwei Betroffenengruppen an, die einen hohen Anteil an Neuinfektionen aufweisen.

– Erläutern Sie anhand einer Betroffenengruppe, warum diese ein erhöhtes Risiko für eine HIV-Infektion hat.

– Begründen Sie eine Maßnahme zum Schutz vor AIDS. 5

Lösungen

4.1 *Betrachten Sie die Abbildungen der Entwicklungsabschnitte und bringen Sie die vorgegebenen Begriffe in einen fortlaufenden Text.*

Die Entwicklung eines Kindes im Mutterleib erfolgt über einen Zeitraum von 40 Wochen. Es findet eine innere Befruchtung statt. Eizelle und Samenzelle treffen sich im Eileiter der Frau. Die Samenzelle dringt in die Eizelle ein und beide Kerne verschmelzen. Die befruchtete Eizelle durchläuft nun viele Stadien der Zellteilungen und wächst. Das sich entwickelnde Kind wird in diesem Stadium Fetus genannt. Die ersten Organe werden angelegt und entwickeln sich. Ab dem 4. Monat spricht man vom Embryo, der nun seine Entwicklung bis zur 40. Woche fortsetzt.

4.2 *Bei dieser Aufgabe ist Ihre persönliche Einschätzung zum Mutterschutzgesetz wichtig. Was muss eine werdende Mutter für die gesunde Entwicklung ihres Kindes tun, was vermeiden? Formulieren sie zwei Verhaltensregeln.*

Das Mutterschutzgesetz der Bundesrepublik Deutschland regelt alle Fragen, die werdende und stillende Mütter betreffen, z. B. Beschäftigung, Freistellung, Vergütung, Rechte und Pflichten. Damit wird ein umfassender Schutz aller werdenden Mütter in sämtlichen Bereichen einheitlich geregelt. Die werdende Mutter braucht Ruhe und darf zum Schutz ihres Kindes keine Arbeit mehr verrichten, die sie belasten würde oder Schaden hervorrufen könnte. Für alle Arbeitgeber gelten die gleichen Vorschriften und die werdende Mutter muss freigestellt werden.

Verhaltensregeln der Mutter:
- Inanspruchnahme aller während der Schwangerschaft angebotenen Vorsorgeuntersuchungen
- Verzicht auf jegliche Genussmittel (Alkohol, Nikotin)

Oder:
- Gesunde Ernährung und ausreichend Bewegung in geeigneten Sportarten
- Gestaltung eines ruhigen Tagesablaufs mit Pausen
- Vermeidung von Risiken bei Reisen oder bei der Arbeit

4.3 *Bei dieser Aufgabe geht es um menschliche Chromosomen. Wo befinden sich diese? Schreiben Sie den Ort auf. Fertigen Sie nun das Ihnen bekannte Kreuzungsschema an, nach dem das Geschlecht der Kinder zu ermitteln ist. Mit welcher Wahrscheinlichkeit wird ein Mädchen bzw. Junge geboren?*

Der Zellbestandteil, der die Chromosomen enthält ist der **Zellkern**.

Vererbung des Geschlechts:

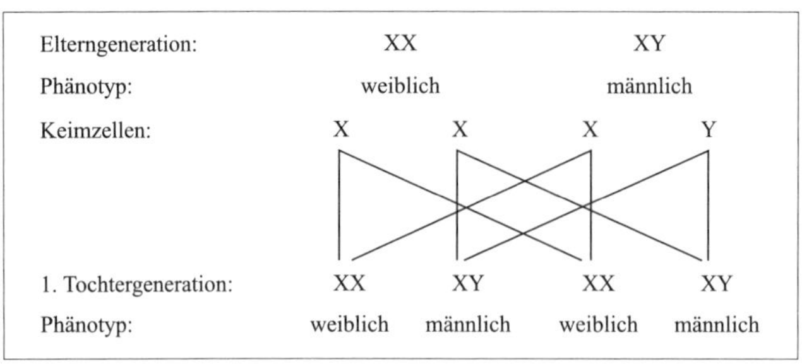

Bei der Vererbung des Geschlechts entstehen zu je 50 % männliche und weibliche Nachkommen. Das Verhältnis beträgt daher 1 : 1.

4.4 *Schreiben Sie den Lückentext ab und setzen Sie die richtigen Begriffe ein. Nennen Sie noch eine Aufgabe, die die DNA/DNS zu erfüllen hat.*

Die DNA ist ein strickleiterförmiger, in sich verdrillter Doppelstrang, der aus Nukleotiden zusammengesetzt ist. Jedes Nukleotid besteht aus Phosphorsäureresten, Zucker (Desoxyribose) und organischen Basen. Es tritt stets die Basenpaarung Adenin – Thymin und Cytosin – Guanin auf.

Die DNA enthält die Erbinformation und ist verantwortlich für ihre Weitergabe von Generation zu Generation.

4.5 *Hier ist es günstig eine Tabelle anzulegen um die vorgegebenen Aussagen richtig zuzuordnen. Für eine der Aussagen a, b, c oder d müssen Sie Ihre Zuordnung begründen.*

richtige Aussagen	**falsche Aussagen**
a) Der Vorgang der Bildung der Keimzellen heißt Meiose.	b) Der Vorgang der Bildung der Keimzellen heißt Mitose.
d) Die Keimzellenbildung ist Voraussetzung für die geschlechtliche Fortpflanzung.	c) Die Keimzellenbildung ist die Voraussetzung für die ungeschlechtliche Fortpflanzung.

Begründung:
Meiose bedeutet Reduktionsteilung. Die Anzahl der Chromosomen muss beim Menschen von 46 auf die Hälfte in den Keimzellen reduziert werden (jeweils 23 Chromosomen), um bei der Befruchtung von Ei- und Samenzelle (geschlechtliche Fortpflanzung) wieder auf die Gesamtzahl von 46 Chromosomen zu kommen.

4.6 *Betrachten Sie das Kreisdiagramm. Anhand der nebenstehenden Legende können Sie erkennen, welche Betroffenengruppen einen hohen Anteil an Neuinfektionen aufweisen. Nennen Sie zwei davon. Erläutern Sie anhand von einer der Gruppen, weshalb ein erhöhtes Erkrankungsrisiko besteht. Was kann zum Schutz vor Neuinfektion getan werden? Geben Sie die Wirkung einer möglichen Maßnahme an.*

Einen besonders hohen Anteil an Neuinfektionen mit dem HI-Virus weisen folgende Betroffenengruppen auf:
- homosexuelle Männer
- Heterosexuelle (Männer und Frauen)

Homosexuelle Männer haben ein erhöhtes Risiko einer Neuinfektion mit dem AIDS-Virus, weil sie überdurchschnittlich häufig ihre Geschlechtspartner wechseln, beim Geschlechtsverkehr ein enormes Verletzungsrisiko besteht und er oftmals ohne Kondom durchgeführt wird. Damit kann das Virus unbemerkt und ungehindert von Mensch zu Mensch übertragen werden.

Oder:
Für heterosexuelle Männer und Frauen besteht beim ungeschützten Geschlechtsverkehr mit häufig wechselnden Partnern eine große Gefahr der Infektion, besonders wenn beide Partner sich nur unzureichend kennen und über die Gefahr der Neuinfektion nicht gesprochen wird.

Der sicherste Schutz vor einer Neuinfektion ist das Benutzen von Kondomen beim Geschlechtsverkehr mit Partnern, die nicht sicher virusfrei sind. Damit wird die Übertragung der Viren verhindert.

Oder:

Da auch über den Blutaustausch Viren übertragen werden können, müssen Blutkonserven genau untersucht werden und die Arbeit am Patienten darf nur mit Einmalhandschuhen erfolgen.

Wahlaufgabe 5: Verhalten von Mensch und Tier

BE

5.1 Das Verhalten von Lebewesen wird durch verschiedene Signale beeinflusst. Vorraussetzung dafür ist die Aufnahme und Verarbeitung dieser Informationen.
- Nennen Sie zwei Sinnesorgane und ordnen Sie diesen die jeweils aufgenommene Reizart zu.
- Wenden Sie das Erschließungsfeld „Information“ (siehe Anhang) an einem selbstgewählten Beispiel auf den Menschen an. 4

5.2 Bei der Aufnahme von Nahrung kommt es unwillkürlich zur Absonderung von Speichel.

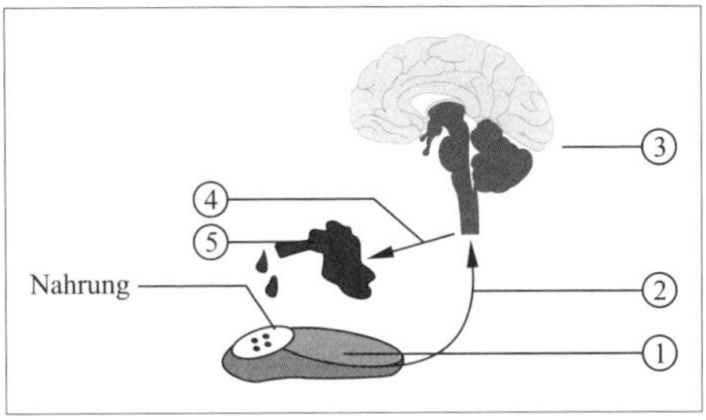

Speichelflussreflex (schematisch)

- Benennen Sie vier der in der Abbildung gekennzeichneten Glieder des Reflexbogens.
- Ordnen Sie den Gliedern 1 und 3 je eine Funktion zu. 4

5.3 Prägung ist ein Lernvorgang in einer sehr frühen und sensiblen Entwicklungsphase des Jungtieres. So pflocken Bauern z. B. einzelne Schafmütter auf der Weide an, ihre dazu gehörenden Lämmer lassen sie aber frei laufen.
- Begründen Sie mithilfe des Lernvorgangs Prägung, warum die Lämmer bei den Müttern bleiben.
- Erläutern Sie eine Bedeutung dieses Lernvorgangs für neugeborene Herdentiere (z. B. Zebras, Antilopen). 4

5.4 Die Kreisdiagramme zeigen die statistischen Auswertungen von Verhaltensweisen in Affengruppen mit und ohne stabile Rangordnung.

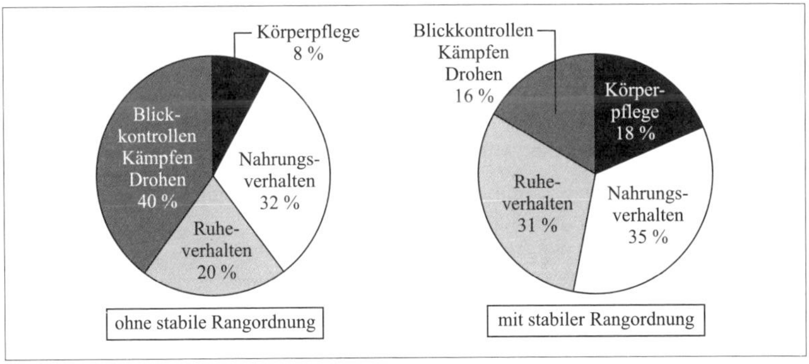

– Begründen Sie den prozentualen Unterschied der Blickkontrollen in beiden Affengruppen.
– Leiten Sie aus den Diagrammen einen Vorteil stabiler Rangordnungen für die Mitglieder der Affengruppen ab. 4

5.5 In sozialen Verbänden kommt es zu aggressivem Verhalten.
Beantworten Sie die nachfolgenden Aufgaben. Lesen Sie dazu auch den Text.

Verhaltensweisen bei Löwen

Zu einem Löwenrudel gehören meist zwei bis zehn Löwinnen mit ihren Jungen und bis zu vier ältere Männchen. Die Weibchen sind untereinander verwandt, also Mütter, Töchter, Schwestern und Nichten. Das Löwenrudel besetzt ein bestimmtes Revier, das durch die Männchen verteidigt wird. Lautes Gebrüll, das noch kilometerweit zu hören ist, dient dabei der Abschreckung. Dringt ein fremder Löwe dennoch in das Revier ein, wird zunächst versucht, ihn kampflos zu vertreiben. Dafür richtet sich das Männchen zur vollen Körpergröße auf. Mit erhobenem Kopf und vorgestrecktem Kinn will der Löwe seinem Widersacher imponieren. Läuft das Löwenmännchen dann noch zähnefletschend auf den Eindringling zu, tritt dieser meist den Rückzug an.
Zum Kampf auf Leben und Tod kann es kommen, wenn sich ein herumziehender Löwe dem Rudel anschließen will. Sollte es diesem Männchen gelingen, ein Rudel Weibchen zu übernehmen, werden häufig die Jungen des Vorgängers getötet, obwohl diese von der Mutter heftig verteidigt werden. Das grausam anmutende Verhalten (Infantizid) erfüllt jedoch einen biologischen Zweck. Der neue Rudelführer vermeidet dadurch, dass Zeit und Energie in die Aufzucht fremder Jungtiere investiert werden, denn die Löwin wird kurz nach dem Tod ihrer Jungen wieder brünstig. Dadurch kann der Löwe sofort mit dem Weibchen neuen Nachwuchs zeugen und so seine Gene an die nächste Generation weitergeben.
Zwischen dem zweiten und dritten Lebensjahr werden junge Männchen dann allerdings aus dem Rudel verstoßen und müssen sich einem anderen anschließen, während junge Weibchen im Rudel verbleiben.
Ausgewachsene Löwen selbst haben kaum natürliche Feinde. Nur die Verteidigung von gerissenem Wild führt zu größeren Kämpfen z. B. mit Hyänen und anderen Futterneidern. Hin und wieder wird jedoch, trotz festgelegter Reihenfolge beim Fressen, dem Löwenmännchen die Mahlzeit durch die eigene Familie streitig gemacht. Die Weibchen gebrauchen ihre scharfen Krallen, um an Nahrung zu kommen und auch so manches Jungtier kann einem erwachsenen Männchen einen Schlag auf die Nase versetzen, um an den „Löwenanteil" Futter zu kommen.

– Nennen Sie zwei Situationen, in denen sich Löwen aggressiv verhalten.
– Erläutern Sie an einem Beispiel die Bedeutung von Aggressionsverhalten.
– Beschreiben Sie eine Verhaltensweise, die bei Tieren zur Aggressionshemmung führt.
– Geben Sie zwei Beispiele an, wie Löwen ihr Revier verteidigen. 6

5.6 Auch zwischen Menschen kommt es zu aggressivem Verhalten. Nicht selten finden Streitigkeiten zwischen Schülern statt.
– Erklären Sie eine Form des Aggressionsabbaus beim Menschen.
– Nennen Sie eine weitere Verhaltensweise, die der Beschwichtigung in Konfliktsituationen dient. 3

Anhang

Überblick Erschließungsfelder

Vielfalt:	Gemeinsamkeiten und Unterschiede in den Merkmalen von Lebewesen
Bau und Funktion:	Zusammenhänge zwischen dem Bau von Körperteilen oder Organen und den entsprechenden Aufgaben
Angepasstheit:	Körpermerkmale und Verhaltensweisen von Lebewesen, die das Leben im Lebensraum ermöglichen
Information:	Fähigkeit der Lebewesen, Signale zu senden und darauf zu reagieren
Fortpflanzung:	Erzeugung von Nachkommen
Wechselwirkung:	Ursache-Wirkungs-Beziehungen im Lebewesen, zwischen Lebewesen sowie zwischen Lebewesen und ihrer Umwelt

Lösungen

5.1 *Hier ist es günstig, die zwei gewählten Sinnesorgane und die jeweilige Reizart in eine Tabelle einzuordnen. Bringen Sie danach den Inhalt des Erschließungsfeldes „Information“ mit Sinnesorganen und Reizen in Verbindung.*

Sinnesorgan	**Reizart**
Ohr	Akustische Reize (Töne)
Auge	Optische Reize (Farben, Licht)
Haut	Mechanische Reize (Berührung)
Nase	Chemische Reize (Gerüche)

Der Mensch hat die Fähigkeit, auf Reize aus der Umwelt zu reagieren (siehe Tabelle). Diese Eigenschaft nennt man Reizbarkeit und sie ist ein Lebensmerkmal.
Befinden wir uns in dunklen Räumen, so sind unsere Pupillen zur Aufnahme von Licht geweitet. Treten wir hinaus ins Freie und die Sonne scheint, so ist unser Organismus zum Schutz unserer Augen in der Lage, die Pupillen zu verengen und eine Schädigung der Augen zu verhindern.
Mit allen Sinnesorganen nehmen wir Signale auf, wir leiten sie über Nervenbahnen weiter und reagieren mit Erfolgsorganen darauf.

5.2 *Betrachten Sie die abgebildete Darstellung und notieren Sie die Namen von vier der fünf mit Ziffern angegebenen Teile des Reflexbogens. Ergänzen Sie anschließend für die Teile 1 und 3 auch eine Funktion.*

1 Sinnesorgan (Zunge) mit Sinneszellen
2 Empfindungsnerven (sensible Nerven)
3 Gehirn
4 Bewegungsnerven (motorische Nerven)
5 Erfolgsorgan (Speicheldrüse)

Glied 1 (Zunge mit Sinneszellen) nimmt die Reize wahr, die durch die Nahrung (Geschmack, Temperatur) ausgelöst werden = Reizaufnahme.
Glied 3 (Gehirn) erhält Informationen vom Sinnesorgan, verarbeitet diese und sendet Informationen zum Erfolgsorgan, die dort den Speichelfluss auslösen.

5.3 *Finden Sie für die beschriebene Situation auf der Weide eine Erklärung. Verwenden Sie Ihr Wissen über diesen Lernvorgang. Weshalb ist er besonders bei Herdentieren so wichtig?*

Die Schafmütter und ihre Lämmer leben meist in großen Herden. Sie sind aufeinander **geprägt**. Die Lämmer haben kurz nach der Geburt in einer sehr frühen sensiblen Entwicklungsphase gelernt, ihre Mütter an Geräuschen, Gerüchen und an ihrem Aussehen zu erkennen. Dieser Lernvorgang ist sehr rasch und unumkehrbar abgelaufen, sodass sie sie stets wiedererkennen. Bleibt die Schafmutter nun an einem bestimmten Ort auf der Weide, so bewegen sich ihre Lämmer nur in einem begrenzten Raum frei umher und laufen nicht weg.

Bei Herdentieren wie Zebras und Antilopen, die zu Hunderten als Herde in der Savanne umherziehen, ist dieses Lernergebnis überlebenswichtig. Jungtiere müssen ihre Mütter in riesigen Herden wiederfinden, von ihnen versorgt und beschützt werden und mit der Herde mitziehen. Ein Jungtier ohne seine Mutter wird sehr schnell zur Beute von Raubtieren.

5.4 *Vergleichen Sie die beiden Kreisdiagramme. Finden Sie Unterschiede und überlegen Sie, wodurch diese Unterschiede zustande kommen. Weshalb verhalten sich die Tiere in beiden Gruppen unterschiedlich? Welche Vorteile bringt das Leben in einer stabilen Rangordnung für die Tiere?*

In beiden Affengruppen sind gleiche Verhaltensweisen sichtbar, nur prozentual verschieden ausgeprägt. In Gruppen ohne stabile Rangordnung muss jedes Tier seinen Platz ständig neu erkämpfen. Dadurch ist das Droh- und Kampfverhalten stärker ausgeprägt. Die Affen haben weniger Zeit zur Körperpflege und zum Fressen, da sie stets wachsam und zur Verteidigung bereit sein müssen.
In Gruppen mit stabiler Rangordnung hat jedes Tier seinen Platz, es müssen weniger Kämpfe um Rang und Futter ausgetragen werden. In der Gruppe herrscht mehr Ruhe und Zeit für Körperpflege und Nahrungsaufnahme und die Anweisungen des ranghöchsten Tieres werden befolgt.

Ein Vorteil stabiler Rangordnungen ist eine verminderte Aggressivität zwischen den Mitgliedern der Gruppe. Durch die Festlegung des Ranges sind das Paarungsverhalten, das Revierverhalten oder die Nahrungsverteilung geregelt und die Gruppenmitglieder nur wenig aggressiv.

5.5 *Lesen Sie den Text in Ruhe und gründlich durch. Beantworten Sie anschließend die vier Aufgaben. Finden Sie zwei Situationen, bei denen Löwen sehr unruhig und angriffslustig werden. Erläutern Sie an einem Beispiel, weshalb dieses Verhalten wichtig und notwendig ist. Beschreiben Sie eine Verhaltensweise, die die Tiere beruhigt. Nennen Sie zwei Beispiele, wie Löwen ihren Lebensraum gegen andere Tiere verteidigen.*

Löwen werden aggressiv:
- wenn fremde Löwen in ihr Revier eindringen
- wenn fremde Löwen sich ihrem Rudel anschließen möchten und eines der Weibchen übernehmen möchten

Oder:
- wenn andere Löwen oder Futterneider an ihr gerissenes Wild heran wollen

Das Aggressionsverhalten ist für ein Überleben in der freien Wildbahn notwendig, da stets Feinde abgewehrt, Futter verteidigt, die Familie geschützt oder die Rangordnung erhalten werden muss.
Aggressionshemmend wirkt bei Tieren, wenn rangniedere Tiere dem ranghöheren Tier aus dem Weg gehen oder Demutsgebärden zeigen. Angreifer, die ihre Lage als aussichtslos erkennen, ziehen sich zurück oder werfen sich als Zeichen ihrer Unterwerfung auf den Rücken und zeigen ihren Hals. Sie lassen dem ranghöheren Tier beim Fressen den Vortritt und beanspruchen nicht seine Plätze im Revier.

Löwen verteidigen ihr Revier:
- mit lautem Gebrüll
- mit erhobenem Kopf

Oder:
- mit dem Aufrichten zur vollen Körpergröße
- mit vorgestrecktem Kinn und zähnefletschend

5.6 *Überlegen und erklären Sie, wie man sehr aufgebrachte Menschen wieder beruhigen kann oder der Mensch selbst zur Ruhe findet.*
Was kann der Mensch tun, um in einer Streitsituation beherrscht zu bleiben oder einen solchen Konflikt gar nicht erst entstehen zu lassen?

Aggressionsabbau ist beim Menschen durch ausreichende, befriedigende berufliche Betätigung, durch eine sinnvolle Gestaltung der Freizeit und durch persönliche Beziehungen zu anderen Menschen zu erreichen.
Unser hektischer Alltag erfordert von uns hohe Konzentration, deshalb müssen wir in unserer Freizeit andere Reize auf uns einwirken lassen und somit Reibungspunkte zum Alltag oder zu bestimmten Situationen vermeiden.
Durch unsere Körpersprache, z. B. Lächeln oder Gesten, können wir in Konfliktsituationen Unverständnis und Vorurteile entkräften und unser Interesse an der Lösung eines Streits zeigen. Liebe und Zuwendung und die Kommunikation mit unseren Mitmenschen hilft Konflikte zu bewältigen und Erfolge zu erreichen.

Zur Beschwichtigung in Konfliktsituationen dient die Aussprache beider Konfliktpartner an einem neutralen Ort, wobei unparteiische Streitschlichter oder Berater helfen können. Mitunter reicht auch bereits die räumliche Trennung der Konfliktpartner oder ein gegenseitiges Angebot der Streithähne.

BE

6.1 Wissenschaftler entdeckten auf den Svalbard-Inseln in Norwegen eine neue Fundstelle mit Saurierfossilien, die weltweit für Aufsehen sorgt.
- Definieren Sie den Begriff Fossilien.
- Nennen Sie zwei Fossilienformen.
- Beschreiben Sie die Entstehung eines Fossils.
- Begründen Sie an einem Sachverhalt die Bedeutung von Fossilien für die Abstammungslehre. 7

6.2 Fische bilden die artenreichste Gruppe innerhalb der Wirbeltiere. Sie sind an ihren Lebensraum angepasst.
- Nennen Sie vier Körpermerkmale der Fische, die ihnen das Leben im Wasser ermöglichen.
- Stellen Sie an einem Beispiel den Zusammenhang zwischen dem Körperbau und dem Lebensraum dar. 4

6.3 Schlammspringer (Periophthalmus) leben in den Gezeitenzonen tropischer Meeresküsten. Als lebende Übergangsformen besitzen sie u. a. folgende Merkmale: Kiemen, froschartige Augen, Atmung über die Mundschleimhaut, Schwanzflosse.

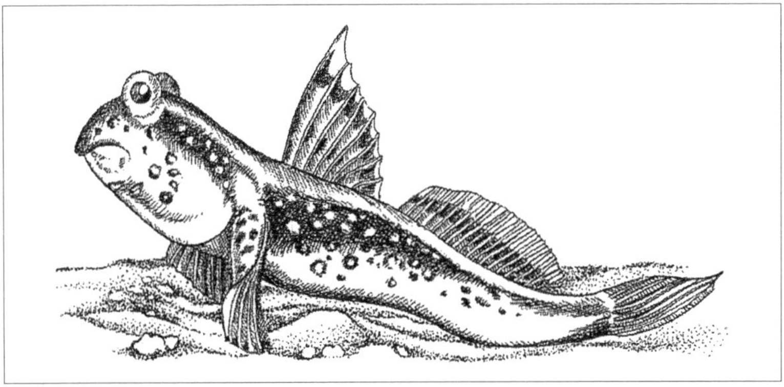

- Geben Sie die Wirbeltierklassen an, von denen die Schlammspringer Merkmale besitzen.
- Ordnen Sie die genannten Merkmale den angegebenen Wirbeltierklassen zu.
- Erklären Sie einen Vorteil der armartig verlängerten Brustflossen der Schlammspringer. 5

6.4 Säugetiere besiedeln verschiedene Lebensräume. Besonders deutlich wird dies am Beispiel von Maulwurf und Fledermaus.

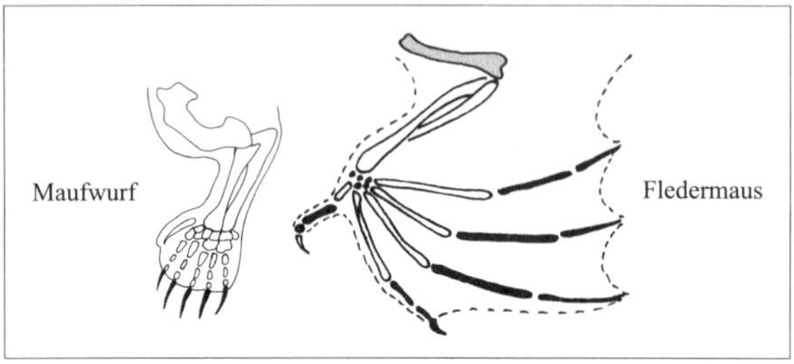

Vordergliedmaßen von Maulwurf und Fledermaus (schematisch)

- Geben Sie zwei Gemeinsamkeiten und zwei Unterschiede im Bau der abgebildeten Vordergliedmaßen an.
- Wenden Sie das Erschließungsfeld „Bau und Funktion" (siehe Anhang) auf eine der abgebildeten Vordergliedmaßen an.
- Wie bezeichnet man solche Organe? 5

6.5 Mensch und Menschenaffe sind stammesgeschichtlich nahe verwandt. Neben Gemeinsamkeiten weisen sie im Körperbau auch Unterschiede auf.

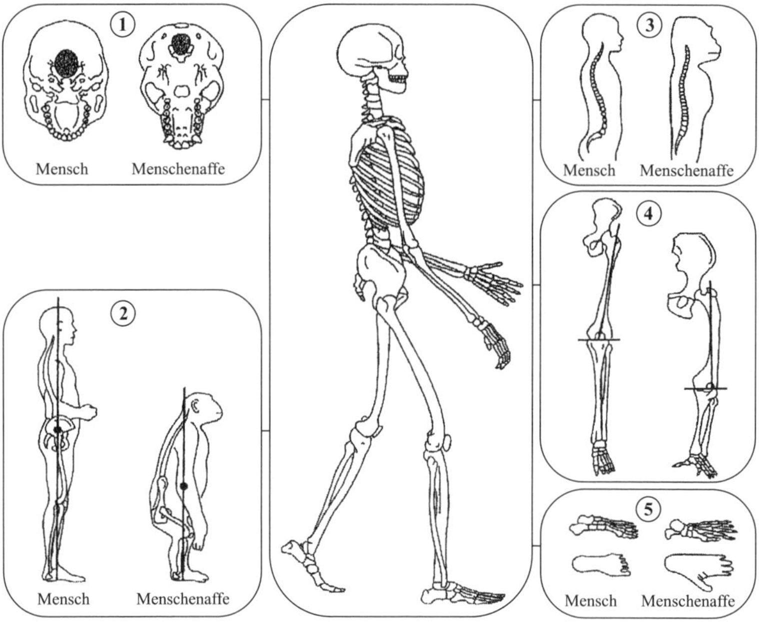

Quelle: Erlebnis Biologie 3; Antje Starke (Hrsg.), Schroedel 1999

- Beschreiben Sie mithilfe der Abbildungen 1–5 einen Unterschied zwischen Mensch und Menschenaffe.
- Begründen Sie, warum der aufrechte Gang eine Voraussetzung für die stammesgeschichtliche Entwicklung des Menschen war. 4

Anhang

Überblick Erschließungsfelder

Vielfalt:	Gemeinsamkeiten und Unterschiede in den Merkmalen von Lebewesen
Bau und Funktion:	Zusammenhänge zwischen dem Bau von Körperteilen oder Organen und den entsprechenden Aufgaben
Angepasstheit:	Körpermerkmale und Verhaltensweisen von Lebewesen, die das Leben im Lebensraum ermöglichen
Information:	Fähigkeit der Lebewesen, Signale zu senden und darauf zu reagieren
Fortpflanzung:	Erzeugung von Nachkommen
Wechselwirkung:	Ursache-Wirkungs-Beziehungen im Lebewesen, zwischen Lebewesen sowie zwischen Lebewesen und ihrer Umwelt

Lösungen

6.1 *Bei einer Definition formulieren Sie in exakter Form die wesentlichen Merkmale des zu definierenden Begriffes. Ergänzen Sie zwei Beispiele für Fossilien. Wie könnte ein Fossil entstanden sein? Was ist an der Kenntnis der Fossilien so bedeutsam, was macht sie für die Abstammungslehre so wichtig?*

Fossilien sind Reste oder Spuren von Lebewesen vergangener Erdzeitalter oder aus der jüngeren Vergangenheit.

Fossilienformen: Versteinerungen, Einschlüsse,
Oder:
Abdrücke, Mumifizierungen

Entstehung: Ein am Baumstamm sitzendes Insekt wird zufällig von einem herunterlaufenden Harztropfen eingeschlossen. Es ist nun luft- und wasserdicht umhüllt. Der Baum stirbt ab, fällt um und wird verschüttet. Unter dem enorm hohen Druck und einer gleich bleibenden Temperatur wird aus dem Harz über Millionen von Jahren Bernstein, in dem nun das Insekt als Einschluss zu erkennen ist.

Die Fossilienfunde geben Aufschluss über den Bau und die Funktion von ausgestorbenen Tieren und Pflanzen, von Teilen ihrer Gestalt und Angepasstheit an ihre damaligen Lebensräume. Sie zeigen aber auch Merkmale von heute noch lebenden Arten, ihren verwandtschaftlichen Beziehungen untereinander oder zu früheren Formen. Sie sind Zeugnisse der Evolution.

6.2 *Stellen Sie sich den Bau eines Fisches vor. Wie kann er im Lebensraum Wasser überleben? Geben Sie dazu vier Besonderheiten seines Körperbaus an. Erklären Sie nun an einem Körpermerkmal die ideale Anpassung an den Lebensraum Wasser.*

Anpassung der Fische:
1 stromlinienförmige Gestalt zur Fortbewegung
2 Kiemen zur Atmung im Wasser
3 Schuppen und Schleimschicht zur Bewegung und zum Schutz
4 Flossen zur Fortbewegung
Oder:
5 Schwimmblase zum Auf- oder Abtrieb im Wasser

An einen Lebensraum angepasst sind Tiere und Pflanzen, wenn sie bestimmte Körpermerkmale oder Verhaltensweisen speziell für das Leben dort entwickelt haben. Die schuppenbedeckte, schleimige Körperoberfläche lässt den Fisch schnell durchs Wasser gleiten, kaum ein Widerstand hindert ihn am Schwimmen. Greift ihn ein Feind an, so besteht die Möglichkeit zu entwischen, da er sehr schwer zu packen ist.
Oder:
Nur mit Kiemen kann der zum Leben notwendige Sauerstoff aus dem Wasser herausgefiltert werden. Damit benötigt der Fisch stets Wasser zum Überleben. Liegt er an Land, so erstickt er.

6.3 *Der Schlammspringer ist eine Übergangsform. Ordnen Sie ihn zwischen zwei Wirbeltierklassen mit je zwei Merkmalen ein. Weshalb sind die armartig verlängerten Brustflossen für ihn nützlich?*

Der Schlammspringer ist eine Übergangsform zwischen **Fischen** und **Lurchen** (Amphibien).

Merkmale der Fische	**Merkmale der Lurche**
– Kiemen – Schwanzflosse	– froschartige Augen – Atmung über Mundschleimhaut

Die armartig verlängerten Brustflossen ermöglichen dem Schlammspringer bei Ebbe ein Abstützen und die Fortbewegung auf dem schlammigen Untergrund. So kann er z. B. auf Nahrungssuche gehen oder Schutz vor Feinden suchen. Bei Flut bewegt er die Flossen im Wasser und schwimmt voran.

6.4 *Die Abbildung zeigt die schematischen Darstellungen der Vordergliedmaßen von Maulwurf und Fledermaus. Vergleichen Sie diese miteinander und schreiben Sie zwei Gemeinsamkeiten und zwei Unterschiede auf. Weshalb ist der „Arm" so gebaut? Erklären Sie, wie z. B. der Maulwurf nur mit diesen Vordergliedmaßen überleben kann. Weshalb kann er nicht fliegen? Benutzen Sie den Wortlaut des Erschließungsfeldes auf der letzten Seite für Ihre Antwort. Wie werden die abgebildeten Organe bezeichnet?*

	Maulwurf	**Fledermaus**
Gemeinsamkeiten der Vordergliedmaßen	– gleicher Grundbauplan – gleiche „Bauteile" (Oberarm, Unterarm, Hand, Finger)	
Unterschiede der Vordergliedmaßen	– Oberarmknochen kurz und stark, – lange und starke Krallen an den Fingern, – Grabhand schaufelförmig	– Oberarmknochen zart und lang, – sehr kleine Krallen an den Fingerspitzen, – Flughäute zwischen den Fingern

Die Fledermaus hat die Luft erobert. Ihr Körpergewicht muss gering sein und die „Flügel" müssen sie tragen. Daher haben sich zwischen den Fingern Flughäute gebildet, die diese überspannen und eine Tragfläche bilden.

Auch wenn beide Vordergliedmaßen sehr verschieden aussehen, so besitzen sie doch den gleichen Ursprung und werden als **homologe Organe** bezeichnet.

6.5 *Betrachten Sie die Abbildungen 1–5 sehr genau. Finden Sie einen Unterschied und erläutern Sie diesen. Weshalb konnte sich der Mensch nur durch den aufrechten Gang weiterentwickeln? Finden Sie Beispiele für Ihre Erklärungen.*

Ein Unterschied zwischen Menschenaffen und Mensch ist unser **aufrechter Gang**.

Abbildung 1 zeigt die Lage des Hinterhauptloches. Hier ist die Eintrittsstelle des Rückenmarks und die Auflagefläche des Schädels auf der Wirbelsäule. Dieses Loch ist beim Menschen weiter vorn als beim Menschenaffen.

Abbildung 2 zeigt die Körperachse bzw. die Schwerpunkte des Körpers. Wir gehen aufrecht, d. h. Schädel, Becken und Beine bilden eine Linie. Beim Menschenaffen ist der Körperschwerpunkt im Bauchraum zu sehen.

Abbildung 3 zeigt die menschliche doppelt S-förmig gebogene Wirbelsäule und die einfach gebogene Wirbelsäule der Menschenaffen.

Abbildung 4 zeigt die deutlich verlängerten Beine des Menschen, die den Körper besser tragen und das Laufen vereinfachen. Die Zehen sind alle nach vorn gerichtet und bilden die Grundlage für den Lauffuß.

Abbildung 5 verdeutlicht den Knochenaufbau und den Gesamtaufbau der Füße von Mensch und Menschenaffe. Die 5 Zehen beim Menschen liegen eng beieinander und der Fuß ist gewölbt. Der Menschenaffe kann eine Zehe abspreizen und den Fuß zum Klettern benutzen.

Der aufrechte Gang war eine Anpassung an den Lebensraum der Savannengebiete. Die Fortbewegung auf zwei Beinen verschaffte einen Überblick über das Gelände, zur Jagd und zum Schutz. Die Augen entwickelten Kraft, die Hände waren „frei" für Tätigkeiten, wie z. B. das Sammeln von Früchten, die Herstellung erster Werkzeuge und die Bearbeitung von Naturmaterialien. Die Natur konnte effizienter genutzt und verändert werden, was die Ausbreitung des Menschen auf alle Kontinente und Vegetationszonen der Erde ermöglichte.
Neben der biologischen vollzog sich auch die kulturelle Entwicklung der Menschheit, die die Lautsprache und Kulturgüter der einzelnen Gruppen hervorbrachte.

Realschulabschluss 2009 Biologie (Sachsen)
Pflichtaufgabe 1: Das Atmungssystem des Menschen

BE

1.1 Ein- und Ausatemluft weisen prozentual gesehen unterschiedliche Zusammensetzungen auf. Der Lehrer demonstriert Ihnen den Nachweis für einen Bestandteil der Ausatemluft.
- Notieren Sie Ihre Beobachtung.
- Geben Sie das nachgewiesene Atemgas an. 2

1.2 In einer Minute atmet ein Mensch etwa 15- bis 20-mal ein und aus. Dabei durchströmt die Luft verschiedene Atmungsorgane.

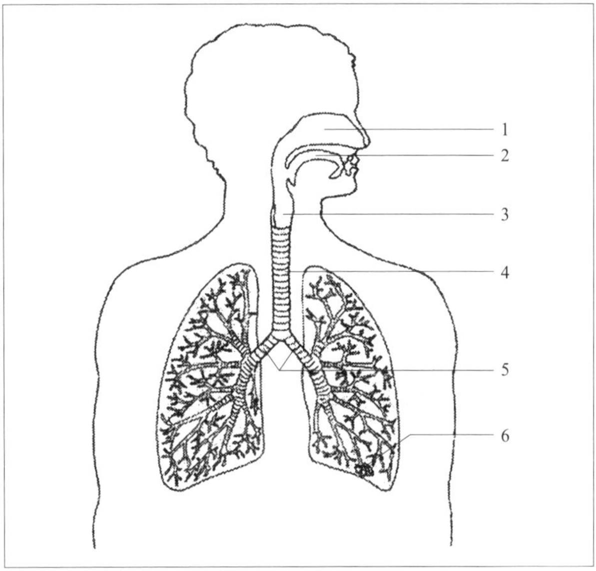

Atmungsorgane des Menschen

- Benennen Sie vier der in der Abbildung gekennzeichneten Teile des Atmungssystems des Menschen.
- Beschreiben Sie am Beispiel des Teils 1 einen Zusammenhang zwischen Bau und Funktion. 4

1.3 In Sachsen existiert seit dem 01. 02. 2008 ein Nichtraucherschutzgesetz, welches u. a. das Rauchen in geschlossenen Räumen öffentlicher Einrichtungen untersagt.
- Begründen Sie an einem Sachverhalt die Notwendigkeit dieses Gesetzes. 2

Lösungen

1.1 *Beobachten Sie das vom Lehrer durchgeführte Experiment genau und formulieren Sie die Beobachtungen in Ihrer Arbeit.*

Die farblose Flüssigkeit (Barium- oder Calciumhydroxidlösung) wird nach Einleitung der Ausatemluft milchig trüb. Es hat eine chemische Nachweisreaktion stattgefunden. Das nachgewiesene Atemgas ist **Kohlenstoffdioxid**.

1.2 *Sie sehen die schematische Darstellung unseres Atmungssystems. Vier der gekennzeichneten Teile sollen Sie benennen und für Teil 1 erklären, warum dieser nur durch seinen speziellen Aufbau die entsprechende Funktion übernehmen kann.*

Teile des Atmungssystems:
1 – Nasenhöhle
2 – Mundhöhle
3 – Kehlkopf
4 – Luftröhre
5 – Bronchien
6 – Lungenbläschen

Die Nasenhöhle dient zum Aufnehmen, Anfeuchten, Vorwärmen und Reinigen der Einatemluft. Als Filter für die Reinigung dienen kleine Härchen auf der feuchten und gut durchbluteten Schleimhaut. Indem die eingeatmete Luft an den Schleimhäuten vorbeigeführt wird, wird sie gleichzeitig angewärmt und angefeuchtet.

1.3 *Äußern Sie Ihre persönliche Meinung zur Notwendigkeit des Nichtraucherschutzgesetzes.*

Das Gesetz verbietet das Rauchen in geschlossenen Räumen öffentlicher Einrichtungen. Gemeint sind z. B. Gaststätten, Kultur- und Gesundheitseinrichtungen, Behörden und Bahnhöfe. Damit wird der Nichtraucher vor der Rauchbelästigung und somit der Gefährdung seiner Gesundheit geschützt. Er muss nicht mehr passiv mitrauchen. Nichtraucher können sich dadurch ohne gesundheitliches Risiko in öffentlichen Einrichtungen aufhalten.

BE

2.1 Fossilien sind Spuren und Reste von Lebewesen früherer Erdzeitalter. In den Bilderfolgen A und B wird jeweils die Entstehung eines Fossils dargestellt.

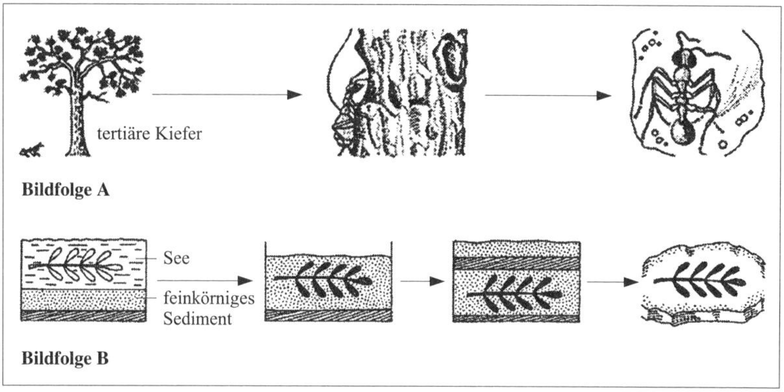

– Beschreiben Sie die Entstehung des Fossils mithilfe der Bilderfolge A **oder** B. 2

2.2 Im Jahr 1877 entdeckte man in Gesteinsschichten des Jurakalkes den Abdruck eines Urvogels. Darin sind Federn, Krallen an den frei beweglichen Fingern, eine lange Schwanzwirbelsäule, Zähne im Kiefer, Flügel und hohle Knochen zu erkennen. Dieses seltsame Tier war wie ein Puzzle aus Merkmalen von Kriechtieren und Vögeln zusammengesetzt.

- Ordnen Sie je zwei der angegebenen Merkmale den entsprechenden Wirbeltierklassen zu.
- Geben Sie eine Bedeutung von Übergangsformen (Zwischenformen) für die Abstammungslehre an. 3

2.3 Der Verlauf der Evolution ist u. a. abhängig von den Wechselwirkungen zwischen Umweltfaktoren und Lebewesen. Die Kerguelen-Inseln liegen im Indischen Ozean. Bedingt durch ihre Lage bläst auf ihnen ständig ein kräftiger Wind. Auf diesen Inseln findet man viele flugunfähige Insektenarten mit stark zurückgebildeten Flügeln wie z. B. die Kerguelen-Fliege.

- Begründen Sie mithilfe des Evolutionsfaktors Auslese (Selektion), warum sich unter diesen Bedingungen die Flugunfähigkeit als Vorteil erweist.
- Geben Sie zwei weitere Evolutionsfaktoren an.

Kerguelen-Fliege 3

Lösungen

2.1 *Betrachten Sie die beiden Bildfolgen genau. Entscheiden Sie sich für Folge A oder B und beschreiben Sie in vollständigen Sätzen, wie das Fossil entstanden ist. Benutzen Sie die Einzelbilder für Ihre Formulierungen.*

Bilderfolge A zeigt die Entstehung eines Einschlusses.
Ein Insekt ist auf der Suche nach Nahrung und klettert am Stamm eines Baumes empor. Auf seinem Weg wird es von einem frischen Harztropfen umflossen. Der Harztropfen mit dem Insekt verfestigt sich und wird zu Bernstein, in dem auch Millionen Jahre später das Insekt luftdicht eingeschlossen und somit erhalten ist.

Oder:
Bilderfolge B zeigt die Entstehung eines Abdruckes.
Ein Farnblatt fällt zu Boden bzw. auf den Grund eines Sees. Schichtenweise lagern sich Sedimente darüber ab, verdichten sich und pressen das Blatt. Je feiner das Sediment ist, desto mehr Details des Blattes bleiben erhalten. Im Laufe der Zeit wird das Pflanzengewebe durch mineralisches Material ersetzt. Dadurch lassen sich noch heute Formen und Umrisse des Blattes erkennen.

2.2 *Lesen Sie die Aufgabenstellung gründlich. Geben Sie zunächst die Wirbeltierklassen an, zwischen denen der Urvogel als Übergangsform besteht. Ordnen Sie den beiden Wirbeltierklassen nun jeweils zwei der in der Aufgabenstellung angegebenen Merkmale zu. Welche Erkenntnisse gewinnt die Abstammungslehre aus diesen Fossilien?*

Kriechtiere	**Vögel**
– Krallen an den frei beweglichen Fingern	– Federn
– lange Schwanzwirbelsäule	– Flügel

Oder:

– Zähne im Kiefer	– hohle Knochen

Übergangsformen zeigen die Abfolge der Abstammung von Lebewesen an und geben Aufschluss über verwandtschaftliche Beziehungen der Lebewesen untereinander.

2.3 *Lesen Sie den Aufgabentext und wenden Sie Ihre Kenntnisse über die Evolutionsfaktoren an. Warum konnten die Fliegen ohne Flügel überleben?*

Auslese (Selektion) bedeutet, dass die Lebewesen mit der besten Anpassung an die in ihrer Umwelt herrschenden Bedingungen auch die besten Überlebenschancen besitzen. Fliegen mit Flügeln würden durch den auf der Insel ständig vorherrschenden Wind davongetragen und z. B. aufs Meer hinausgetrieben werden. Ohne Flügel bewegen sie sich sicher auf dem Boden vorwärts, suchen dort ihre Nahrung und pflanzen sich erfolgreich fort.

Weitere Evolutionsfaktoren sind die Isolation, die Neukombination der Gene sowie die Mutation.

BE

3.1 Eine Folge der zunehmenden Globalisierung ist u. a. die Zunahme von Infektionskrankheiten.
- Erläutern Sie eine mögliche Ursache für die Zunahme der Infektionskrankheiten.
- Nennen Sie zwei weitere Folgen der zunehmenden Globalisierung. 3

3.2 Im März 2007 fand in Jena eine Tagung zum Klimawandel und zu durch Zecken übertragenen Krankheiten statt. Eine Schwerpunktkrankheit war die Frühsommer-Meningoenzephalitis (FSME). Lesen Sie dazu den Text und beantworten Sie die nachfolgenden Aufgaben.

Die Frühsommer-Meningoenzephalitis (FSME)

Die Frühsommer-Meningoenzephalitis (FSME) ist eine Entzündung des Gehirns bzw. der Gehirnhäute. Sie wird hauptsächlich durch den Biss infizierter Zecken übertragen. Die FSME kann in mehreren Phasen verlaufen. Zuerst bekommt man meist Fieber, Kopf-, Kreuz- und Gliederschmerzen, Schnupfen, Appetitlosigkeit, eventuell auch Übelkeit und Verdauungsstörungen. Diese Beschwerden können zwei bis acht Tage anhalten. Da diese Phase einem grippalen Infekt sehr ähnelt, wird die Diagnose FSME in dieser Zeit nur selten gestellt. Oft heilt die Krankheit danach von allein aus.
Ist das nicht der Fall, kommt es nach bis zu drei Wochen zu einem zweiten Krankheitsschub, der wie eine unkomplizierte Hirnhautentzündung mit Kopfschmerzen, Lichtempfindlichkeit, Schwindel, Übelkeit und Erbrechen abläuft. Wenn das Hirn betroffen ist, kann es zu Lähmungen und zu Bewusstseinsstörungen bis hin zum Koma kommen. 70 Prozent der Erkrankten werden nach einem Zeitraum von drei bis sechs Wochen wieder völlig gesund. Bei 30 Prozent entwickelt sich eine vorübergehende oder auch dauerhafte Schädigung, vorwiegend im Bereich des zentralen Nervensystems. Zirka ein Prozent der Erkrankten sterben an FSME.
Das sicherste Mittel gegen die Krankheit ist die Immunisierung. Diese sollte schon vor Beginn der Zeckenaktivität im Frühjahr erfolgen. Dabei werden abgeschwächte Erreger gespritzt. Sie bewirken die Bildung eines Antikörpers gegen FSME-Viren.
Erforderlich sind zwei Impfungen im Abstand von einem bis zu drei Monaten und eine dritte Impfung nach neun bis zwölf Monaten. Der Impfschutz beginnt etwa 14 Tage nach der zweiten Impfung und hält etwa drei Jahre an.

- Nennen Sie zwei Symptome (Erscheinungen) der ersten **oder** der zweiten Phase dieser Krankheit.
- Ordnen Sie die beschriebene Impfung einer Immunisierungsform zu.
- Geben Sie einen Grund für die Notwendigkeit einer Auffrischungsimpfung nach drei bis fünf Jahren an. 3

3.3 Eine Hauptaussage der Tagung in Jena war: „Zecken und die durch sie übertragenen Krankheiten haben sich in den letzten Jahren räumlich und zeitlich ausgebreitet“. Das Robert Koch-Institut in Berlin erfasst die registrierten Fälle an FSME-Erkrankungen in Deutschland und benennt Risikogebiete. Diese Gebiete beschränkten sich mit Stand 25. 04. 2008 hauptsächlich auf das südliche Deutschland.
- Treffen Sie eine Aussage zur möglichen zukünftigen Ausbreitung der FSME-Krankheit in Deutschland.
- Beschreiben Sie eine Maßnahme zum Schutz vor Zeckenbissen. 3

Lösungen

3.1 *Überlegen Sie, warum Infektionskrankheiten sich immer weiter ausbreiten bzw. die Anzahl der Infektionskrankheiten ansteigt. Formulieren Sie einen Text, in dem Sie eine mögliche Ursache für die Zunahme darstellen und erklären. Welche weiteren Auswirkungen hat die Globalisierung für die Erde und ihre Bewohner? Nennen Sie zwei davon.*

Globalisierung beschreibt den Prozess der zunehmenden weltweiten Bewegungen und Verbindungen auf allen Gebieten. Menschen und Güter gelangen problemlos und innerhalb kürzester Zeit von Kontinent zu Kontinent und mit ihnen auch Infektionskrankheiten. Dabei handelt es sich um Erkrankungen, die durch Mikroorganismen (Bakterien und Viren) hervorgerufen und weiterverbreitet werden können.
Durch den Reiseverkehr (z. B. Flug und Schiff) gelangen infizierte Personen binnen Stunden in ferne Länder, übertragen die Erreger und infizieren dadurch andere Menschen.
Wirksame Impfstoffe sind nicht überall und gegen jeden Erreger vorhanden (z. B. bei der Schweinegrippe). Erreger verändern sich (mutieren) und umgehen damit bisher wirksame Antikörper und Medikamente. Deshalb müssen ständig Forschungen zur Herstellung neuer wirksamer Medikamente durchgeführt werden.

Folgen der Globalisierung:
- ständig steigender Energieverbrauch für die Warenherstellung und für den Warentransport
  ⇒ Umweltbelastung durch erhöhten Kohlenstoffdioxidausstoß
- Zerstörung von Lebensräumen vieler Arten
  ⇒ Artensterben

3.2 *Lesen Sie gründlich und konzentriert den Text. Schreiben Sie zunächst zwei Symptome der Erkrankung aus dem Text heraus. Diese müssen in der ersten oder in der zweiten Phase der Erkrankung auftreten. Überlegen Sie nun, wie diese Art der Impfung bezeichnet wird. Warum muss die Impfung alle drei bis fünf Jahre wiederholt werden? Die Antwort finden Sie im Text.*

1. Phase: Symptome eines grippalen Infektes, Fieber, Kopf- Kreuz- und Gliederschmerzen, Schnupfen, Appetitlosigkeit, auch Übelkeit und Verdauungsstörungen *(nur zwei Symptome verlangt).*

Oder:
2. Phase: Kopfschmerzen, Lichtempfindlichkeit, Schwindel, Übelkeit, Erbrechen, auch Lähmungen und Bewusstseinsstörungen *(nur zwei Symptome verlangt).*

Die Impfung mit abgeschwächten Erregern zur Bildung von Antikörpern bezeichnet man als **aktive Immunisierung**.

Die Wirkung des Impfstoffes hält etwa drei Jahre an. Um einen sicheren Schutz des Körpers zu erreichen, ist deshalb eine Auffrischungsimpfung nach 3 bis 5 Jahren notwendig.

3.3 *Bei dieser Aufgabe sollen Sie eine Vermutung äußern, wie und wo sich die Krankheit in Deutschland in Zukunft ausbreiten wird. Geben Sie eine Maßnahme an, wie Sie sich beim Aufenthalt in der Natur erfolgreich vor Zeckenbissen schützen können.*

Ein derzeitiges Risikogebiet ist der südliche Raum Deutschlands. Die dort in Feld- und Waldgebieten lebenden Zecken tragen häufig den FSME-Erreger in sich. Die Zecken werden von Menschen und Tieren verschleppt und können somit andere, nördlichere Gebiete erreichen. Menschen aus ganz Deutschland reisen in den süddeutschen Raum und können von Zecken befallen werden, die sie dann eventuell an ihre jeweiligen Wohnorte tragen.

Eine Maßnahme zum Schutz vor Zeckenbissen ist das Tragen langer, heller, weiter Kleidung, auf der man die Zecken leicht erkennen und gegebenenfalls absammeln kann. Durch die lange Kleidung wird den Tieren der Weg auf die Haut erschwert.
Zusätzlich ist nach Wanderungen in der Natur eine Kontrolle des Körpers, z. B. vor dem Duschen, notwendig.

Oder:
Eine wirksame Maßnahme zum Schutz vor Zeckenbissen ist die Verwendung von Sprays oder Cremes mit speziellen chemischen Wirkstoffen, die direkt auf die Haut aufgetragen werden und Zecken fern halten.

BE

4.1 Kinder besitzen bei der Geburt etwa 350 weiche Knochen, die im Laufe der weiteren Entwicklung zum Teil miteinander verschmelzen. Erst im Alter von ca. 20 Jahren ist der Verschmelzungsprozess abgeschlossen. Dann haben die meisten Menschen rund 200 Knochen.

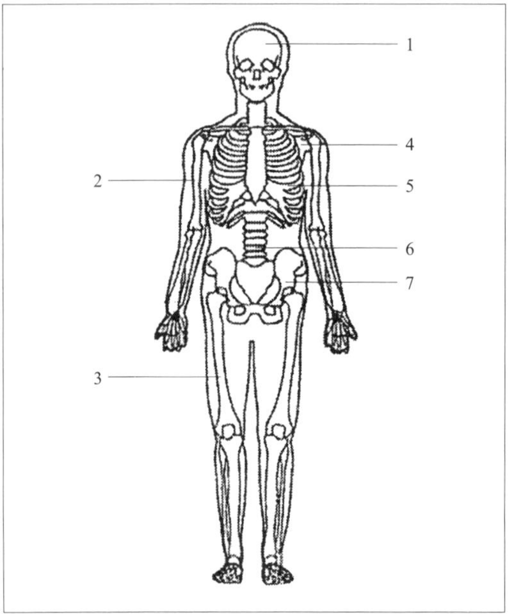

Skelett des Menschen
(schematisch)

– Benennen Sie sechs der in der Abbildung gekennzeichneten Skelettteile.
– Wenden Sie das Erschließungsfeld Bau und Funktion (siehe Anhang) auf das Skelettteil 1 **oder** 5 an. 5

4.2 Bei einem Unfall brechen die Knochen älterer Menschen schneller als bei Jugendlichen.
– Begründen Sie diese Tatsache mithilfe der Eigenschaften der Knochen älterer Menschen.
– Beschreiben Sie eine Erste-Hilfe-Maßnahme, die bei einem Knochenbruch durchzuführen ist. 4

4.3 Die aktiven Bewegungsorgane unseres Stütz- und Bewegungssystems sind die Muskeln. Hebt man beispielsweise einen Gegenstand, arbeiten die zwei Armmuskeln „Armstrecker und Armbeuger“ als Gegenspieler zusammen.

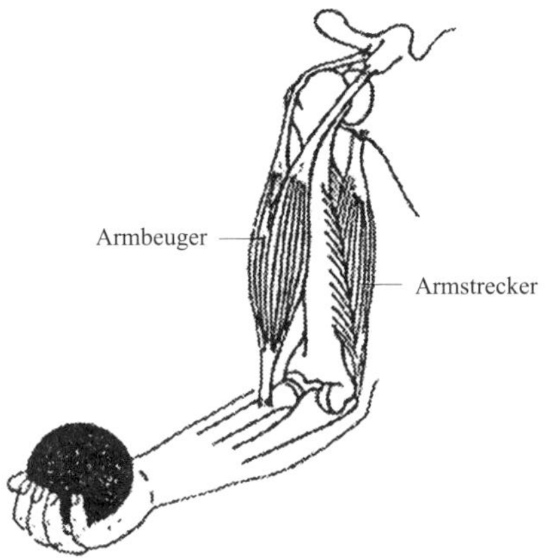

Muskeln im Oberarm (schematisch)

- Beschreiben Sie die Arbeitsweise beider Armmuskeln als Gegenspieler. Nutzen Sie dazu folgende Aussagen: Streckmuskel verkürzt sich – Beugemuskel zieht sich zusammen – Unterarm senkt sich – Streckmuskel wird gedehnt – Beugemuskel wird gedehnt – Unterarm hebt sich. 3

4.4 Unser Körper verfügt über zwei Arten von Muskeln, die aufgrund ihres unterschiedlichen Baus auch verschiedene Funktionen haben. Lesen Sie dazu den Fachtext und beantworten Sie die nachfolgende Aufgabe:

> Im mikroskopischen Bild lässt sich erkennen, dass nicht alle Muskeln gleich aufgebaut sind. Die verschiedenen Muskelarten bewirken die Bewegungen unseres Körpers. Die Muskeln, die unser Skelett bewegen, sind anders aufgebaut als die Muskeln, die in den Eingeweiden vorkommen und beispielsweise die Bewegungen des Magens und des Darmes bewirken. Die Skelettmuskulatur arbeitet schnell, ermüdet rasch und ist durch den menschlichen Willen zu beeinflussen. Die Eingeweidemuskulatur ist nicht durch unseren Willen steuerbar. Sie arbeitet langsam und ausdauernd. Während die Skelettmuskulatur aus Muskelfaserbündeln, die im Mikroskop eine Querstreifung zeigen, aufgebaut ist, ist bei der Eingeweidemuskulatur diese Struktur nicht erkennbar. Man spricht von der glatten Muskulatur.

- Übertragen Sie die folgende Tabelle in Ihre Arbeit und ergänzen Sie diese.

Muskelart	Skelettmuskulatur	Eingeweidemuskulatur
Aufbau (Struktur)	–	–
Arbeitsweise	–	–
Vorkommen	–	–

3

4.5 In den Muskelzellen findet die Zellatmung (biologische Oxidation) statt.
- Erstellen Sie einen Steckbrief für diesen biochemischen Vorgang mit folgenden Angaben: Ausgangsstoffe, Bedingung, Reaktionsprodukte, Reaktionsort in der Zelle.
- Erläutern Sie an einem weiteren Beispiel die Bedeutung des Vorganges für den menschlichen Organismus. 5

4.6 Eine Krankenkasse führte im Januar 2008 in Deutschland eine Erhebung zur Problematik von Haltungsschäden bei Jugendlichen durch. In dem folgenden Diagramm wird die Entwicklung von Haltungsschäden bei 4- bis 16-jährigen Kindern und Jugendlichen dargestellt.

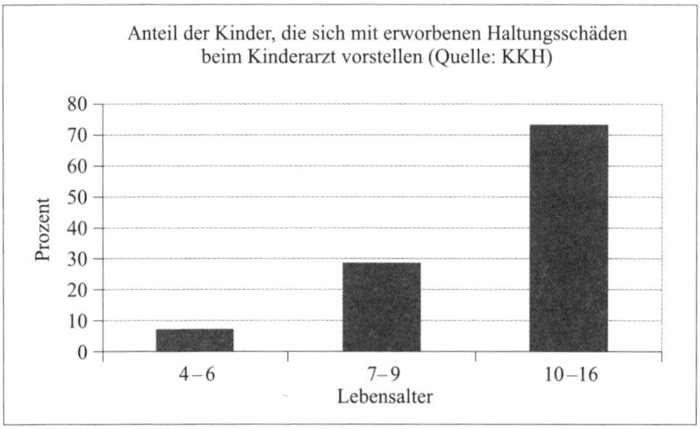

- Werten Sie das Säulendiagramm aus.
- Beurteilen Sie die Forderung vieler Sportmediziner, täglich mindestens fünf Minuten Sport oder Fitness zu treiben.
- Nennen Sie zwei weitere Maßnahmen zur Vermeidung von Haltungsschäden. 5

Anhang

Überblick Erschließungsfelder

Vielfalt:	Gemeinsamkeiten und Unterschiede in den Merkmalen von Lebewesen
Bau und Funktion:	Zusammenhänge zwischen dem Bau von Körperteilen oder Organen und den entsprechenden Aufgaben
Angepasstheit:	Körpermerkmale und Verhaltensweisen von Lebewesen, die das Leben im Lebensraum ermöglichen
Information:	Fähigkeit der Lebewesen, Signale zu senden und darauf zu reagieren
Fortpflanzung:	Erzeugung von Nachkommen
Wechselwirkung:	Ursache-Wirkungs-Beziehungen im Lebewesen, zwischen Lebewesen sowie zwischen Lebewesen und ihrer Umwelt

Lösungen

4.1 *Sie sehen hier die schematische Darstellung unseres Skelettes. Benennen Sie sechs der sieben beschrifteten Teile des Skelettes. Begründen Sie in vollständigen Sätzen den Aufbau des Skelettteils 1 oder 5 im Zusammenhang mit seiner Funktion.*

Teile des menschlichen Skelettes:
1 – Schädel
2 – Oberarmknochen
3 – Oberschenkelknochen
4 – Schulterblatt
5 – Rippen
6 – Wirbelsäule

Oder:
7 – Beckenknochen

Unser Schädel besteht aus Knochen, die miteinander verwachsen sind und eine feste Hülle zum Schutz und zur Lagerung unseres Gehirns bilden. Zusätzlich sorgen noch verschiedene Häute für eine geeignete Auskleidung der Schädelinnenflächen.

Oder:
Unsere Rippen sind gebogene, über das Brustbein beweglich verbundene Knochen, die die Organe des Brustkorbes, also Herz und Lunge, wie in einem Korb sicher umschließen. Sie sind beweglich, damit wir bei jedem Atemzug unseren Brustkorb vergrößern (heben) und verkleinern (senken) können.

4.2 *Welche Eigenschaften besitzen die Knochen der jungen und welche die der alten Menschen? Vergleichen Sie diese und beantworten Sie die Aufgabe in ganzen Sätzen. Geben Sie an, welche Erste-Hilfe-Maßnahmen bei einem Knochenbruch durchzuführen sind. Wie führen Sie diese durch?*

Knochen sind bei Jugendlichen fest und stabil. Mit dem Alter werden sie spröde und leichter brüchig. Die Struktur des Knochengewebes verliert an Stabilität. Stürzen ältere Menschen können die Knochen schnell brechen und sogar zerspringen.
Eine Erste-Hilfe-Maßnahme bei Knochenbrüchen ist das Ruhigstellen der betroffenen Region mit Schienen oder anderen geeigneten Gegenständen (z. B. Brettern), um weitere Bewegung und Schmerzen zu vermeiden. Eine bequeme Lagerung der gebrochenen Stelle ist eine weitere notwendige Maßnahme.

4.3 *In dieser Aufgabe sind Ihnen Aussagen zur Arbeit des Armbeugers und des Armstreckers vorgegeben. Bringen Sie diese in einen richtigen Zusammenhang. Formulieren Sie vollständige Sätze.*

Armbeuger und Armstrecker sind Gegenspieler. Um den Arm bewegen zu können, müssen sie beide tätig werden.
Will ein Mensch den Unterarm heben, so muss sich der Beugemuskel (an der Arminnenseite) zusammenziehen. Gleichzeitig wird der Streckmuskel (an der Armaußenseite) gedehnt.
Will ein Mensch den Unterarm senken, so verkürzt sich der Streckmuskel (zieht sich zusammen) und der Beugemuskel wird gedehnt.

4.4 *In dieser Aufgabe übertragen Sie die Tabelle in Ihre Prüfungsarbeit und ergänzen die fehlenden Angaben, nachdem Sie den Text gründlich gelesen haben.*

Muskelart	**Skelettmuskulatur**	**Eingeweidemuskulatur**
Aufbau (Struktur)	– Muskelfaserbündel, quergestreift	– glatt, nicht quergestreift
Arbeitsweise	– schnell, ermüdet rasch, durch den Willen beeinflussbar	– langsam, ausdauernd, nicht durch den Willen beeinflussbar
Vorkommen	– am Skelett, z. B. Arme, Beine	– in den Eingeweiden, z. B. im Darm, im Magen

4.5 *Hier sind Ihre Kenntnisse zur Zellatmung gefragt. Machen Sie zu den folgenden Angaben kurze Stichpunkte und schreiben Sie diese untereinander. Wo im Körper findet dieser Vorgang statt und welche Bedeutung besitzt er für den Menschen?*

Biologische Oxidation :
Ausgangsstoffe: Traubenzucker und Sauerstoff
Reaktionsprodukte: Kohlenstoffdioxid und Wasser
Bedingung: Enzyme müssen vorhanden sein
Reaktionsort: Mitochondrien

Zur Bereitstellung von Energie für die Tätigkeit unseres Gehirns muss der Körper diese aus den Nährstoffen gewinnen. Das geschieht mithilfe der biologischen Oxidation in den Mitochondrien.

Oder:
Die Aufrechterhaltung unserer Körpertemperatur erfordert ständig Energie. Dazu liefern die Mitochondrien, die auch als Kraftwerke der Zellen bezeichnet werden, die notwendige Energie durch die biologische Oxidation.

4.6 *Betrachten Sie das Säulendiagramm. Anhand der Beschriftung können Sie Angaben zum Anteil betroffener Kinder und Jugendlicher machen und diese Angaben gegenüberstellen. Teilen Sie anschließend Ihre Meinung zur Forderung der Sportmediziner nach täglichem Sport mit. Was können Menschen außer Sport noch für eine gesunde Körperhaltung tun. Schlagen Sie zwei weitere Maßnahmen vor.*

Aus dem Säulendiagramm ist ersichtlich, dass Kinder im Alter von 4 – 6 Jahren zu ca. 8 % erworbene Haltungsschäden besitzen. Mit 7 – 9 Jahren liegt der Anteil bereits bei ca. 29 % und bei Kindern von 10 – 16 Jahren steigt der Anteil auf ca. 74 %.

Die große Zahl von Kindern mit erworbenen Haltungsschäden hat verschiedene Ursachen. Viele Jugendliche bewegen sich zu wenig, treiben nicht regelmäßig Sport und sitzen zu lange am Computer bzw. vor dem Fernseher auf wenig geeigneten Möbeln oder in schlechter Körperhaltung. Daher ist die Forderung der Sportmediziner begründet. Durch ausreichend Sport und Bewegung wird die Muskulatur gestärkt und die Körperhaltung verbessert.

Weitere Maßnahmen:
– altersgerechtes Schuhwerk
– Tragen von Rucksäcken statt Taschen auf einer Schulter

Oder:
– Abstände zu Computer und Bildschirm sowie zum Schreibtisch kontrollieren
– Möbel (z. B. Schreibtische), die je nach Körpergröße eingestellt werden können

BE

5.1 Das Wattenmeer gehört zu den bedeutendsten Großlandschaften Deutschlands. Große Flächen des Wattenmeeres sind zweimal täglich bei Ebbe „trocken". Das Wasser fließt dabei in die freie Nordsee ab. Beim Betrachten des Wattbodens erkennt man an feuchten Stellen einen braunen Belag mit vielen kleinen Luftbläschen. Es sind bis zu 1 Million einzellige Kieselalgen pro Quadratzentimeter, die die Fähigkeit besitzen, Fotosynthese zu betreiben.

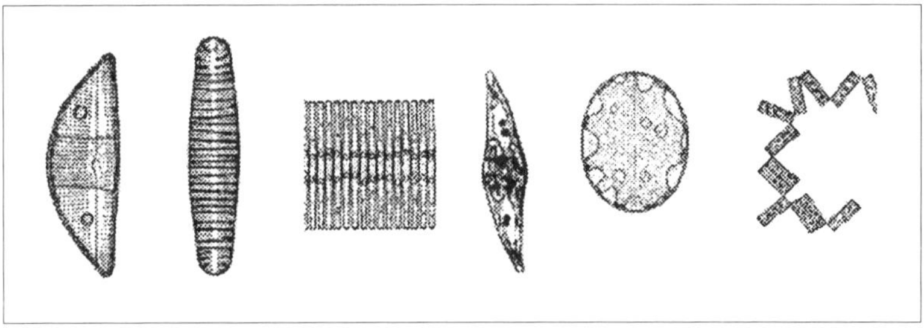

Schematische Darstellung verschiedener Arten von Kieselalgen

- Nennen Sie zwei abiotische Umweltfaktoren, die auf Kieselalgen einwirken.
- Geben Sie den Zellbestandteil der Kieselalgen an, in dem die Fotosynthese stattfindet.
- Erläutern Sie eine Bedeutung der Kieselalgen für das Ökosystem Wattenmeer. 4

5.2 Jedem Wattwanderer fallen auf dem Wattboden unzählige Kotsandhaufen und viele Löcher, sogenannte Einsturztrichter, auf. Diese Spuren verraten die Anwesenheit des „Charaktertieres" des Wattenmeeres, des Wattwurms. Er wohnt in einer etwa 30 cm tiefen U-förmigen Röhre. An einem Ende frisst er den Boden in sich hinein, verdaut die darin enthaltenen Nährstoffe und „entsorgt" die Reste am anderen Ende. Spezielle Körpermerkmale ermöglichen ihm das Leben im Wattboden.

a) walzenartige Körperform
b) Körpersegmente mit Borsten
c) fein verästelte Kiemenanhänge
d) Mund mit ausstülpbarem Rüssel

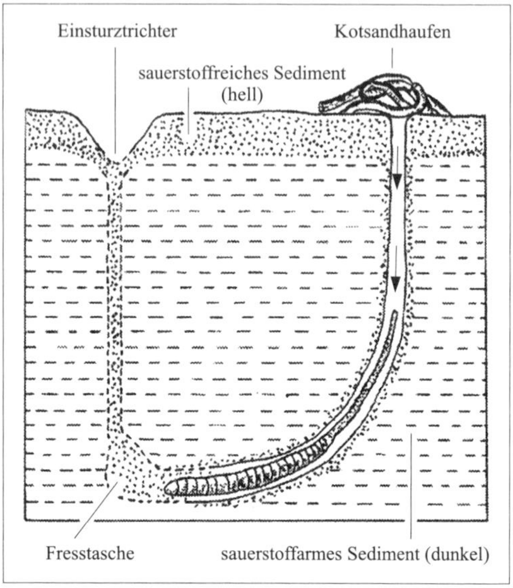

Schema der Wohnröhre des Wattwurms

– Erläutern Sie an zwei der genannten Körpermerkmale die Angepasstheit des Wattwurmes an seinen Lebensraum. 4

5.3 Das Wattenmeer zählt zu den vogelreichsten Gebieten der Erde. Im Spätsommer und Herbst suchen ca. 3 Millionen Vögel nach Algen, Muscheln, Schnecken, Würmern und Krebsen. Nur durch spezielle Anpassungsmechanismen, wie z. B. den Bau des Schnabels, ist der Aufenthalt der Vögel in diesem Ökosystem möglich.

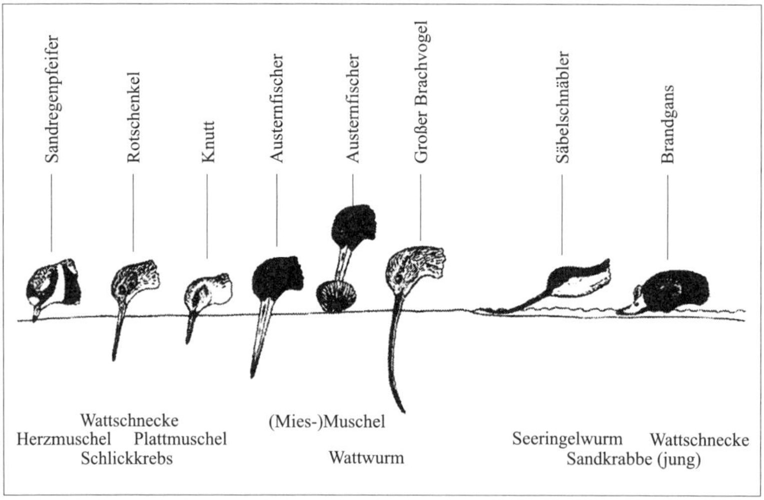

Vögel des Wattenmeeres (schematisch)

- Vergleichen Sie den Bau von zwei der abgebildeten Vogelschnäbel. Geben Sie dazu eine Gemeinsamkeit und einen Unterschied an.
- Leiten Sie aus der Vielfalt der Vogelschnäbel eine Bedeutung für die Vogelarten im Ökosystem Wattenmeer ab.
- Erläutern Sie mithilfe der Abbildung einen Nachteil von Spezialisierungen. 4

5.4 Seehunde sind die häufigsten Säugetiere des Wattenmeeres. Diese Tiere stammen von fossilen Landraubtieren ab und haben sich zu perfekten Raubtieren des Wassers entwickelt. Ihre Hauptbeute sind Fische, Weichtiere und Krebstiere.

Seehund

Skelett eines Seehundes

- Nennen Sie zwei Merkmale des Seehundes, die einen möglichen Beweis für den ursprünglichen Lebensraum „Land" liefern.
- Übernehmen Sie folgende Tabelle in ihre Arbeit und ergänzen Sie diese unter der Anwendung des Erschließungsfeldes „Bau und Funktion".

Körpermerkmal des Seehundes	Bau	Funktion
Körperform	–	–
Gliedmaßen	–	–
Gebiss	–	–

4

5.5 Der menschliche Einfluss auf das Ökosystem Wattenmeer hat seit der Industrialisierung stark zugenommen. Schadstoffe, die über die Flüsse, die Luft und mit dem Schiffsverkehr in das Wattenmeer gelangen, können in Seehunden in mehrfach höheren Konzentrationen als im Meerwasser nachgewiesen werden. Viele giftige Chemikalien sind fettlöslich und lagern sich deshalb im Fettgewebe oder in der fetthaltigen Milch (45 % Fett) der Tiere ein.
- Stellen Sie eine Nahrungskette auf, die außer dem Seehund noch drei weitere Lebewesen beinhaltet. Nutzen Sie dazu auch die vorangegangenen Aufgabentexte.
- Erläutern Sie das Auftreten der höheren Schadstoffkonzentration im Körper der Seehunde gegenüber der im Meerwasser. 4

5.6 Ein wesentlicher Beitrag zum Schutz der Seehunde ist die Erforschung des Verhaltens der Tiere im Jahresverlauf. Die Ergebnisse der Verhaltensbeobachtungen können in einem Diagramm (Jahreskalender) dargestellt werden.

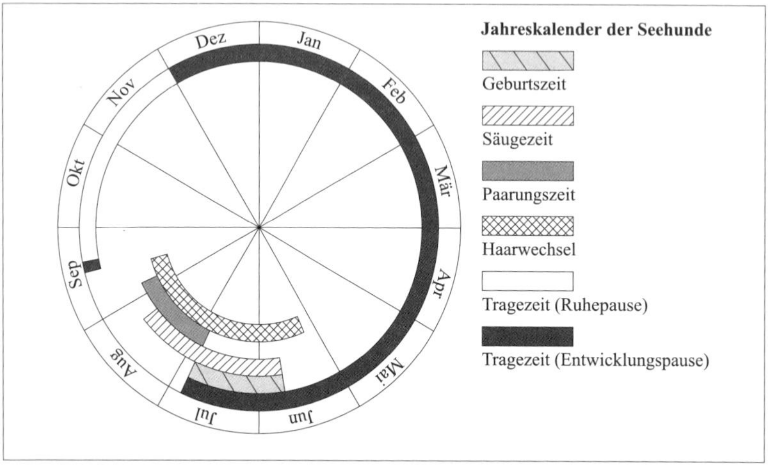

Schematische Darstellung über das Verhalten der Seehunde im Jahresverlauf

- Begründen Sie an einem Sachverhalt, weshalb in einigen Monaten des Jahres die Maßnahmen zum Schutz der Seehunde besonders verstärkt werden müssen. Nutzen Sie dazu das Diagramm.
- Formulieren Sie zum Schutz der Seehunde eine notwendige Richtlinie für die Schifffahrt. 3

Anhang

Überblick Erschließungsfelder

Vielfalt:	Gemeinsamkeiten und Unterschiede in den Merkmalen von Lebewesen
Bau und Funktion:	Zusammenhänge zwischen dem Bau von Körperteilen oder Organen und den entsprechenden Aufgaben
Angepasstheit:	Körpermerkmale und Verhaltensweisen von Lebewesen, die das Leben im Lebensraum ermöglichen
Information:	Fähigkeit der Lebewesen, Signale zu senden und darauf zu reagieren
Fortpflanzung:	Erzeugung von Nachkommen
Wechselwirkung:	Ursache-Wirkungs-Beziehungen im Lebewesen, zwischen Lebewesen sowie zwischen Lebewesen und ihrer Umwelt

Lösungen

5.1 *Zuerst geben Sie zwei abiotische Umweltfaktoren des Wattenmeeres an, die auf die Kieselalgen einwirken. Danach nennen Sie den Teil der Zelle, der für die Fotosynthese verantwortlich ist. Überlegen Sie, welche Aufgaben die Kieselalgen im Wattenmeer erfüllen und geben Sie eine davon an.*

abiotische Umweltfaktoren die auf Kieselalgen einwirken:
- Sonneneinstrahlung
- Wechsel der Gezeiten (Ebbe und Flut) und damit abwechselnd Trockenheit und Nässe

Oder:
- Wind
- Temperatur

Für die Fotosynthese verantwortlicher Teil der Zelle: Kieselalgen sind einzellige Lebewesen mit Chloroplasten, in denen sich das für die Fotosynthese notwendige Chlorophyll befindet.

Aufgabe der Kieselalgen: Kieselalgen dienen im Ökosystem Wattenmeer Millionen von Vögeln, die hier ganzjährig leben oder im Spätsommer und Herbst eintreffen und überwintern, als Futter. Sie bilden den Anfang vieler Nahrungsketten.

Oder:
Kieselalgen versorgen das Sediment des Wattbodens und die darin lebenden Tiere mit Sauerstoff.

5.2 *Lesen Sie den Einführungstext genau durch und betrachten die schematische Darstellung der Wohnröhre des Wattwurmes. Wählen Sie zwei der gegebenen Körpermerkmale des Wurmes aus und zeigen Sie an Beispielen die Notwendigkeit und Bedeutung dieser Körpermerkmale in seinem Lebensraum.*

Die walzenförmige Körperform (rund im Querschnitt, an den Enden verjüngt) ermöglicht eine leichte Bewegung durch die von ihm gegrabenen Röhren im Wattboden.
Die Borsten an jedem Körpersegment sind „Steighilfen" für die senkrechte Auf- und Abwärtsbewegung in den Röhren.

Oder:
Die Kiemenanhänge sind Organe zur Sauerstoffaufnahme. Sie sind fein verästelt gebaut, um möglichst viel Sauerstoff aus dem Wasser herausfiltern zu können.
Der Mund mit ausstülpbarem Rüssel macht es dem Wurm möglich, dass er zur Nahrungsaufnahme im kurzen waagerechten Teil seines Ganges liegen bleibt, seinen Rüssel vorschiebt und den Sand frisst. Dadurch bildet sich eine Fresstasche und der nachrutschende Sand lässt einen Einsturztrichter an der Oberfläche entstehen.

5.3 *Die Abbildung zeigt schematisch einige Vögel des Wattenmeeres mit ihren typischen Schnabelformen und nennt die spezielle Nahrung dieser Vögel. Wählen Sie zwei Schnäbel aus und stellen Sie eine Gemeinsamkeit und einen Unterschied heraus. Weshalb hat jeder Vogel eine andere Schnabelform? Was verstehen Sie unter Spezialisierung und weshalb ist diese nicht immer günstig?*

Vergleich der Schnäbel von:

	Großer Brachvogel	**Säbelschnäbler**
Gemeinsamkeit:	lange, gebogene Schnäbel	
Unterschied:	Schnabel kräftig gebaut und zur Nahrungsaufnahme im Wattboden	schlanker Schnabel zur Nahrungsaufnahme an der Oberfläche

Oder:
Austernfischer und Rotschenkel besitzen beide lange, spitze Schnäbel und beide finden ihre Nahrung im Wattboden. Der Rotschenkel aber sucht nach weichen Beutetieren, wie Schlickkrebsen und Wattschnecken, während der Austernfischer die harte Schale der Miesmuscheln knackt. Die Schnäbel sind unterschiedlich fest und belastbar.

Alle Vogelarten suchen mit ihren verschiedenartig geformten Schnäbeln nach Nahrung. Die Schnäbel sind an die unterschiedliche Art der Nahrung (Algen, Muscheln, Schnecken, Würmer, Krebse) und an die unterschiedlichen Bereiche, in denen diese Nahrung vorkommt, angepasst. Dadurch haben die einzelnen Arten die Fähigkeit, Nahrungsangebote auszunutzen, auf die nur sie zugreifen können. Sie besetzen verschiedene ökologische Nischen im Gesamtsystem Wattenmeer.

Spezialisierung bedeutet eine Anpassung von Organismen an spezielle Umweltbedingungen. Sie ist eine Evolutionserscheinung. Dabei wird aber die Toleranz gegenüber Veränderungen der Umweltfaktoren verkleinert, d. h. ein ausschließlich auf die Aufnahme von Muscheln spezialisierter Schnabel kann nicht plötzlich Wattwürmer aufnehmen. Bau und Funktion des Schnabels sind dafür nicht geeignet. Jede Spezialisierung ist wie die Fahrt in eine Sackgasse, eine Rückkehr zur unspezialisierten Form ist oft nicht (und wenn, dann nicht kurzfristig) möglich.

5.4 *Betrachten Sie die Abbildungen des Seehundes. Welche Körpermerkmale deuten darauf hin, dass er einmal an Land lebte? Nennen Sie zwei davon. Übertragen Sie danach die Tabelle in Ihre Prüfungsarbeit und ergänzen Sie die fehlenden Angaben. Lesen Sie zuvor im Anhang nach.*

Merkmale des Seehundes, die auf das Land als ursprünglichen Lebensraum hindeuten:
- Schultergürtel mit Vordergliedmaßen
- Beckengürtel mit Hintergliedmaßen

Oder:
- Körperbedeckung mit Fell

Körpermerkmale des Seehundes	**Bau**	**Funktion**
Körperform	walzenförmig	schnelle Bewegung durch das Wasser
Gliedmaßen	starke Vordergliedmaßen mit Häuten zwischen den Fingern	Bewegung an Land durch Vorwärtsschieben, Schwimmen
Gebiss	starker Kiefer mit Zähnen	Nahrungsaufnahme (Fische, Weich- und Krebstiere mit Schalen)

5.5 *Im Text der Aufgabe sind wichtige Informationen enthalten. Lesen Sie diesen gründlich durch und erstellen Sie eine Nahrungskette aus vier Lebewesen, unter denen sich der Seehund befindet. Woher kommt die hohe Schadstoffkonzentration im Körper der Tiere?*

Nahrungskette

Algen ⇒ Würmer ⇒ Krebse ⇒ Seehund

Oder:
Algen ⇒ Friedfisch ⇒ kleiner Raubfisch ⇒ Seehund

Die im Wasser befindlichen Schadstoffe werden von den Tieren direkt mit dem Wasser aufgenommen oder sie fressen Organismen (Nahrung), die diese Schadstoffe bereits in ihrem Körper haben.
Da die Schadstoffe fettlöslich sind und deshalb im Fettgewebe eingelagert werden, scheiden sie diese nicht mit ihren Stoffwechselendprodukten aus. Sie speichern sie über Jahre hinweg. Wenn nun z. B. ein Seehund einen Fisch frisst, nimmt er damit das Gift auf, das dieser sein ganzes Leben lang in seinem Körper angesammelt hat.
Junge Seehunde bekommen Schadstoffe schon über die Muttermilch zugeführt, noch bevor sie selbst belastete tierische Nahrung aufnehmen.

5.6 *Betrachten Sie das Kreisdiagramm, in dem der Jahreskalender der Seehunde dargestellt ist. Die Legende erklärt mit unterschiedlichen Strichmustern die jeweiligen Verhaltensbeobachtungen. Weshalb müssen die Seehunde einige Monate im Jahr besonders geschützt werden? Welche Zeiten sind dies genau? Was kann zum Schutz der Seehunde getan werden? Nennen Sie eine Richtlinie, die die Schifffahrt einhalten muss.*

Seehunde zeigen im Jahresverlauf unterschiedliche Verhaltensmuster. Im Juni/Juli werden die Jungtiere geboren und bis in den August hinein gesäugt. In dieser Zeit sind die Muttertiere nur auf die Versorgung ihrer Jungen bedacht, die noch klein, hilflos und schwach sind. Deshalb sind in dieser Zeit besondere Ruhe und Schutz der Tiere auf ihren Sandbänken notwendig. Die Jagd ist streng verboten.

Für die Schifffahrt sollte die Richtlinie gelten, dass die Sandbänke weiträumig zu umfahren sind und es sollten keine Touristen in die Nähe der Tiere gelassen werden.

Realschulabschluss 2009 Biologie (Sachsen)
Wahlaufgabe 6: Grundlagen der Genetik

BE

6.1 Lebewesen sind aus Zellen aufgebaut. Im menschlichen Körper gibt es z. B. mehr als 250 unterschiedliche Zellformen.

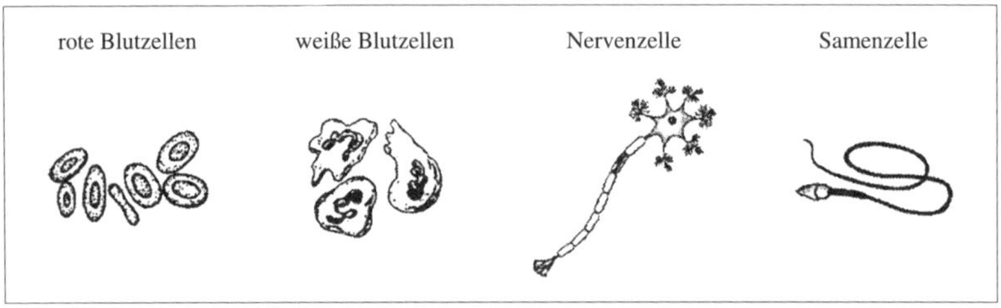

Menschliche Zellformen (schematisch, nicht maßstabgerecht)

- Beschreiben Sie für eine der abgebildeten Zellen einen Zusammenhang zwischen dem Bau und der Funktion. Nutzen Sie dazu auch das Erschließungsfeld Bau und Funktion (siehe Anhang).
- Ordnen Sie dem Zellkern und dem Mitochondrium je eine Funktion zu. 4

6.2 Mithilfe des Mikroskops lassen sich Zellbestandteile sichtbar machen.
- Fertigen Sie ein Frischpräparat vom Zwiebelhäutchen an.
- Stellen Sie ein scharfes mikroskopisches Bild ein und zeigen Sie das eingestellte Bild dem Lehrer.
- Zeichnen Sie aus dem mikroskopischen Bild eine Zelle mit den Anschlüssen an die Nachbarzellen.
- Beschriften Sie zwei Zellbestandteile. 5

6.3 Die Erbinformation ist in den Chromosomen in Form der DNA chemisch verschlüsselt. Die DNA ist ein biologischer Datenträger.

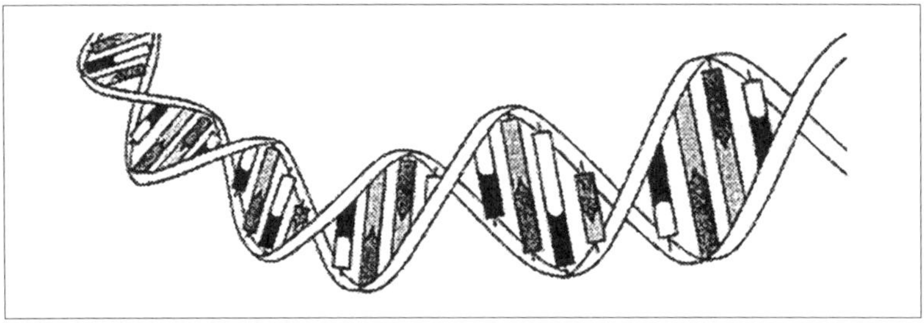

Abbildung: DNA-Modell (schematisch)

- Beschreiben Sie den Bau der DNA anhand von sechs Fakten.
- Geben Sie eine Funktion der DNA an. 5

6.4 Die Erbinformationen sind während der Zellteilungen in Chromosomen „verpackt“. Anzahl, Form und Größe der Chromosomen sind arttypisch.

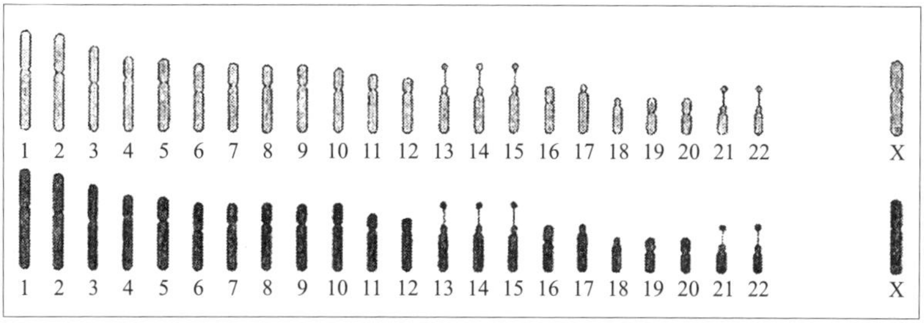

Chromosomensatz einer menschlichen Zelle (schematisch)

- Entscheiden Sie, welche Angaben für den abgebildeten Chromosomensatz zutreffend sind.
  a) Der abgebildete Chromosomensatz entspricht dem einer Körperzelle.
  b) Der abgebildete Chromosomensatz entspricht dem einer Geschlechtszelle.
  c) Der abgebildete Chromosomensatz entspricht dem eines Mannes.
  d) Der abgebildete Chromosomensatz entspricht dem einer Frau.
- Begründen Sie eine Ihrer Entscheidungen.
- Definieren Sie den Begriff Chromosomensatz. 5

6.5 Bei der Kreuzung zweier Meerschweinchen hat das Fell der Tiere folgende Beschaffenheit: LL – Langhaar/kk – Kurzhaar.
- Erstellen Sie das Kreuzungsschema bis zu F1-Generation.
- Geben Sie die Beschaffenheit des Fells in der F1-Generation an.
- Nennen Sie die zutreffende Mendelsche Regel.
- Formulieren Sie den Wortlaut dieser Regel. 6

Anhang

Überblick Erschließungsfelder

Vielfalt:	Gemeinsamkeiten und Unterschiede in den Merkmalen von Lebewesen
Bau und Funktion:	Zusammenhänge zwischen dem Bau von Körperteilen oder Organen und den entsprechenden Aufgaben
Angepasstheit:	Körpermerkmale und Verhaltensweisen von Lebewesen, die das Leben im Lebensraum ermöglichen
Information:	Fähigkeit der Lebewesen, Signale zu senden und darauf zu reagieren
Fortpflanzung:	Erzeugung von Nachkommen
Wechselwirkung:	Ursache-Wirkungs-Beziehungen im Lebewesen, zwischen Lebewesen sowie zwischen Lebewesen und ihrer Umwelt

Lösungen

6.1 *Ihnen sind vier verschiedene Arten von Körperzellen des Menschen vorgegeben. Wählen Sie eine davon aus, geben Sie an, welche Funktionen diese Zellen im Körper ausüben und begründen sie den dafür notwendigen speziellen Aufbau. Geben Sie danach für den Zellkern und die Mitochondrien jeweils eine Funktion an.*

Rote Blutzellen: Sie sind kreisrund, scheibenförmig und eingedellt, besitzen keinen Kern und sind von einer Membran umschlossen. Im Inneren enthalten sie den roten Blutfarbstoff Hämoglobin. Die roten Blutzellen haben die Aufgabe, den bei der Atmung aufgenommenen und an das Hämoglobin gebundenen Sauerstoff über das Blut zu den Organen zu transportieren.

Oder:
Weiße Blutzellen: Sie sind unregelmäßig geformt, besitzen einen Kern und bewegen sich amöboid, d. h., sie haben die Fähigkeit, Fremdkörper und eingedrungene Krankheitserreger zu umschließen und sie zu vernichten.

Nervenzellen: Sie bestehen aus dem Nervenzellkörper mit Dendriten (kurze Fortsätze) und dem Neuriten (langer Fortsatz), an dessen Ende sich Endknöpfchen (Synapsen) befinden. Nervenzellen nehmen Erregungen und Nervenimpulse auf, leiten sie weiter und übertragen sie an andere Nervenzellen.

Samenzellen: Sie bestehen aus einem Kopf und einem beweglichen Schwanzteil. Im Kopfteil befindet sich das Erbmaterial, das bei der Befruchtung einer Eizelle in diese hinein übertragen wird. Somit erhält der Embryo die genetischen Informationen beider Elternteile.

Zellbestandteil	Funktion
Zellkern	Steuerung aller Lebensfunktionen der Zelle und Träger der Erbinformation
Mitochondrium	„Kraftwerk" der Zelle, Bereitstellung der Energie durch die biologische Oxidation

6.2 *Sie erstellen selbständig das Frischpräparat vom Zwiebelhäutchen und fertigen eine mikroskopische Zeichnung an. Beschriften Sie zwei Teile Ihrer Zeichnung.*

Geräte und Chemikalien:
- Zwiebel (bevorzugt rot)
- Wasser
- Objektträger
- Deckgläschen
- Pinzette
- Präpariernadeln
- Rasierklinge
- Pipette
- Tuch

Durchführung:
1. Objektträger und Deckgläschen werden mit einem Tuch gesäubert.
2. Auf den Objektträger werden 1–2 Wassertropfen gegeben.
3. Mit der Rasierklinge wird die Innenseite einer Zwiebelschuppe vorsichtig eingeschnitten.
4. Die Zwiebelhaut wird mit der Pinzette vorsichtig abgehoben und in den Wassertropfen gegeben.
5. Nun wird das Deckgläschen seitlich am Rand des Objektes angelegt und langsam auf dem Objektträger abgelegt. Der Objektträger wird auf dem Objekttisch des Mikroskops befestigt. Jetzt erfolgt über den Triebknopf die Scharfstellung des Bildes.

Mit dem Bleistift werden einige Zellen des Bildausschnittes sauber und mit Anschlusszellen gezeichnet. Zwei Zellbestandteile sollen beschriftet werden.

Mikroskopische Zeichnung:

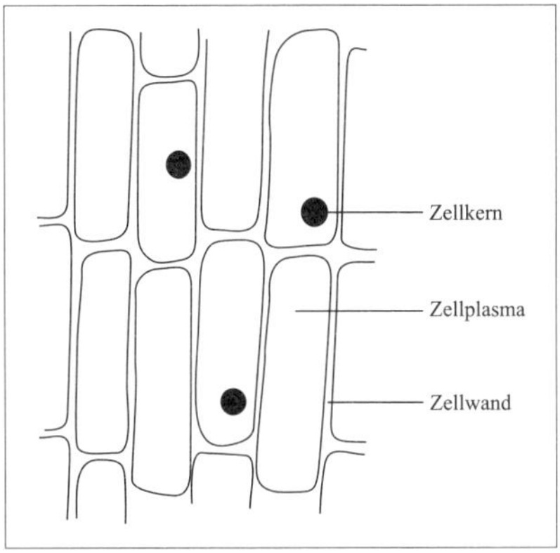

6.3 *Geben Sie sechs Baumerkmale der DNA an und schreiben Sie diese in vollständigen Sätzen auf. Nennen Sie eine Aufgabe, die von der DNA erfüllt wird.*

Die DNA ist wie eine in sich verdrehte Doppelspirale (Doppelhelix) aufgebaut, besteht aus den Bausteinen Phosphorsäure, Zucker und den organischen Basen Adenin (A), Thymin (T), Guanin (G) und Cytosin (C). Der Zucker, die Säure und eine Base bilden jeweils ein Nukleotid innerhalb der DNA.
Zwischen den Basen Adenin und Thymin sowie Guanin und Cytosin besteht jeweils eine Verbindung. Diese bezeichnet man als komplementäre Basenpaarung.

Die DNA ist ein biologischer Datenträger. Durch die Abfolge der Nukleotide (Nukleotidsequenz) ist die genetische Information des jeweiligen Lebewesens verschlüsselt und wird bei Wachstums- und Fortpflanzungsprozessen an die nächstfolgende Zellgeneration weitergegeben.

6.4 *Betrachten Sie die vorgegebene Abbildung genau. In welchen Zellen liegt diese Art von Chromosomenbild vor? Welchem Geschlecht lässt sich dieses Chromosomenbild zuordnen? Wählen Sie die richtigen Antwortalternativen aus. Erklären Sie für eine der Wahlmöglichkeiten, warum Sie sich für diese entschieden haben.*
Erklären Sie danach, was man unter dem Begriff Chromosomensatz versteht.

Für den abgebildeten Chromosomensatz treffen die Angaben **a** und **d** zu.

Angabe **a** ist richtig, weil hier ein doppelter Chromosomensatz mit 22 + 22 + X + X Chromosomen, also 46 Chromosomen vorliegt. Dies entspricht einer menschlichen Körperzelle.

Oder:
Angabe **d** ist richtig, weil im Chromosomensatz einer Frau neben den 22 Chromosomenpaaren noch ein X-Chromosomen-Paar vorhanden ist.

Ein **Chromosomensatz** ist die Gesamtheit der Chromosomen einer Zelle. Dieser kann einfach (= haploid) in Geschlechtszellen oder doppelt (= diploid) in den Körperzellen vorliegen. Die Anzahl der Chromosomen ist artspezifisch (von Art zu Art unterschiedlich).

6.5 *Fertigen Sie zuerst das Ihnen bekannte Kreuzungsschema an. Verwenden Sie die vorgegebenen Abkürzungen. Welche Art von Fell werden die Nachkommen in der F1-Generation besitzen? Nach welchem Mendelschen Gesetz ist diese Kreuzung verlaufen? Geben Sie den Namen des Gesetzes und seinen Inhalt an.*

P	LL		kk	
Ph	Langhaar		Kurzhaar	
G	reinerbig		reinerbig	
K	L	L	k	k

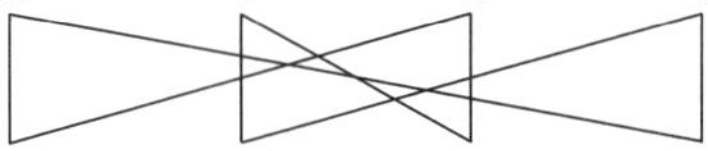

F1	Lk	Lk	Lk	Lk
Ph	Langhaar	Langhaar	Langhaar	Langhaar
G	mischerbig			

Das Fell der Tiere in der F1-Generation muss langhaarig sein, weil die Beschaffenheit „Langhaar“ in der Elterngeneration dominant gegenüber der Beschaffenheit „Kurzhaar“ (rezessiv) auftritt.

Diese Erbfolge beruht auf dem **1. Mendelschen** Gesetz, dem **Uniformitätsgesetz**. Dieses lautet: Kreuzt man zwei Individuen, die in einem Merkmal unterschiedlich, aber jeweils reinerbig sind, so sind die Nachkommen der 1. Tochtergeneration in diesem Merkmal untereinander gleich (Uniformitätsgesetz).

Pflichtaufgabe 1: Ernährung und Verdauung

BE

1.1 Der Lehrer demonstriert Ihnen ein Experiment zur Wasserlöslichkeit von Traubenzucker und Stärke.
- Notieren Sie Ihre Beobachtungen.
- Erklären Sie mithilfe Ihrer Beobachtungen einen Vorteil der Aufnahme von Traubenzucker bei körperlicher Belastung. 3

1.2 Ein Mensch nimmt im Verlaufe seines Lebens ungefähr 30 Tonnen feste und ca. 50 000 Liter flüssige Nahrung zu sich. Das Verdauungssystem entzieht der Nahrung die für den Stoffwechsel benötigten Stoffe.

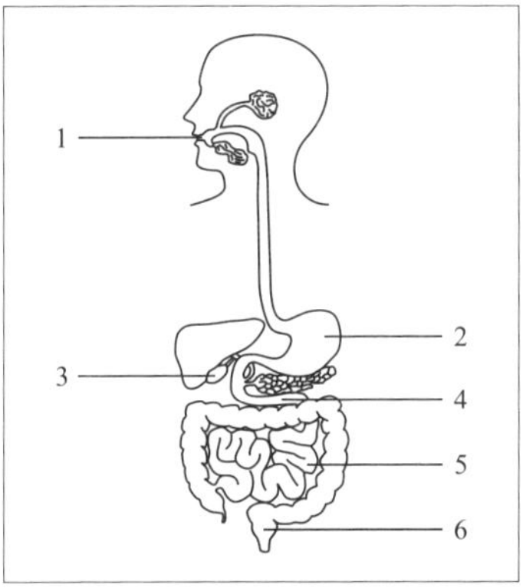

- Benennen Sie vier der in der Abbildung gekennzeichneten Teile des Verdauungssystems.
- Erläutern Sie am Beispiel eines der in der Abbildung gekennzeichneten Teile den Zusammenhang zwischen Bau und Funktion. 4

Verdauungssystem (schematisch)

1.3 Bei der Verdauung sind verschiedene Verdauungsenzyme (z. B. Maltase und Erepsin) beteiligt.

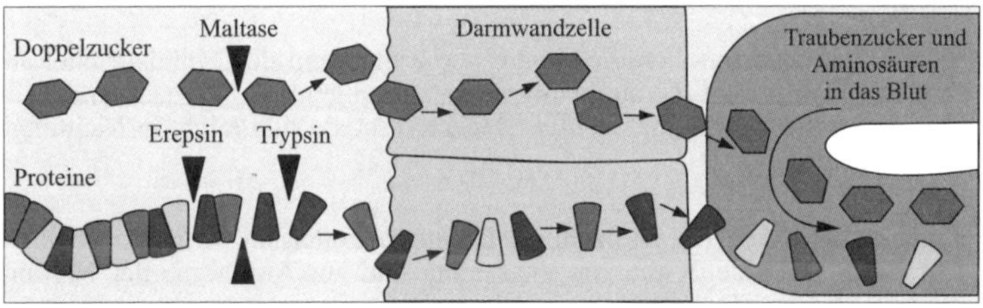

Enzymwirkung (schematisch)
Quelle: Bergau, M., Beck, J., Gehlhaar, K.-H.: Umwelt Biologie 7–10; Klett, 1992

- Begründen Sie anhand der Abbildung die Notwendigkeit von Enzymen für den Verdauungsprozess. 2

Lösungen

1.1 *Beobachten Sie das vom Lehrer gezeigte Experiment genau und schreiben Sie auf, was Sie wahrnehmen.*
Welchen Vorteil hat die Aufnahme von Traubenzucker gegenüber der Aufnahme von Stärke, wenn der Körper rasch Energie benötigt?

Beobachtungen:
Reagenzglas A: Ein weißes Pulver wird ins Wasser gegeben und ist kurz darauf nicht mehr sichtbar, d. h., es hat sich im Wasser vollständig aufgelöst.
Reagenzglas B: Ein weißes Pulver wird ins Wasser gegeben und lagert sich als Bodensatz ab. Die Lösung wird trüb. Das bedeutet, dass sich das Pulver nicht im Wasser aufgelöst hat.
Die Substanz im Reagenzglas A muss **Traubenzucker** sein. Im Glas B befindet sich demzufolge **Stärke**.

Durch das Experiment wurde bewiesen, dass der Traubenzucker als Einfachzucker leicht löslich ist. Das bedeutet, dass er bei der Nahrungsaufnahme bereits im Mund mithilfe des Mundspeichels aufgelöst wird und somit sehr schnell in den Darm und von dort in die Blutbahn gelangen kann. Deshalb ist Traubenzucker im Gegensatz zu Stärke als schneller Energielieferant bei Belastung sehr gut geeignet.

1.2 *Sie sehen eine schematische Abbildung des Verdauungssystems. Geben Sie für vier der sechs markierten Teile den Namen an. Wählen Sie einen Teil aus und erklären Sie, warum dieser seine Funktion nur durch seinen speziellen Bau erfüllen kann.*

Teile des Verdauungssystems:
1: Mundhöhle
2: Magen
3: Gallenblase
4: Zwölffingerdarm

Oder:
5: Dünndarm
6: Mastdarm

In der Mundhöhle befinden sich die Zunge, die Zähne und der Mundspeichel aus den Speicheldrüsen. Damit wird die aufgenommene Nahrung auf Geschmack und Temperatur getestet, zerkleinert und angefeuchtet. Danach lässt sie sich leicht in Richtung Speiseröhre abschlucken.

Oder:
Der Dünndarm hat durch die Vielzahl an Dünndarmzotten an seiner Innenwand eine stark vergrößerte Oberfläche, die zur Verdauung und zur Aufnahme der Nahrungsbestandteile ins Blut dient (Resorption).

1.3 *Betrachten Sie die Abbildung genau. Wozu werden Enzyme im Verdauungsprozess gebraucht?*

Enzyme sind chemische Wirkstoffe, die zur Zerlegung der Nahrung in ihre Grundbausteine benötigt werden. Für jeden Grundnährstoff gibt es im Körper spezielle Enzyme.
Die Aufnahme der Grundbausteine (die Resorption) ins Blut erfolgt im Dünndarm über die Dünndarmzotten. Über den Blutstrom werden sie dann zu den Orten ihres Verbrauchs transportiert.

Realschulabschluss 2010 Biologie (Sachsen)
Pflichtaufgabe 2: Angepasstheit der Wirbeltiere an ihre Lebensräume

BE

2.1 Fische stellen die älteste und artenreichste Wirbeltierklasse dar. Die Fische sind an den Lebensraum Wasser angepasst.

Bachforelle

- Wenden Sie das Erschließungsfeld Angepasstheit (siehe Anhang) an einem Sachverhalt auf die Bachforelle an. 2

2.2 Grasfrosch und Zauneidechse besiedeln verschiedene Lebensräume.
- Übertragen Sie die folgende Tabelle in Ihre Arbeit und ergänzen Sie diese. 3

Lebewesen	**Grasfrosch**	**Zauneidechse**
Lebensraum	–	–
Körperbedeckung	–	–
Atmungsorgane	– –	–

2.3 Die Vordergliedmaßen von Maulwurf und Taube sind Organe mit gleichem stammesgeschichtlichen Ursprung, die durch Veränderungen in Bau und Funktion an den Lebensraum angepasst sind.

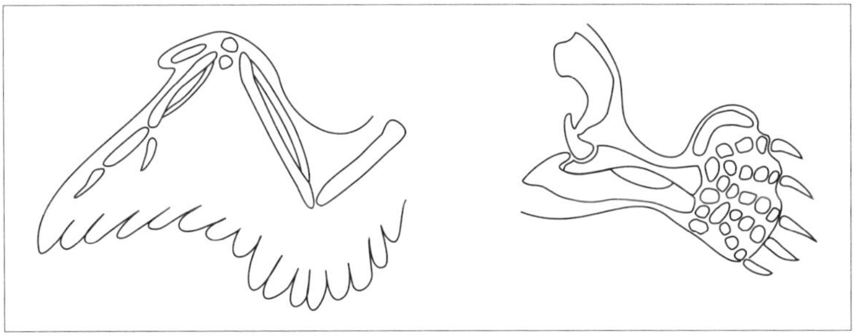

Vordergliedmaßen von Taube und Maulwurf (schematisch)

- Wie bezeichnet man solche Organe?
- Vergleichen Sie den Bau der Vordergliedmaßen, indem Sie zwei Gemeinsamkeiten und zwei Unterschiede angeben. 3

Anhang

Überblick Erschließungsfelder

Vielfalt:	Vorhandensein von Gemeinsamkeiten und Unterschieden in den Merkmalen Bau, Funktion, Verhalten von Lebewesen sowie deren Lebensräumen
Bau und Funktion:	Zusammenhänge zwischen dem Bau von Körperteilen oder Organen und deren entsprechenden Aufgaben
Angepasstheit:	Merkmale von Lebewesen, die das Leben in einem bestimmten Lebensraum ermöglichen
Information:	Fähigkeit der Lebewesen, Signale zu senden und auf Signale zu reagieren
Fortpflanzung:	Geschlechtliche und ungeschlechtliche Erzeugung von Nachkommen
Wechselwirkung:	Ursache-Wirkungs-Beziehungen im Lebewesen, zwischen Lebewesen sowie zwischen Lebewesen und ihrer Umwelt

Lösungen

2.1 *Lesen Sie im Anhang den Text zum Erschließungsfeld Angepasstheit. Durch welche Merkmale ist ein Fisch optimal an den Lebensraum Wasser angepasst?*

Angepasstheit bedeutet, dass sich bei Lebewesen Merkmale in Bau und Verhalten entwickelt haben, die ihnen eine Existenz im jeweiligen Lebensraum ermöglichen.

Die Bachforelle lebt in schnell fließenden, klaren Bächen. Sie kann durch ihre **Kiemen** den im Wasser gelösten Sauerstoff aufnehmen und ist damit an das Leben im Wasser angepasst.

Oder:
Ihre **Flossen** ermöglichen der Bachforelle eine effektive Fortbewegung im Wasser.

Durch Ihren **stromlinienförmigen Körperbau** kann sich die Bachforelle ohne großen Widerstand im Wasser fortbewegen.

2.2 *Nachdem Sie die Aufgabenstellung gründlich gelesen haben, übertragen Sie die vorgegebene Tabelle in Ihre Prüfungsarbeit und ergänzen die fehlenden Angaben. Die Anzahl der Spiegelstriche gibt die Zahl der erwarteten Stichpunkte an.*

Lebewesen	**Grasfrosch**	**Zauneidechse**
Lebensraum	– Wiesen, Gewässernähe (Feuchtlufttier)	– trockene Gras- und Buschgebiete, sonnige, warme Plätze (Trockenlufttier)
Körperbedeckung	– feuchte, schleimige, drüsenreiche Haut	– trockene Haut mit Hornschuppen
Atmungsorgane	– relativ einfach gebaute Lungen, – Haut	– stärker gekammerte Lungen

2.3 *Betrachten Sie die Abbildungen. Wie werden solche Organe genannt? Nennen Sie zwei Gemeinsamkeiten und zwei Unterschiede.*

Die abgebildeten Organe werden als **homologe Organe** bezeichnet.

Gemeinsamkeiten	**Unterschiede**
– gleiche Bestandteile (Oberarm-, Unterarm-, Mittelhand- und Fingerknochen) – gleiche Anordnung der Knochen	– Anzahl der Knochen – bauliche Unterschiede in Größe und Form

Realschulabschluss 2010 Biologie (Sachsen)
Pflichtaufgabe 3: Grundlagen der Genetik

BE

3.1 Im 19. Jahrhundert legte der Augustinermönch Gregor Johann Mendel durch seine Kreuzungsexperimente mit Gartenerbsen den Grundstein der modernen Genetik. Aus seinen Versuchen leitete er Gesetzmäßigkeiten ab, die heute als Mendelsche Regeln bezeichnet werden.
- Formulieren Sie den Wortlaut der ersten oder zweiten Mendelschen Regel.
- Geben Sie eine praktische Bedeutung der Mendelschen Regeln an. 3

3.2 Erst durch die Erfindung des Mikroskops war es möglich, den Feinbau von Zellen zu erforschen. So entdeckte man im 19. Jahrhundert im Zellkern die Chromosomen.
- Benennen Sie zwei der in der Abbildung gekennzeichneten Teile eines Chromosoms.
- Nennen Sie eine Funktion der Chromosomen. 2

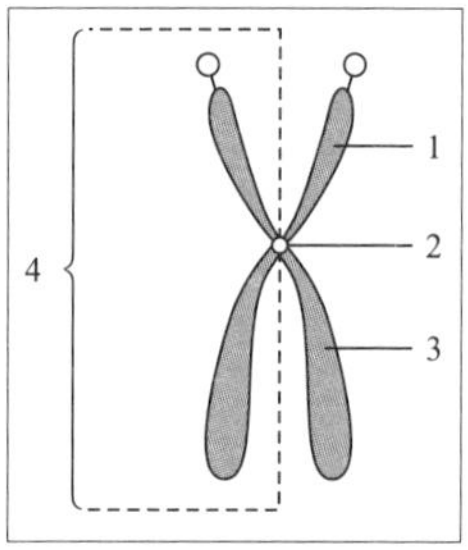

Chromosom
(schematisch)

3.3 Veränderungen in der Anzahl, der Größe oder der Form der Chromosomen haben meist Krankheiten zur Folge. Lesen Sie dazu den Text und beantworten Sie die nachfolgenden Aufgaben.

> Einem Arzt wurde ein Mädchen vorgestellt, das unter anderem zu extremen Stimmungsschwankungen neigte. Zunächst war dieser Arzt ziemlich ratlos, weil die Symptome zu keiner Krankheit zu passen schienen. Aufgrund der Familiengeschichte vermutete der Arzt, dass das Mädchen an Chorea Huntington erkrankt sein könnte. Diese Krankheit bricht in der Regel erst mit dem 30. bis 60. Lebensjahr aus. Die Erkrankten sind aggressiv, reizbar und ängstlich. Es treten unkontrollierte Bewegungen der Gliedmaßen sowie anderer Körperteile auf.
> Die Patienten verlieren ihre geistigen Fähigkeiten und sterben häufig nach ca. 15 Jahren. Diese Krankheit gehört zu den häufigsten erblichen Nervenkrankheiten. Ursache dieser Erkrankung ist ein Gendefekt auf Chromosom 4. Ein Abschnitt des Gens, das die Information zur Herstellung eines bestimmten Eiweißes enthält, wiederholt sich bei kranken Menschen häufiger als bei gesunden Menschen. Dadurch produziert die Zelle ein anderes Eiweiß, das wie ein Gift auf die Nervenzellen wirkt. Je häufiger sich diese Wiederholungen ereignen, desto früher tritt diese Erkrankung auf.

- Nennen Sie zwei typische Symptome (Erscheinungen) dieser Krankheit.
- Beschreiben Sie einen Zusammenhang zwischen der Krankheitsursache und der Schädigung des Gehirns. 3

Lösungen

3.1 *Schreiben Sie den Wortlaut einer der genannten Mendelschen Regeln auf. Wo finden diese Regeln Anwendung und wo wird nach ihnen gearbeitet? Geben Sie eine praktische Bedeutung an.*

1. Mendelsche Regel (Uniformitätsregel):
Kreuzt man zwei Individuen, die in einem Merkmal unterschiedlich, aber jeweils reinerbig sind, so sind die Nachkommen der 1. Tochtergeneration in diesem Merkmal untereinander gleich.

Oder:
2. Mendelsche Regel (Spaltungsregel):
Kreuzt man die Individuen der 1. Tochtergeneration miteinander, so spalten sich die Nachkommen der 2. Tochtergeneration in Bezug auf die Merkmale der Eltern in festen Zahlenverhältnissen auf.

Die Gesetze haben praktische Bedeutung in der **Tier- und Pflanzenzucht**. Mit ihrer Hilfe werden Voraussagen über Art und Qualität der Nachkommen getroffen.

Oder:
Bei der **humangenetischen Beratung** werden Paare, die sich mit der Familienplanung beschäftigen bzw. ein Kind erwarten, über mögliche Erkrankungsrisiken ihrer Nachkommen informiert. Die Erkrankungswahrscheinlichkeiten für einige Erbleiden können mithilfe der Mendelschen Regeln bestimmt werden.

3.2 *Betrachten Sie die schematische Abbildung des Chromosoms und beschriften Sie zwei der angegebenen Teile. Geben Sie eine Aufgabe an, die die Chromosomen erfüllen.*

Bau des Chromosoms:
1: kurzer Arm
2: Zentromer

Oder:
3: Langer Arm
4: Halbchromosom

Chromosomen sind die Träger der **Erbinformation**. Diese ist in Form der DNS verschlüsselt und wird bei den Zellteilungsvorgängen weitergegeben.

3.3 *Lesen Sie aufmerksam den Text. Geben Sie dann zwei Krankheitserscheinungen (Symptome) der Krankheit an. Welche Ursache hat die Erkrankung? Wodurch wird die Schädigung des Gehirns verursacht?*

Symptome der Chorea Huntington-Krankheit sind:
- unkontrollierte Bewegungen der Gliedmaßen sowie anderer Körperteile
- Verlust der geistigen Fähigkeiten

Oder:
- extreme Stimmungsschwankungen, Aggressivität, Reizbarkeit und Angst

Die Ursache der Krankheit ist ein Gendefekt auf Chromosom 4. Ein Abschnitt des Gens wiederholt sich häufiger als im Normalfall. Beim Kranken wird dadurch ein verändertes Eiweiß hergestellt, das als Nervengift wirkt und somit das Zentralnervensystem schädigt.

Realschulabschluss 2010 Biologie (Sachsen)
Wahlaufgabe 4: Das Blut – ein unentbehrlicher Saft

BE

4.1 Bei einem Skiunfall stürzt Andreas und sofort tritt stoßweise Blut aus dem linken Unterschenkel. Nun ist schnelle Hilfe erforderlich.
- Geben Sie die verletzte Blutgefäßart an.
- Wenden Sie das Erschließungsfeld Bau und Funktion (siehe Anhang) auf eine Blutgefäßart an.
- Nennen Sie zwei Maßnahmen der Ersten Hilfe, die bei diesem Unfall notwendig sind. 4

4.2 Betrachtet man das Blut bei 1 000facher Vergrößerung unter dem Mikroskop, so wird deutlich, dass im Blut verschiedene Bestandteile enthalten sind.

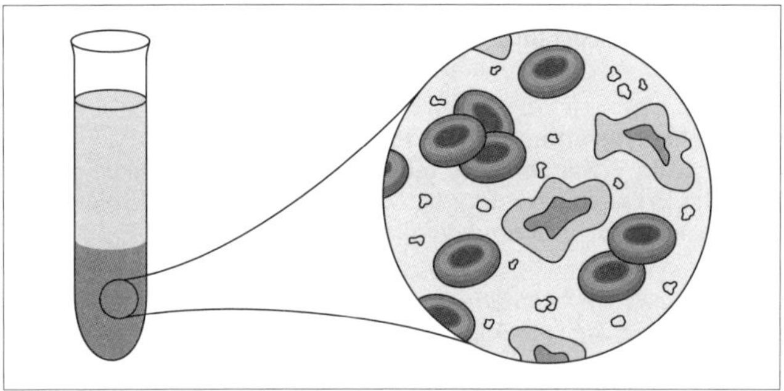

Blutprobe und Blutbestandteile mikroskopisch (schematisch)

- Übertragen Sie den Lückentext in Ihre Aufzeichnungen und ergänzen Sie die fehlenden Fakten. 3

Ein erwachsener Mensch hat ca. 6–8 Liter Blut in seinem Körper. Insgesamt besteht das Blut zu etwa 56 % aus Blutplasma und zu __________ % aus Blutzellen. Man unterscheidet dabei die roten Blutzellen, die weißen Blutzellen und die __________. Die roten Blutzellen haben die Aufgabe __________ zu transportieren. Die weißen Blutzellen sind für die __________ verantwortlich. Das Blutplasma besteht zu 90 % aus __________ sowie den darin gelösten Stoffen und dient dem __________.

4.3 Das Blut kann seine Aufgabe nur erfüllen, wenn es in alle Teile des Körpers transportiert wird. Angetrieben wird der Blutstrom durch das Herz.

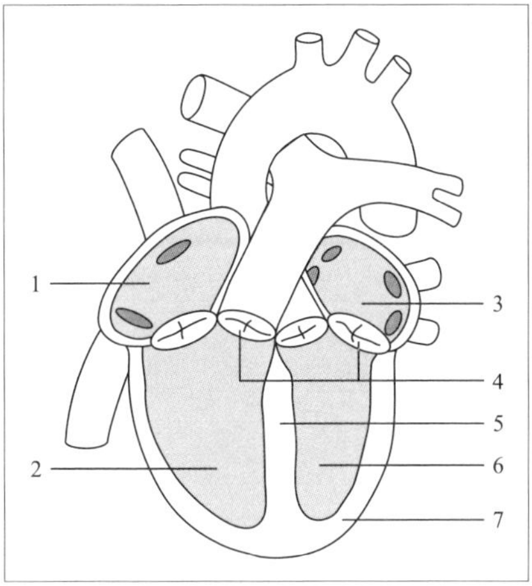

Längsschnitt durch das Herz (schematisch)

- Benennen Sie vier der in der Abbildung gekennzeichneten Teile des Herzens.
- Begründen Sie eine Maßnahme, wie Sie persönlich zur Gesunderhaltung Ihres Herz-Kreislaufsystems beitragen können. 4

4.4 Nach größeren Verkehrsunfällen, bei langen Operationen oder schweren Erkrankungen benötigen die Betroffenen oft eine Bluttransfusion.

Hinweis auf Blutspende

- Erklären Sie, warum nur blutgruppengleiches Blut übertragen werden darf.
- Geben Sie zwei Gründe an, warum immer wieder zu Blutspenden aufgerufen wird. 3

4.5 Blut ist eine der Flüssigkeiten, durch die HI-Viren übertragen werden können. Die folgende Tabelle zeigt Ihnen die Zahlen der neu diagnostizierten HIV-Infektionen der letzten 10 Jahre in Deutschland.

Jahr	**Zahl der neu diagnostizierten HIV-Infektionen**
1998	1924
1999	1746
2000	1689
2001	1443
2002	1719
2003	1977
2004	2223
2005	2505
2006	2663
2007	2775
2008	2826

- Stellen Sie die Werte der Tabelle in einem Kurvendiagramm grafisch auf Millimeterpapier dar.
- Werten Sie das Kurvendiagramm aus.
- Notieren Sie zwei mögliche Ursachen für die Entwicklung nach dem Jahr 2001. 6

4.6 Wissenschaftler arbeiten weltweit an einem Impfstoff gegen AIDS. Gegen andere Krankheiten gibt es bereits geeignete Impfstoffe. In der Bilderfolge wird der Verlauf der Heilimpfung (passive Immunisierung) dargestellt.

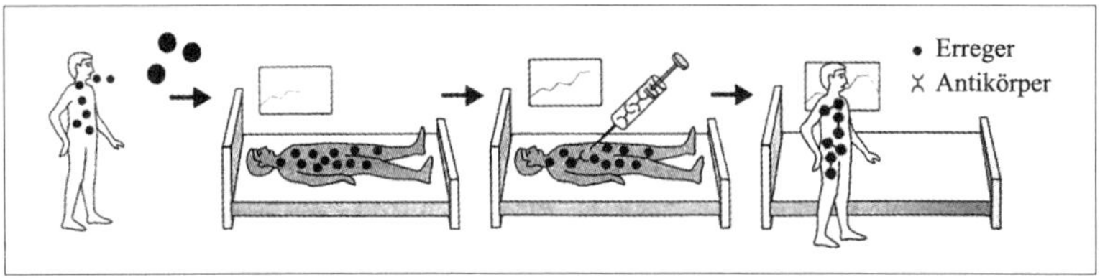

Bilderfolge Heilimpfung
Quelle: Starke, A.: Erlebnis Biologie 7, Sachsen; Schroedel, 2005

- Beschreiben Sie den dargestellten Verlauf einer Heilimpfung in einem zusammenhängenden Text unter Verwendung folgender Begriffe: Krankheit, Infektion, Genesung, Impfung, Antikörper, Erreger.
- Geben Sie einen Unterschied zwischen Heilimpfung (passive Immunisierung) und Schutzimpfung (aktive Immunisierung) an.
- Begründen Sie an einem Sachverhalt, weshalb trotz Impfung immer noch Menschen an Infektionskrankheiten sterben. 5

Anhang

Überblick Erschließungsfelder

Vielfalt:	Vorhandensein von Gemeinsamkeiten und Unterschieden in den Merkmalen Bau, Funktion, Verhalten von Lebewesen sowie deren Lebensräumen
Bau und Funktion:	Zusammenhänge zwischen dem Bau von Körperteilen oder Organen und deren entsprechenden Aufgaben
Angepasstheit:	Merkmale von Lebewesen, die das Leben in einem bestimmten Lebensraum ermöglichen
Information:	Fähigkeit der Lebewesen, Signale zu senden und auf Signale zu reagieren
Fortpflanzung:	Geschlechtliche und ungeschlechtliche Erzeugung von Nachkommen
Wechselwirkung:	Ursache-Wirkungs-Beziehungen im Lebewesen, zwischen Lebewesen sowie zwischen Lebewesen und ihrer Umwelt

Lösungen

4.1 *Lesen Sie sich den Aufgabentext genau durch. Aus der Beschreibung ergibt sich, welche Art von Blutgefäß verletzt ist. Welche baulichen Besonderheiten hat ein von Ihnen gewähltes Blutgefäß zur Erfüllung seiner speziellen Aufgaben?*
Was müssten Sie tun, wenn Sie bei diesem Unfall Erste Hilfe leisten würden? Nennen Sie zwei der notwendigen Maßnahmen.

Bei dem verletzten Blutgefäß handelt es sich um die **Beinarterie**.
Arterien sind Blutgefäße mit starken, muskulösen Wänden. Diese benötigen sie, da sie (sauerstoffreiches) Blut führen, das mit großem Druck vom Herzen zu den Organen gepumpt wird.

Erste Hilfe-Maßnahmen sind:
- Anlegen eines Druckverbandes
- leicht erhöhte Lagerung des verletzten Beines

Oder:
- Kontrolle der Reaktionen des Verletzten und Ablenkung vom Unfall durch beruhigende Worte

4.2 *Die schematische Darstellung zeigt Blut mit seinen Bestandteilen. Übernehmen Sie den Lückentext vollständig in Ihre Prüfungsarbeit.*

> Ein erwachsener Mensch hat ca. 6 – 8 Liter Blut in seinem Körper. Insgesamt besteht das Blut zu etwa 56 % aus Blutplasma und zu **44 %** aus Blutzellen. Man unterscheidet dabei die roten Blutzellen, die weißen Blutzellen und die **Blutplättchen**. Die roten Blutzellen haben die Aufgabe **Sauerstoff** zu transportieren. Die weißen Blutzellen sind für die **Abwehr von Krankheitserregern / Immunreaktion** verantwortlich. Das Blutplasma besteht zu 90 % aus **Wasser** sowie den darin gelösten Stoffen und dient dem **Stofftransport**.

4.3 *Betrachten Sie die schematische Darstellung des Herzens genau. Geben Sie für vier der sieben Teile die exakte Bezeichnung an. Was können Sie persönlich tun, um Ihr Herz-Kreislauf-System gesund zu erhalten? Begründen Sie eine Maßnahme.*

Bau des Herzens:
1: rechter Vorhof
2: rechte Herzkammer
3: linker Vorhof
4: Herzklappen

Oder:
5: Kammerscheidewand
6: linke Herzkammer
7: Herzmuskelwand

Eine Maßnahme zur Gesunderhaltung meines Herz-Kreislauf-Systems ist eine **ausgewogene Ernährung**, mit der Übergewicht vermieden werden kann. Denn bei übergewichtigen Menschen muss das Herz stärker arbeiten und die Gefahr der Überlastung steigt.

Oder:
Durch **ausreichend Bewegung** und sportliche Aktivitäten trainiere ich meinen Herzmuskel, der das Blut mit dem Sauerstoff aus der Lunge zu den Organen transportiert. Außerdem verhindere ich dadurch Fettablagerungen in meinen Blutgefäßen, die zu Infarkten führen können.

4.4 *Legen Sie in ganzen Sätzen dar, weshalb einem Patienten nur Spenderblut seiner eigenen Blutgruppe übertragen werden darf. Weshalb fordern die Blutspendedienste die Menschen immer wieder zur Blutspende auf? Nennen Sie zwei Gründe dafür.*

Es darf stets nur blutgruppengleiches Blut übertragen werden, da das Blut der verschiedenen Gruppen spezifische **Antikörper** sowie mit bestimmten Oberflächenmerkmalen (**Antigenen**) ausgestattete rote Blutzellen aufweist, die sich mit den roten Blutzellen bzw. mit den Antikörpern der anderen Blutgruppe verklumpen können. Dies kann letztlich zum Tod führen.

Die regelmäßige Blutspende von mindestens 18-jährigen Menschen ist wichtig und notwendig, weil für Unfallpatienten oder bei großen Operationen viele Blutkonserven benötigt werden.
Vor allem Patienten mit seltenen Blutgruppen sind darauf angewiesen, dass möglichst viele Menschen Blut spenden, damit im Notfall genügend Spenderblut vorhanden ist.

4.5 *Nehmen Sie Ihr Millimeterpapier und zeichnen Sie die Achsen sinnvoll ein. Benennen Sie die Achsen und übernehmen Sie die Werte in das Koordinatensystem. Verbinden Sie die Punkte anschließend zu einer Kurve.*
Was sagt diese Kurve aus? Was können Sie ablesen? Welche Ursachen gibt es für den Kurvenverlauf? Zwei mögliche Ursachen sollen notiert werden.

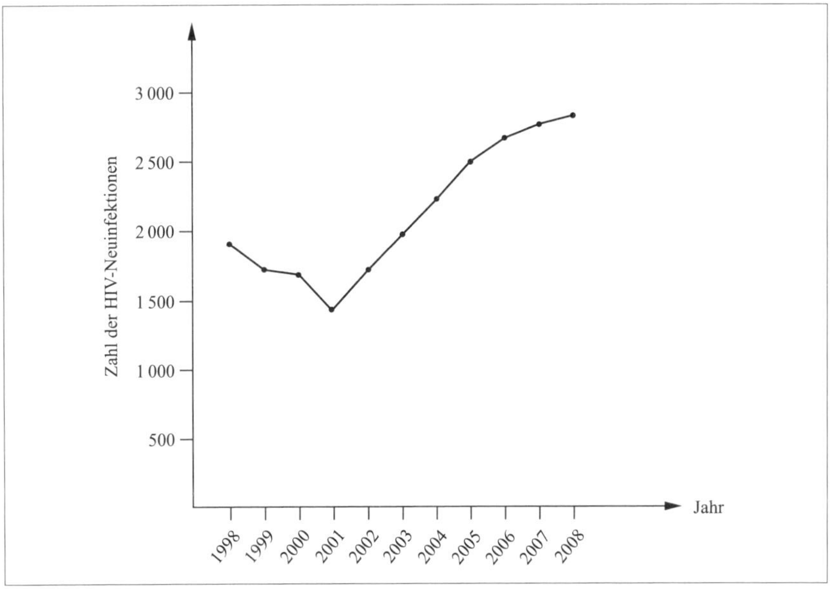

Die Kurve zeigt die Anzahl der HIV-Neuinfektionen in den Jahren 1998 bis 2008. Nach einer Abnahme der Zahl der Neuinfektionen mit dem niedrigsten Wert im Jahr 2001 ist ein stetiger Anstieg zu erkennen. Bis zum Jahr 2008 hat sich die Zahl der Neuinfektionen mit dem Virus fast verdoppelt.

Eine Ursache für diese Veränderungen könnte eine mangelnde Wahrnehmung des Infektionsrisikos sein. Auf dem Markt vorhandene Medikamente verleiten, obwohl sie keine

ilung der Krankheit ermöglichen, eventuell zu einem zu sorglosen Umgang mit mög-lichen Gefahrenquellen wie z. B. dem ungeschützten Geschlechtsverkehr.
Als weitere Ursache wäre denkbar, dass die Zahl der Bluttransfusionen ansteigt. Besonders im Ausland besteht das Risiko, sich durch nicht ausreichend kontrolliertes Blut zu infizieren.

4.6 *Betrachten Sie die Bildfolge und beschreiben Sie diese in einem zusammenhängenden Text. Verwenden Sie die vorgegebenen Wörter in der richtigen Reihenfolge.*
Nennen Sie einen Unterschied zwischen Heil- und Schutzimpfung und begründen Sie anhand eines Sachverhalts, warum Impfungen nicht immer möglich bzw. wirksam sind.

Ein Mensch hat sich mit Krankheits**erregern** infiziert. Diese befinden sich nun in seinem Körper und breiten sich aus *(Bild 1)*. Die **Erreger** schwächen den Menschen und zwingen ihn ins Bett. Die **Krankheit** ist ausgebrochen *(Bild 2)*. Möglicherweise weil sein Organismus die **Infektion** nicht aus eigener Kraft bekämpfen kann, erhält er eine Serum**impfung** mit **Antikörpern** (passive Immunisierung) gegen die **Erreger** *(Bild 3)*. Die Antikörper machen die **Erreger** unschädlich. Die **Genesung** setzt ein und dem Patienten geht es wieder besser. Er wird gesund und kann das Bett wieder verlassen *(Bild 4)*.

Aktive Immunisierung	**Passive Immunisierung**
Schutzimpfung; Der gesunde Körper erhält wenige abgeschwächte oder abgetötete Erreger, die ihn zur aktiven Bildung der entsprechenden Antikörper anregen.	Serumimpfung; Der erkrankte Körper erhält direkt die entsprechenden Antikörper, die zur Bekämpfung der Erreger geeignet sind.

Infektionskrankheiten sind trotz Impfung unter Umständen noch immer tödlich, weil immer wieder neue Formen der Erkrankungen durch Mutationen der Erreger auftreten, für die keine geeigneten Impfstoffe vorbereitet werden können.

BE

5.1 Die biologische Vielfalt zeigt sich nicht nur bei Lebewesen unterschiedlicher Arten, sondern auch bei den Nachkommen eines Elternpaares.
- Nennen Sie einen Evolutionsfaktor, der Veränderungen des Erbguts bewirkt.
- Erklären Sie an einem Sachverhalt, weshalb die Vielfalt der Nachkommen eine Voraussetzung für das Überleben von Arten ist. 3

5.2 Es gibt verschiedene Evolutionstheorien. Die nachfolgende Abbildung verdeutlicht die Vorstellung über die Entstehung von langhalsigen Giraffen nach der Theorie Darwins.

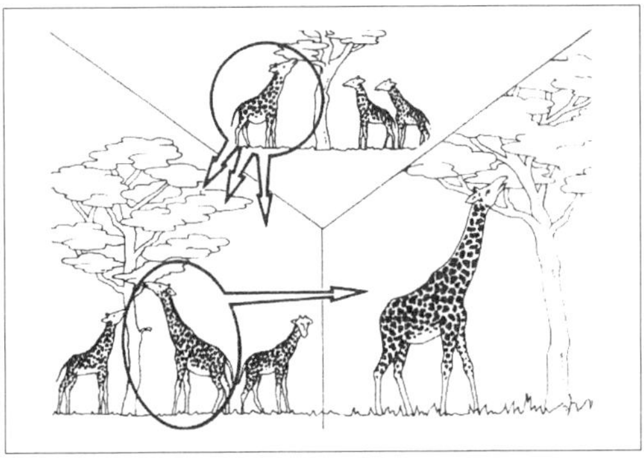

Entstehung einer langhalsigen Giraffenart aus einer kurzhalsigen Giraffenart

- Definieren Sie den Begriff Evolution.
- Beschreiben Sie das Zusammenwirken von zwei Evolutionsfaktoren am Beispiel der Abbildung. 5

5.3 Die ersten Wirbeltiere entwickelten sich im Verlauf der Evolution im Wasser. Heute findet man Wirbeltiere in fast allen Lebensräumen.
- Notieren Sie die fünf Wirbeltierklassen in der Reihenfolge ihrer stammesgeschichtlichen Entstehung.
- Erstellen Sie für eine Wirbeltierklasse eine Übersicht (z. B. Mind-Map, Tabelle, Steckbrief) mit folgender Gliederung: Atmungsorgane, Körperbedeckung, Körpertemperatur, Befruchtungsart. 5

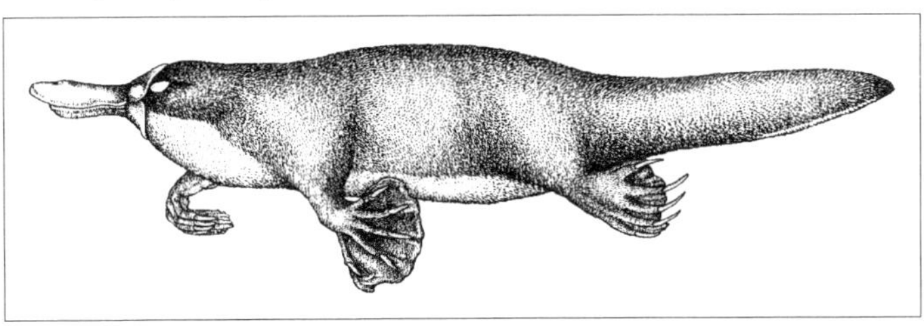

Schnabeltier

– Ordnen Sie dem Schnabeltier zwei zutreffende Aussagen aus der nachfolgenden Aufzählung zu.
  a) Es ist ein Schwimmvogel.
  b) Es kann sich im Wasser fortbewegen.
  c) Es kann Erdhöhlen graben.
  d) Es ist ein Fleischfresser.
  e) Es hat einen stromlinienförmigen Körper.
– Begründen Sie Ihre Entscheidungen. 7

5.4 Die heutigen Wale entwickelten sich aus wolfsgroßen, landlebenden Raubtieren. Während des Übergangs vom Land in den Lebensraum Wasser veränderten sich der Körperbau und das Verhalten der Wale.

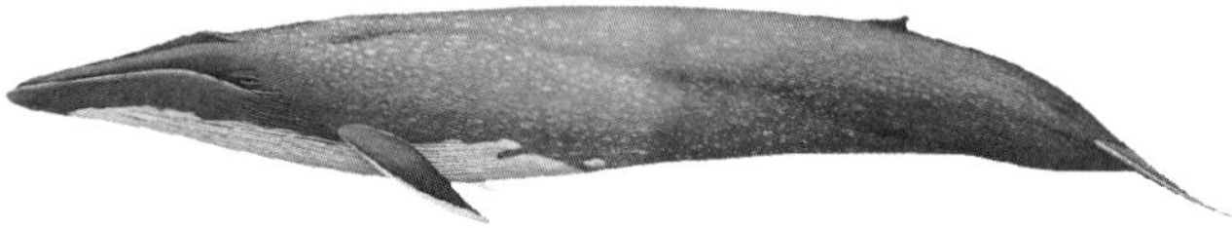

Blauwal

– Nennen Sie zwei abiotische Umweltfaktoren, die auf Wale einwirken.
– Beschreiben Sie einen Zusammenhang zwischen Bau und Funktion am Beispiel des Bartenwals. Nutzen Sie dazu das Erschließungsfeld Bau und Funktion (siehe Anhang).
– Erklären Sie, weshalb die Reste des Beckengürtels des Bartenwales rudimentäre Organe sind. 5

5.5 Auch bei den Menschen zeigt sich eine große Vielfalt im Aussehen und Verhalten. Dennoch gehören alle heute lebenden Menschen einer Art an.
– Geben Sie zwei Fakten an, welche die gemeinsame Artzugehörigkeit aller heutigen Menschen belegen.
– Beschreiben Sie am Beispiel des Menschen einen Zusammenhang zwischen einem Körpermerkmal und dem Klima im Lebensraum.
– Erläutern Sie ein globales Problem, welches die Menschen lösen müssen, um ihre Lebensgrundlage zu erhalten. 5

Anhang

Überblick Erschließungsfelder

Vielfalt:	Vorhandensein von Gemeinsamkeiten und Unterschieden in den Merkmalen Bau, Funktion, Verhalten von Lebewesen sowie deren Lebensräumen
Bau und Funktion:	Zusammenhänge zwischen dem Bau von Körperteilen oder Organen und deren entsprechenden Aufgaben
Angepasstheit:	Merkmale von Lebewesen, die das Leben in einem bestimmten Lebensraum ermöglichen
Information:	Fähigkeit der Lebewesen, Signale zu senden und auf Signale zu reagieren
Fortpflanzung:	Geschlechtliche und ungeschlechtliche Erzeugung von Nachkommen
Wechselwirkung:	Ursache-Wirkungs-Beziehungen im Lebewesen, zwischen Lebewesen sowie zwischen Lebewesen und ihrer Umwelt

Lösungen

5.1 *Was verändert das Erbgut? Nennen Sie einen Evolutionsfaktor.*
Erklären sie an einem Beispiel warum Arten nur überleben können, wenn es eine große Vielfalt an Nachkommen gibt.

Evolutionsfaktoren:
- Mutation

Oder:
- Neukombination
- Isolation
- Selektion

Voraussetzung für das dauerhafte Überleben von Arten ist die Fähigkeit, sich an den jeweiligen Lebensraum anpassen und auf Veränderungen reagieren zu können. Aus diesem Grund ist es wichtig, dass die Nachkommen in ihren Merkmalen variieren, damit bei Veränderungen des Lebensraums zumindest ein Teil der Art den veränderten Bedingungen standhalten kann. Beispielsweise könnte eine räuberische Art, deren Beuteart ausstirbt, dadurch überleben, dass einige Individuen in der Lage sind, eine andere Nahrungsquelle zu nutzen.

5.2 *Geben Sie eine Begriffserklärung für den Begriff Evolution ab.*
Welche Evolutionsfaktoren sind für die Veränderungen in der Abbildung verantwortlich? Berücksichtigen Sie zwei Faktoren und antworten Sie in ganzen Sätzen.

Als Evolution bezeichnet man die stammesgeschichtliche Entwicklung der Lebewesen aus ihren Vorfahren in Richtung einer besseren Angepasstheit.

Durch eine **Mutation** könnte eine Giraffe entstanden sein, deren Hals länger war als die Hälse ihrer Artgenossen. Durch seinen langen Hals erreichte das Tier höher gelegene Baumregionen als die anderen Giraffen. Durch die bessere Nahrungsversorgung konnte es sich erfolgreicher fortpflanzen als seine Artgenossen und gab das Merkmal somit an viele Nachkommen weiter. Die Nachkommen mit den längsten Hälsen konnten sich wiederum besser ernähren und dadurch erfolgreicher fortpflanzen als diejenigen mit den kürzeren Hälsen. Somit fand eine natürliche Auslese (**Selektion**) statt, die zu immer längeren Hälsen führte.
Dieses Beispiel zeigt, dass Mutation und Selektion stark zusammenwirken.

5.3 *Bringen Sie die fünf Wirbeltierklassen in die richtige Reihenfolge ihrer Entstehung. Fertigen Sie für eine der Wirbeltierklassen eine Übersicht mit den angegebenen Gliederungspunkten an.*
Wählen Sie anschließend zwei richtige Antworten aus. Weshalb haben Sie diese Antwort gewählt?

Fische → Lurche (Amphibien) → Kriechtiere (Reptilien) → Vögel → Säuger

Fische
- → Atmungsorgan: Kiemen
- → Körperbedeckung: Schuppen, Schleimschicht
- → Körpertemperatur: wechselwarm
- → Befruchtungsart: äußere Befruchtung

Oder z. B.:

Kriechtiere
- → Atmungsorgan: Lungen
- → Körperbedeckung: trockene Haut mit Hornplatten
- → Körpertemperatur: wechselwarm
- → Befruchtungsart: innere Befruchtung

Säuger
- → Atmungsorgan: Lungen
- → Körperbedeckung: Haut mit Haaren
- → Körpertemperatur: gleichwarm
- → Befruchtungsart: innere Befruchtung

Die Antworten b, c, d und e sind richtig. *(nur zwei Antworten verlangt)*

b, e: Das Schnabeltier ist ein ausgezeichneter Schwimmer und erbeutet seine Nahrung im Wasser. Dazu hat sein Körper eine **stromlinienförmige Gestalt**, der Widerstand bei der Fortbewegung ist somit sehr gering. Die **Schwimmhäute** zwischen seinen Zehen und der **Ruderschwanz** sind eine ideale Anpassung an diesen Lebensraum.

Oder:
c: Schnabeltiere leben in selbst gegrabenen **Erdhöhlen** an Uferböschungen.
d: Das Schnabeltier ernährt sich hauptsächlich von **Würmern**, **Insektenlarven** und **Krebstieren**.

5.4 *Geben Sie zuerst zwei abiotische Umweltfaktoren an, die auf Wale wirken. Welche Baumerkmale helfen dem Bartenwal bei seinem Leben im Wasser? Beschreiben Sie eines davon.*
Warum werden die Reste des Beckengürtels beim Bartenwal als rudimentäre Organe bezeichnet?

Abiotische Umweltfaktoren:
- Wassertemperatur
- Strömung

Oder:
- Wasserqualität

Der riesige Bartenwal hat einen **stromlinienförmigen Körper**, der eine effektive Fortbewegung im Wasser möglich macht.

Oder:
Die **Flossen**, hauptsächlich die große Schwanzflosse, dienen zum Steuern seiner Bewegung sowie als Antrieb.

Das große **Maul** kann gewaltige Nahrungsmengen erfassen, die der Wal zum Wachstum und zur Energiegewinnung benötigt.

Rudimentäre Organe sind Reste ursprünglich funktionstüchtiger Strukturen, die aber ihre Funktion verloren und sich zurückgebildet haben.
Da der Wal im Wasser schwimmt, benötigt er keine Hintergliedmaßen zum Laufen. Diese verkümmerten und zurück blieben nur die Reste (Beckengürtel).

5.5 *Nennen Sie zwei Merkmale die beweisen, dass alle heutigen Menschen zu einer Art gehören.*
Welcher Zusammenhang besteht zwischen dem Klima und den Körpermerkmalen des Menschen? Beschreiben Sie einen Zusammenhang.
Was können/müssen wir Menschen tun, um die Lebensgrundlagen auf unserem Planeten zu sichern? Erläutern Sie ein globales Problem.

- Alle Menschen gehören einer Art an, weil sie alle den **gleichen Grundaufbau** und gleiche Organe bzw. Organsysteme mit entsprechenden Funktionen besitzen.
- Alle Menschen besitzen **gleiche genetische Merkmale**, die sie von allen anderen Lebewesen unterscheiden.

Oder:

- Alle Menschen können sich **untereinander fortpflanzen**.

In den Gebieten um den Äquator ist die **Intensität der Sonneneinstrahlung** am größten. Die Menschen in diesen Gebieten sind durch die **starke Pigmentierung** ihrer Haut vor dieser Strahlung relativ gut geschützt. Auch ihre Augen sind in Anpassung an die dortigen Bedingungen stark pigmentiert.

Die **Erderwärmung** durch Treibhausgase (wie z. B. Kohlenstoffdioxid) ist ein globales Problem und muss gestoppt werden. Ansonsten könnten die Folgen, wie z. B. der Anstieg des Meeresspiegels oder die Verschiebung der Klimazonen, die natürlichen Lebensräume auf der Erde akut bedrohen. Auch ein großer Teil der landwirtschaftlichen Produktion und zahlreiche Siedlungsgebiete des Menschen wären dadurch in Gefahr.

BE

6.1 Sachsens Wälder sind das Ergebnis einer intensiven Nutzung durch den Menschen. Mit der Entwicklung des Bergbaus musste gleichzeitig der drohenden Waldvernichtung entgegengewirkt werden. Deshalb pflanzte man ab dem 19. Jahrhundert als schnell wachsende Baumart die Gemeine Fichte.

Mischwald (schematisch) Fichtenwald (schematisch)

Quelle: Horn, F.: Lehrerhandbuch Klasse 9, Mittelschule; Paetec, 1999

Schichten des Waldes	Ökosystem Mischwald	Ökosystem Fichtenwald
1.		
2.		
3.		
4. Moosschicht		
5.		

- Übertragen Sie die vorgegebene Tabelle in Ihre Arbeit und ergänzen Sie die fehlenden Schichten des Waldes.
- Kreuzen Sie in den beiden verbleibenden Spalten die jeweils in den Ökosystemen vorkommenden Schichten an.
- Begründen Sie die größere Artenvielfalt der Tiere im Ökosystem Mischwald. 6

6.2 Auch heute prägt Fichtenwald an vielen Stellen fast unverändert die sächsische Landschaft. Selbst Samen verschiedenster Baumarten, die durch Tiere und Wind hineingetragen wurden, schafften es nicht sich anzusiedeln und diesen Wald zu verändern.
- Erläutern Sie mithilfe eines abiotischen Umweltfaktors, weshalb sich andere Baumarten in den Fichtenwäldern nicht ansiedeln können. 2

6.3 Die Erhaltung der biologischen Vielfalt ist eine wesentliche Aufgabe der Gegenwart. Dazu gehört u. a. der „Waldumbau" vom Fichtenwald zum Mischwald. Neben verschiedenen Laubbaumarten werden auch unterschiedliche Arten der Pflanzenfamilie der Kieferngewächse gepflanzt. Bestimmen Sie mithilfe des nachfolgenden Bestimmungsschlüssels zwei Arten dieser Pflanzenfamilie. Lassen Sie sich dazu das Pflanzenmaterial vom Lehrer geben.

- Notieren Sie für jede zu bestimmende Art:
  a) den jeweiligen Bestimmungsweg
  b) den Artnamen. 4

Bestimmungsschlüssel zum Bestimmen von Kieferngewächsen		
1	Nadeln stehen immer einzeln am Zweig	**2**
1*	Nadeln stehen zu zweit oder in Büscheln bis zu vielen am Zweig	**4**
2	Nadeln im Querschnitt vierkantig, dunkelgrüne Ober- und Unterseite, einzeln auf kleinen Stielchen stehend	**Gemeine Fichte**
2*	Nadeln im Querschnitt flach, mit zwei weißen Streifen auf der Unterseite, in zwei Reihen am Zweig sitzend	**3**
3	Zapfen hängend, Stamm mit brauner Rinde, Nadeln mit stumpfer Spitze, Nadelquerschnitt in der Mitte flacher als an den Seiten	**Douglasie**
3*	Zapfen aufrecht stehend, Stamm mit grauweißer Rinde, Nadeln mit eingekerbter Spitze, Nadelquerschnitt in der Mitte dicker als an den Seiten	**Weiß-Tanne**
4	Nadeln immer zu zweit stehend	**5**
4*	Nadeln immer in Büscheln stehend	**6**
5	Nadeln wenigstens 7 cm, meist bis 15 cm lang, dunkelgrün, mit auffallend gelber Spitze, Rinde schwarz bis grau	**Schwarz-Kiefer**
5*	Nadeln 4 cm bis höchstens 7 cm lang, Nadeln stachlig spitz	**Wald-Kiefer**
6	Nadeln zu 15 oder mehr in Büscheln stehend, im Winter abgeworfen, Zapfen immer aufrecht stehend	**Europäische Lärche**
6*	Nadeln zu fünft gehäuft stehend, Zapfen immer hängend	**Weymouths-Kiefer**

6.4 Zu den Lebewesen in den Wäldern Europas zählen Borkenkäfer, Fichte, Buntspecht, Steinpilz, Baummarder und Bakterien. Als Produzenten, Konsumenten oder Reduzenten (Destruenten) spielen sie eine wichtige Rolle im Stoffkreislauf des Ökosystems Wald.

- Definieren Sie den Begriff Reduzent (Destruent).
- Ordnen Sie die genannten Lebewesen den Produzenten, Konsumenten oder Reduzenten (Destruenten) zu.
- Erklären Sie an einem Sachverhalt, warum grüne Pflanzen der Ausgangspunkt einer Nahrungskette sind. 7

6.5 Die Borkenkäfer können beim massenhaften Auftreten starke Schäden in Wäldern hervorrufen. Lesen Sie den Text und beantworten Sie die nachfolgenden Aufgaben.

Winzige Käfer richten riesige Schäden an …

In den Fichtenwäldern Sachsens verursachen die Borkenkäfer ein Baumsterben wie nie zuvor. Die Käferweibchen bohren Gänge in eine Fichte und legen dort ihre Eier. Die Leibspeise der Larven sind die saftführenden Schichten des Baumes in der Rinde, das Bastgewebe. Gibt es viele Larven, schneiden sie dem Baum mit der Zeit die „Lebensadern“ ab, er stirbt.

Die Massenvermehrung der Borkenkäfer beginnt oft mit einem Unwetter.

Ein Sturm wirft zuerst die schützenden kräftigen Randbäume und dann weitere Teile des Waldes um. Schneit es im Frühjahr ausgiebig bei Temperaturen knapp über null, so lässt die gewaltige Last des schweren nassen Schnees viele Fichten zusammenbrechen. Der Tisch für die Borkenkäfer ist nun reich gedeckt. Bei einer gesunden Fichte haben einzelne Käfer keine Chance, weil der Baum sich mit klebrigem Harz gegen den Eindringling wehrt.

Abgeknickte Bäume sind dagegen wehrlos. Aus einer umgeworfenen Fichte können einige Zehntausend erwachsene Borkenkäfer gleichzeitig ausschwärmen. Einem solchen Ansturm ist auch ein gesunder Baum nicht gewachsen, weil er gar nicht so viel Harz produzieren kann, um alle Käfer abzuwehren. Jetzt vermehrt sich der Borkenkäfer auch in den gesunden Fichten und bringt sie zu Fall.

- Geben Sie je einen biotischen und abiotischen Umweltfaktor an, der die Massenvermehrung der Borkenkäfer fördert. Kennzeichnen Sie den abiotischen Umweltfaktor.
- Beschreiben Sie eine mögliche Gefahr, die durch das Fehlen der Randbäume für die anderen Fichten entsteht.
- Erklären Sie folgende Beobachtung: Zuerst sterben die kranken Bäume, danach die gesunden Bäume. 6

Lösungen

6.1 *Betrachten Sie die Abbildungen. Übernehmen Sie die Tabelle in Ihre Prüfungsarbeit und tragen Sie die fehlenden Begriffe in die Tabelle ein. Welche Schichten gibt es im Mischwald, welche im Fichtenwald? Setzen Sie entsprechende Kreuze in die Tabelle ein. Weshalb gibt es im Mischwald mehr Tierarten?*

Schichten des Waldes	**Ökosystem Mischwald**	**Ökosystem Fichtenwald**
1. Baumschicht	✗	✗
2. Strauchschicht	✗	
3. Krautschicht	✗	
4. Moosschicht	✗	
5. Bodenschicht/Wurzelschicht	✗	✗

Da im **Mischwald** viele verschiedene Pflanzen wachsen, finden hier auch viele verschiedene Tierarten ihre Lebensräume und ein ausreichendes Nahrungsangebot. Diese Tiere locken wiederum Fressfeinde in die Gebiete. Somit siedeln sich verschiedenste Konsumenten an.
In **Monokulturen** finden nur wenige Tierarten ihren individuellen Bedürfnissen entsprechende ökologische Nischen. Daher ist die Artenvielfalt in solchen Wäldern sehr gering.

6.2 *Weshalb sind keine anderen Baumarten im Fichtenwald vorhanden? Suchen Sie nach Ursachen abiotischer Art.*

Umweltfaktor Licht
Da die Fichten als immergrüne Pflanzen ihr Laub (Nadeln) nicht verlieren, fangen ihre Kronen ganzjährig das Licht ab. Damit fehlt den Pflanzen am Boden eine wichtige Wachstumsbedingung und sie können sich nicht entwickeln.

Oder:
Umweltfaktor Wasser
Die Baumkronen der Fichten verhindern bei Regen das Auftreffen ausreichender Wassermengen am Boden. Dieser bleibt relativ trocken und den Pflanzen am Boden fehlt eine wichtige Wachstumsbedingung um sich zu entwickeln.

6.3 *An einem separaten Arbeitsplatz gibt Ihnen der Lehrer 2 verschiedene Kieferngewächse zur Artbestimmung. Finden Sie unter Nutzung des Bestimmungsschlüssels heraus, um welche Pflanzen es sich handelt. Schreiben Sie die Reihenfolge der Bestimmung sowie den Namen des Kieferngewächses in Ihre Prüfungsarbeit.*

Beispiel: Wald-Kiefer und Europäische Lärche

Bestimmungsweg zur Wald-Kiefer:
1* → 4 → 5*

Bestimmungsweg zur Europäischen Lärche:
1* → 4* → 6

6.4 *Lesen Sie die Aufgabenstellung gründlich durch. Erklären Sie anschließend den Begriff Reduzent. Die in der Aufgabenstellung angegebenen Lebewesen ordnen Sie den Begriffen zu. Eine Tabelle ist dafür gut geeignet.*
Weshalb stehen Pflanzen stets am Anfang jeder Nahrungskette?

Als **Reduzenten** (Destruenten) werden Zersetzer organischer Substanzen bezeichnet. Sie wandeln organisches Material wie abgestorbene Pflanzenteile oder Tiere wieder in die Grundbausteine, also anorganische Substanzen, um und stellen sie so den Pflanzen zur Verfügung.

Produzenten	**Konsumenten**	**Reduzenten/Destruenten**
Fichte	Borkenkäfer	Bakterien
	Buntspecht	Steinpilz
	Baummarder	

Die grünen Pflanzen betreiben **Fotosynthese**. Bei diesem Vorgang wandeln sie das von den Konsumenten erzeugte Kohlenstoffdioxid in den für die Konsumenten notwendigen Sauerstoff sowie in Kohlenhydrate (ein Grundnährstoff für Konsumenten) um. Damit schaffen sie die Lebensgrundlage für alle anderen Lebewesen.

6.5 *Lesen Sie aufmerksam den Text. Nennen Sie einen biotischen und einen abiotischen Umweltfaktor, der für den Borkenkäfer angegeben ist und zu seiner Ausbreitung führt. Kennzeichnen Sie den abiotischen Faktor, indem Sie ihn z. B. unterstreichen.*
Was geschieht, wenn die Randbäume des Fichtenwaldes fehlen?
Weshalb sterben zuerst die kranken, anschließend aber auch die gesunden Bäume? Antworten Sie in ganzen Sätzen.

Umweltfaktoren des Borkenkäfers

Abiotisch: Temperaturen
Oder: Wind, Niederschlag

Biotisch: Bäume (bieten Nahrung und Lebensraum)
Oder: andere Käfer (Konkurrenz)

Randbäume schützen einen Wald bei Sturm. Fehlen sie, so sind die dahinter wachsenden Bäume dem Angriff des Sturmes ausgesetzt und werden zerstört. So kann innerhalb des Waldes sehr viel Windbruch entstehen.

Kranke Bäume werden von Schädlingen angegriffen. Die Käfer fressen sich durch das Bastgewebe und schneiden den Bäumen die „Lebensadern“ ab. Aufgrund der durch die Erkrankung bereits bestehenden Schwächung können sich die Bäume dagegen nicht effektiv zur Wehr setzen und sterben ab. Die Tiere vermehren sich nun massenhaft im Totholz und befallen auch gesunde Bäume. Auch diese sterben ab. So können auch große, gesunde Wälder geschädigt werden.

BE

1.1 Der Lehrer demonstriert Ihnen ein Experiment zum Nachweis eines Speicherstoffs aus der Gruppe der Kohlenhydrate.
- Notieren Sie Ihre Beobachtungen.
- Nennen Sie den nachgewiesenen Speicherstoff.
- Geben Sie das verwendete Nachweismittel an. 3

1.2 Zellen verfügen über verschiedene Bestandteile. Diese erfüllen unterschiedliche Funktionen.

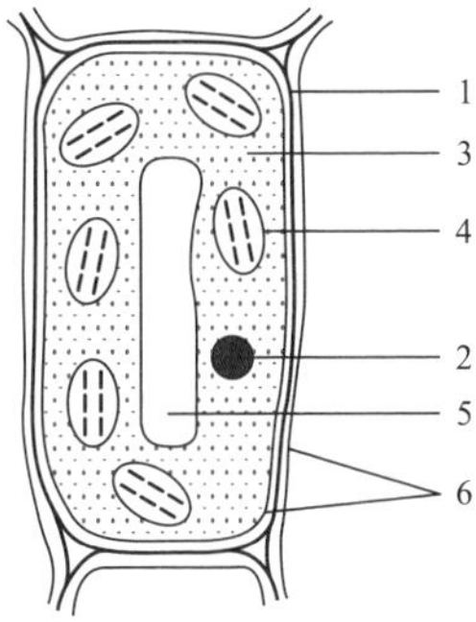

- Benennen Sie vier der in der Abbildung gekennzeichneten Teile.
- Ordnen Sie zwei der benannten Teile jeweils eine Funktion zu. 3

Pflanzenzelle (schematisch)

1.3 Einige Pflanzen speichern in speziellen Zellen große Mengen an Stoffen. Diese Zellen befinden sich häufig in Speicherorganen wie z. B. Zwiebeln, Wurzel- und Sprossknollen.

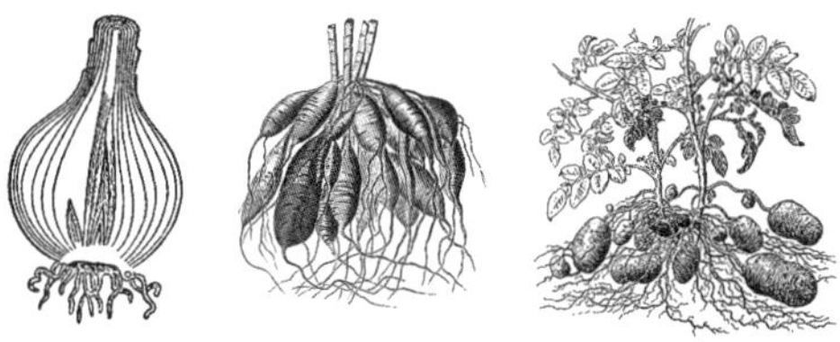

Zwiebeln Wurzelknollen Sprossknollen

Quelle (Abb. links und rechts): © 2009, Florida Center for Instructional Technology

- Erläutern Sie eine Bedeutung von Speicherstoffen für die Pflanzen. 2

Lösungen

1.1 *Beobachten Sie den vom Lehrer demonstrierten Nachweis eines Ihnen bekannten Speicherstoffes genau. Schreiben Sie auf, was Sie wahrnehmen und nennen Sie den Speicherstoff sowie das Nachweismittel.*

- Die frisch geschnittene Kartoffelscheibe ist gelblich. Nach Zugabe des Nachweismittels färbt sie sich schwarz-violett.
- Der Speicherstoff ist **Stärke**.
- Das verwendete Nachweismittel heißt **Iod-Kaliumiodidlösung**.

1.2 *Die Abbildung zeigt schematisch eine Pflanzenzelle. Benennen Sie vier der sechs beschrifteten Teile. Wählen Sie zwei der benannten Strukturen aus und ergänzen Sie ihre Funktion.*

1 Zellwand
2 Zellkern
3 Zellplasma
4 Chloroplast

Oder:

5 Vakuole
6 Zellmembran

Zellwand: Schutz und Abschluss der Zelle
Zellkern: Steuerung der Lebensprozesse

Oder:

Zellplasma: Formgebung, Ort der Zellorganellen
Chloroplast: Ort der Fotosynthese
Vakuole: Zellsaftraum
Zellmembran: Abschluss für das Zellplasma

1.3 *In der Abbildung sehen Sie Pflanzen mit speziellen Speicherorganen. Wozu benötigen die Pflanzen derartige Strukturen? Schreiben Sie Sätze, in denen Sie die Notwendigkeit dieser Stoffe für die Pflanzen darlegen.*

Bei den Speicherstoffen in Zwiebeln, Wurzelknollen oder Sprossknollen handelt es sich meist um **Nährstoffe** für die jeweiligen Pflanzen. Sie ermöglichen ihnen eine erfolgreiche **Überwinterung** und das rasche und kräftige **Austreiben** im neuen Wachstumsjahr. Die Speicherstoffe der Pflanzen, wie z. B. die Stärke, stellen auch eine Nahrungsgrundlage von Mensch und Tier dar.

Realschulabschluss 2011 Biologie (Sachsen)
Pflichtaufgabe 2: Evolution der Organismen

BE

2.1 Menschen haben wohl immer darüber nachgedacht, wie die Welt entstanden ist und woher die Lebewesen kommen. Auf diese Fragen versucht auch die Evolutionstheorie Antworten zu finden.
- Definieren Sie den Begriff Evolution.
- Geben Sie zwei Belege für die Evolution der Organismen an. 3

2.2 Am Beispiel des Birkenspanners lassen sich Vorgänge der Artbildung gut beobachten. Bearbeiten Sie die nachfolgenden Aufgaben. Lesen Sie dazu auch den Text.

Der Birkenspanner ist ein nachtaktiver Schmetterling mit schmutzig-grau gefärbten Flügeln. Am Tage ruht er mit ausgebreiteten Flügeln an Baumstämmen und Ästen, die mit grauen Flechten überzogen sind. Im Jahr 1953 suchte ein britischer Zoologe in den Wäldern der Grafschaft Dorset und den Wäldern rund um die Industriestadt Birmingham nach Birkenspannern. Auf den rußgeschwärzten, flechtenlosen Stämmen der Bäume in den industrienahen Wäldern fand er nur 10 % der Schmetterlinge mit der ursprünglichen Färbung, 90 % der Schmetterlinge waren dunkel bis schwarz gefärbt. In den nahezu unbelasteten Wäldern der Grafschaft Dorset fand er dagegen nur 15 % dunkel gefärbte Birkenspanner.

Birkenspanner; Quelle: http://commons.wikimedia.org/wiki/File:Biston.betularia.f.carbonaria.7209.jpg und http://commons.wikimedia.org/wiki/File:Biston.betularia.7200.jpg; Fotos: Olaf Leillinger; lizenziert unter der Creative Commons Attribution ShareAlike 2.5-Lizenz

- Begründen Sie mithilfe des Evolutionsfaktors Auslese (Selektion) die zahlenmäßigen Unterschiede zwischen den hellen und dunklen Formen der Birkenspanner in den Untersuchungsgebieten.
- Nennen Sie zwei weitere Evolutionsfaktoren. 3

2.3 Im Verlauf der Evolution entstanden in Angepasstheit an den Lebensraum unterschiedliche Atmungsorgane. Vergleicht man beispielsweise die Lungen von Wirbeltieren, so zeigen sie bestimmte Besonderheiten im Bau.

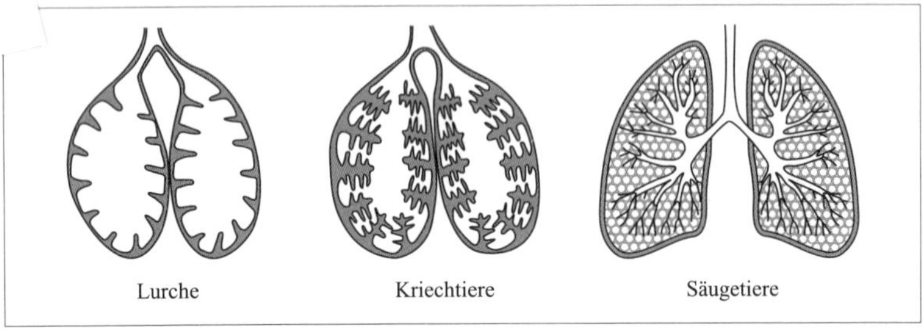

Lungen verschiedener Wirbeltiere (schematisch)

– Stellen Sie einen Zusammenhang zwischen dem Bau und der Leistungsfähigkeit der Lungen von Wirbeltieren her. 2

Lösungen

2.1 *Lesen Sie die einleitenden Sätze und erklären Sie den Begriff Evolution. Danach zeigen Sie an zwei Beispielen aus dem Reich der Lebewesen, dass eine Evolution stattgefunden hat.*

Evolution ist die Entwicklung der Organismen im Laufe der Zeit. Auf Lebewesen wirken verschiedene Evolutionsfaktoren, die die Entwicklung beeinflussen.

Belege für die Evolution sind z. B. die Lungen verschiedener Wirbeltiere, ihre Vordergliedmaßen und ihr Nervensystem. Bei diesen Strukturen handelt es sich um **homologe Organe**. Das heißt, die Organe sind in ihrem Aufbau ursprungsgleich, haben aber in Anpassung an die jeweiligen Umweltbedingungen ein unterschiedliches Aussehen und eventuell auch eine unterschiedliche Funktion entwickelt.
Ein weiterer Beleg für die Evolution ist die **Entwicklung des Menschen** aus seinen Vorfahren, die durch Fossilien belegt werden kann. Die jeweiligen Körpermerkmale unserer Vorfahren (z. B. *Australopithecus*, *Homo habilis* und *Homo erectus*) zeigen deutlich die Entwicklungslinie, die zum modernen Menschen führt.

2.2 *Konzentrieren Sie sich auf den Inhalt des Textes. Bedenken Sie die Wirkung des Evolutionsfaktors Auslese. Geben Sie Gründe an, weshalb sich der Anteil der hellen und der dunklen Formen des Birkenspanners in den beschriebenen Gebieten unterscheidet.*
Neben der Auslese gibt es weitere Evolutionsfaktoren. Nennen Sie zwei davon.

Auslese/Selektion heißt, dass nur diejenigen Lebewesen überleben und ihre Merkmale an die Folgegenerationen weitergeben können, die am besten an die jeweils herrschenden Lebensbedingungen angepasst sind.
Die Birkenspanner mit den dunkel gefärbten Flügeln waren in der Industrieregion mit den rußgeschwärzten Baumstämmen besser angepasst als ihre hellen Artgenossen, da sie auf den Stämmen für ihre Fressfeinde schwerer zu erkennen waren. Dadurch hatten die dunkel gefärbten Tiere größere Überlebens- und Fortpflanzungschancen als die hell gefärbten. Aus diesem Grund waren 90 % der Falter in der Industrieregion schwarz und nur 10 % weiß. In den unbelasteten Wäldern war das Verhältnis von dunklen zu hellen Tieren dagegen nahezu umgekehrt, da hier die hellen Formen besser angepasst waren.

Weitere Evolutionsfaktoren sind:
- Mutation
- Isolation

Oder:
- Neukombination

2.3 *Lesen Sie sich den einleitenden Text genau durch und erklären Sie, welche Leistungsfähigkeit die Lungen besitzen. Gehen Sie dabei auf den Bau der Lungen ein und vergleichen Sie diese.*

Hier ist das Erschließungsfeld Bau und Funktion anzuwenden, in dem es um die Zusammenhänge zwischen dem Bau von Körperteilen oder Organen und deren Aufgaben geht.
- Die **Lunge der Lurche** (Feuchtlufttiere) ist einfach gebaut, wenig gekammert und besitzt daher eine eher geringe Leistungsfähigkeit.
- Die **Lunge der Kriechtiere** (Trockenlufttiere) ist komplizierter gebaut, stärker gekammert und deshalb deutlich leistungsfähiger als die der Lurche.
- Die **Lunge der Säugetiere** hat den kompliziertesten Aufbau. Sie besteht aus Millionen von Lungenbläschen für den Gasaustausch und besitzt die größte Leistungsfähigkeit.

Je komplexer und differenzierter eine Lunge aufgebaut ist, desto größer ist ihre Leistungsfähigkeit für die Atmung des entsprechenden Lebewesens.

BE

3.1 Das menschliche Gehirn gliedert sich in verschiedene Teile mit unterschiedlichen Funktionen.

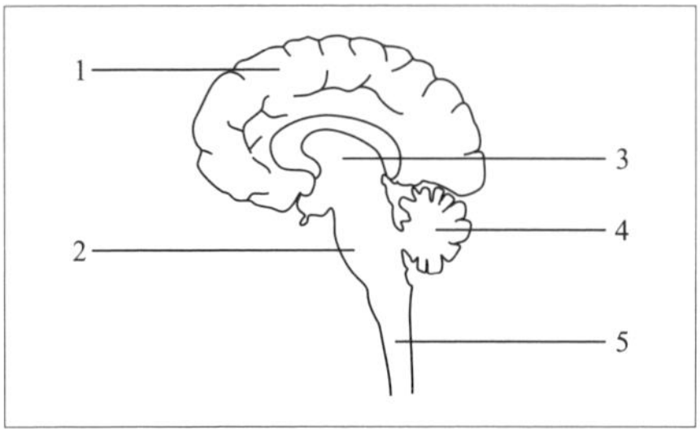

Menschliches Gehirn (schematisch)

- Benennen Sie vier der in der Abbildung gekennzeichneten Teile des Gehirns.
- Geben Sie zwei Funktionen des menschlichen Gehirns an. 3

3.2 Der kleinste Baustein des Nervensystems ist die Nervenzelle. Im Vergleich zu anderen Zellen ist die Anzahl der Mitochondrien in den Nervenzellen sehr hoch.
- Erklären Sie einen Zusammenhang zwischen der hohen Anzahl an Mitochondrien und der Funktionsweise des Nervensystems.
- Skizzieren Sie eine Nervenzelle auf weißes Papier.
- Beschriften Sie zwei Teile der skizzierten Nervenzelle. 4

3.3 Medien wie z. B. das Fernsehen und das Internet beeinflussen zunehmend unsere Lebenswelt. Das trifft insbesondere auf Kinder und Jugendliche zu.

- Begründen Sie eine Maßnahme zur Gesunderhaltung des Nervensystems, die im Zusammenhang mit dem Medienkonsum steht. 2

Cartoon von Phil Hubbe © Landesstelle Kinder- und Jugenschutz Sachsen-Anhalt e. V.

Lösungen

3.1 *Die schematische Darstellung zeigt ein menschliches Gehirn. Für vier Ziffern sollen Sie den Namen des entsprechenden Bestandteils angeben und anschließend zwei Aufgaben des Gehirns nennen.*

Teile des Gehirns:

1 Großhirn
2 Mittelhirn
3 Zwischenhirn
4 Kleinhirn

Oder:

5 Nachhirn

Funktionen des Gehirns:

- Steuerung und Regelung aller inneren Vorgänge
- Denkleistungen

Oder:

- Koordination von Bewegungen

3.2 *Lesen Sie den Eingangstext genau durch. In welchem Zusammenhang steht die Anzahl der Mitochondrien mit der Funktion des Gehirns? Formulieren Sie eine Erklärung in ganzen Sätzen. Nehmen Sie ein weißes Blatt Papier und zeichnen Sie darauf eine vollständige Nervenzelle, an der Sie zum Schluss zwei Bestandteile beschriften.*

Mitochondrien sind die „Kraftwerke der Zelle", d. h., sie sind für die Bereitstellung der Energie verantwortlich, die für die Leistungsfähigkeit der Nervenzellen benötigt wird. In den Mitochondrien findet die biologische Oxidation statt. Je mehr Mitochondrien arbeiten, desto leistungsfähiger ist das Gehirn. Bei Mangelernährung kommt es deshalb zu einer Abnahme der geistigen Leistungsfähigkeit.

Skizze einer Nervenzelle:

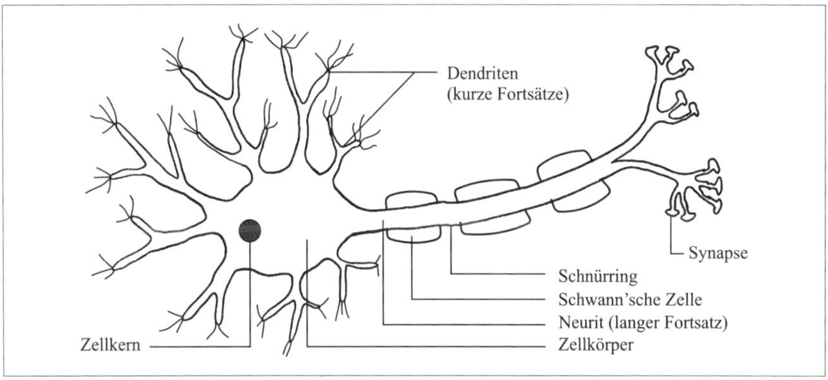

3.3 *Bei dieser Aufgabe sollen Sie den Einfluss der Medien auf Kinder und Jugendliche beurteilen. Wie kann man sein Nervensystem gesund erhalten und trotzdem das Fernsehen und das Internet benutzen? Formulieren Sie vollständige Sätze.*

Die Medien Fernsehen und Internet gehören zu unserem Alltag. Unser Nervensystem muss aber genügend Zeit für Erholung und Entspannung an der frischen Luft, bei Sport, Spiel und anderen Freizeitbeschäftigungen erhalten. Unsere Sinnesorgane müssen an ruhigen, wenig reizüberfluteten Orten ausspannen können. Aus diesen Gründen sollte der Medienkonsum je nach Alter des Kindes zeitlich begrenzt und kontrolliert werden.

BE

4.1 Die Organe Niere, Haut und Lunge scheiden täglich Stoffe aus.

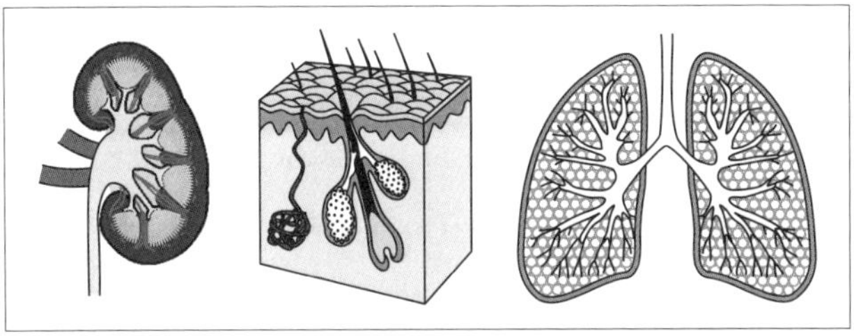

Ausscheidungsorgane (schematisch)

- Ordnen Sie einem Ausscheidungsorgan zwei ausgeschiedene Stoffe zu.
- Begründen Sie an einem Sachverhalt die Notwendigkeit der Ausscheidung von Stoffen. 3

4.2 In der Abbildung wird der Weg der Ausatemluft dargestellt.

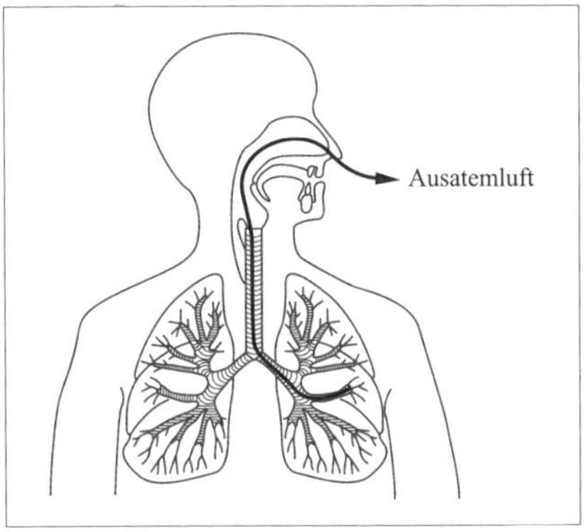

Atmungsorgane und Weg der Ausatemluft (schematisch)

- Notieren Sie vier der von der Ausatemluft durchströmten Organe in der entsprechenden Reihenfolge. Beginnen Sie mit den Lungenbläschen.
- Wenden Sie das Erschließungsfeld Bau und Funktion (siehe Anhang) auf ein Atmungsorgan an. 4

4.3 Der Anteil von Kohlenstoffdioxid in der Einatemluft beträgt ca. 0,03 %. Er steigt in der Ausatemluft auf ca. 4 % an. Mithilfe eines Experimentes kann Kohlenstoffdioxid nachgewiesen werden.
- Fordern Sie das Nachweismittel für den Kohlenstoffdioxidnachweis schriftlich an.
- Führen Sie den Nachweis durch.
- Notieren Sie Ihre Beobachtung. 3

4.4 Die Haut ist mit einer Fläche von ca. 2 m^2 das größte Organ des menschlichen Körpers.
- Nennen Sie zwei Teile der Lederhaut.

– Ordnen Sie der Hornschicht und dem Fettgewebe je eine Funktion zu.
– Beschreiben Sie, wie man nachweisen kann, dass die Haut Stoffe ausscheidet. 5

4.5 „Urlaub und Sonne“, „Sonne als Lebenselixier“ oder „Die Sonne anbeten“ – zahlreiche Redewendungen zeigen, welche Bedeutung die Sonne für uns hat. Nicht immer bedenken wir, welche Auswirkungen langes „Sonnenbaden“ für die Haut haben kann.
– Entscheiden Sie, welche der nachfolgenden Aussagen richtig oder falsch sind:
  a) Die in der Sonnenstrahlung enthaltene ultraviolette Strahlung (UV-Strahlung) bewirkt die Hautbräunung.
  b) Durch die Sonnenstrahlung wird die Haut weniger durchblutet.
  c) Nach zu langen „Sonnenbädern“ rötet sich die Haut, schwillt an und brennt unangenehm.
  d) Die ultraviolette Strahlung (UV-Strahlung) kann die Erbinformation der Hautzellen schädigen.
– Erklären Sie folgende Aussage: Menschen mit sehr heller Haut sollten starke Sonneneinstrahlung meiden. 4

4.6 Lesen Sie den folgenden Text zum Ausscheidungsorgan Niere. Bearbeiten Sie die im Anschluss gestellten Aufgaben.

Die Nieren – lebenswichtige Filter

Felix musste mit 15 Jahren wegen einer Nierenentzündung ärztlich behandelt werden. Oft heilt solch eine Krankheit gut aus. Felix aber hatte Pech, denn sein Körper reagierte nicht auf die Medikamente. Nach einigen Monaten versagten seine Nieren völlig. Sie konnten den im Blut angereicherten Harnstoff nicht mehr entfernen.
Früher endeten diese Erkrankungen meist tödlich. Heute bekommen die Patienten eine Nierenersatztherapie (Dialyse). Dafür muss Felix 3-mal wöchentlich ins Krankenhaus zur Blutwäsche.
In Deutschland leben etwa 65 000 Menschen, deren Nierenleistung unter 10 % des Normalwertes liegt. Angeborene Erkrankungen oder eine starke Erkältung können Ursache für Nierenerkrankungen sein. Ebenso schädigen Alkohol und einige Medikamente unsere Nieren.
Die paarigen Nieren liegen rechts und links der Wirbelsäule auf der Körperrückseite. Sie sind ca. 7 cm groß und bohnenförmig. Die Nierenarterien transportieren das zu reinigende Blut zu den Nieren. Im Inneren der Nieren befinden sich zahlreiche Nierenkörperchen, die das Blut filtern. Dem Blut werden dabei vor allem Harnstoff, Salze und Wasser entzogen. Dabei entstehen ca. 1,5 ℓ Harn pro Tag. Der Harn gelangt über die Harnleiter in die Harnblase, wird dort gesammelt und später ausgeschieden. Gleichzeitig sind die Nieren für die Regulierung des Wasser- und Salzhaushaltes verantwortlich.

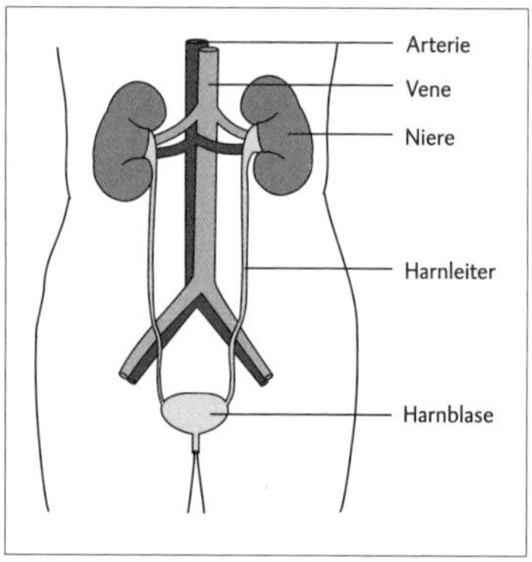

– Erstellen Sie eine Übersicht (z. B. Mind-Map, Tabelle oder Steckbrief) mit folgenden Angaben zu den Nieren: Lage, Größe, Bau, Funktion.
– Formulieren Sie zwei Maßnahmen zum Schutz der Nieren.
– Ordnen Sie der Harnblase und den Harnleitern je eine Funktion zu. 6

Anhang

Überblick Erschließungsfelder

Vielfalt:	Vorhandensein von Gemeinsamkeiten und Unterschieden in den Merkmalen Bau, Funktion, Verhalten von Lebewesen sowie deren Lebensräumen
Bau und Funktion:	Zusammenhänge zwischen dem Bau von Körperteilen oder Organen und deren entsprechenden Aufgaben
Angepasstheit:	Merkmale von Lebewesen, die das Leben in einem bestimmten Lebensraum ermöglichen
Information:	Fähigkeit der Lebewesen, Signale zu senden und auf Signale zu reagieren
Fortpflanzung:	Geschlechtliche und ungeschlechtliche Erzeugung von Nachkommen
Wechselwirkung:	Ursache-Wirkungs-Beziehungen im Lebewesen, zwischen Lebewesen sowie zwischen Lebewesen und ihrer Umwelt

Lösungen

4.1 *Sie sehen die schematischen Abbildungen von Niere, Haut und Lunge. Welche Stoffe werden durch diese Organe ausgeschieden? Geben Sie für ein Organ zwei Stoffe an. Weshalb muss der Körper diese Stoffe abgeben bzw. ausscheiden? Antworten Sie in ganzen Sätzen.*

Niere: Wasser, Harnstoff

Oder:
Haut: Talg, Schweiß (Wasser)
Lunge: Wasser, Kohlenstoffdioxid

Notwendigkeit der Ausscheidung:
Der Körper nimmt über die Atmung und die Nahrung Stoffe auf, die zur Energiegewinnung notwendig sind. Bei der biologischen Oxidation werden diese Stoffe umgewandelt und es entstehen Stoffwechselendprodukte, die teilweise giftig sind und aus dem Körper abgegeben werden müssen.
Wird diese Abgabe verhindert, so können z. B. Krampfanfälle und Herzschädigungen und infolgedessen letztlich der Tod eintreten.

4.2 *Betrachten Sie die schematische Darstellung und geben Sie vier der Organe an, durch die die Ausatemluft ihren Weg nimmt. Wählen Sie ein Atmungsorgan aus und beschreiben Sie den Zusammenhang zwischen seinem Bau und der entsprechenden Funktion. Antworten Sie in ganzen Sätzen.*

Weg der Ausatemluft:
Lungenbläschen → Bronchien → Luftröhre → Kehlkopf → Rachen → Nasenhöhle

Unsere **Nase** ist mit kleinen **Härchen** ausgekleidet, die **Nasenschleimhaut** ist kräftig und stark durchblutet. Die eingeatmete Luft wird durch die Härchen mechanisch gereinigt und durch die Schleimhaut vorgewärmt und angefeuchtet. Somit gelangt die Einatemluft mit der richtigen Temperatur und relativ sauber in die Lungenbläschen. Bei starker Luftverschmutzung (z. B. bei Bauarbeiten) sollte zusätzlich ein Atemschutz getragen werden.

4.3 *Sie sollen ein Experiment zum Nachweis von Kohlenstoffdioxid durchführen. Notieren Sie den Namen des Nachweismittels und zeigen Sie es dem Lehrer. Nachdem Sie den Nachweis durchgeführt haben, übernehmen Sie Ihre Beobachtung in Ihre Arbeit.*

Nachweis von Kohlenstoffdioxid:
- **Nachweismittel:** Barium- oder Calciumhydroxidlösung
- **Durchführung:** In das Gefäß mit der farblosen Lösung des Nachweismittels wird durch einen Strohhalm Ausatemluft geblasen.
- **Beobachtung:** Die klare Lösung trübt sich ein, sie wird milchig.

4.4 *Bei dieser Aufgabe geht es um die Haut des Menschen. Zuerst sollten Sie zwei Teile der Lederhaut nennen. Danach geben Sie (z. B. tabellarisch) je eine Aufgabe der Hornschicht und des Fettgewebes an. Zum Schluss beschreiben Sie ein Experiment für den Nachweis der Abgabe von Wasser/Schweiß durch die Haut.*

Teile der Lederhaut sind z. B.:
- Tast- und Temperatursinneszellen
- Talgdrüsen

Oder: – Blutgefäße – Nervenenden
– Haarwurzeln – Schweißdrüsen

	Hornschicht	**Fettgewebe**
Funktion	Schutz vor äußeren Einflüssen durch abgestorbene, verhornte Zellen	mechanischer Schutz (Dämpfung) *Oder:* vermindert Wärmeabgabe

Beschreibung eines Experiments:
Die Hand wird in einen durchsichtigen Plastikbeutel gesteckt, der am Arm luftdicht abgeschlossen wird. Nach wenigen Minuten beschlägt die Innenseite des Beutels und die Hautoberfläche wird feucht. Die Haut hat also Wasser abgegeben.

4.5 *Bei dieser Aufgabe sollen Sie entscheiden, welche der angegebenen Sätze eine richtige und welche eine falsche Aussage beinhalten. Lesen Sie sich die Texte dazu genau durch. Anschließend schreiben Sie in ganzen Sätzen, weshalb sich Menschen mit heller Haut nur wenig in der Sonne aufhalten sollten.*

Aussage a: richtig Aussage c: richtig
Aussage b: falsch Aussage d: richtig

Menschen mit heller Haut besitzen weniger eigenen **Pigmentschutz (Melanine)** vor der ultravioletten Strahlung der Sonne. Damit ist bei ihnen die Gefahr groß, dass die Sonne ihre Haut verbrennt und diese dadurch dauerhaft geschädigt wird.

4.6 *Bearbeiten Sie den vorliegenden Text konzentriert. Fertigen Sie in Ihrer Arbeit eine der vorgeschlagenen Übersichten an und ergänzen Sie mithilfe des Textes die geforderten Angaben zur Niere.*
Wie kann man die Nieren schützen, und welche Aufgaben besitzen die Harnblase und die Harnleiter? Nennen Sie zwei Maßnahmen zum Schutz der Nieren und je eine Funktion von Harnblase und Harnleitern.

Steckbrief der Niere:

Lage: rechts und links neben der Wirbelsäule, Körperrückseite, Taillenhöhe
Größe: ca. 7 cm groß und bohnenförmig
Bau: paarig, aus zahlreichen Nierenkörperchen
Funktion: Entfernung des Harnstoffs aus dem Blut, Regulierung des Wasser- und des Salzhaushaltes

Schutz der Nieren:
- Vermeidung starker Unterkühlung der Nieren, denn dadurch können schmerzhafte Entzündungen auftreten
- Vermeidung von übermäßiger Medikamenteneinnahme, um eine Überlastung der Niere zu verhindern

Oder:
- Vermeidung von übermäßigem Alkoholkonsum und Salzgenuss, um eine Bildung von Steinen (Ablagerungen kristalliner Art) in den Nieren zu verhindern

	Funktion
Harnblase	Sammeln des Harns (täglich ca. 1,5 ℓ)
Harnleiter	Weiterleitung des Harns von der Niere zur Harnblase

BE

5.1 Die Elbe ist mit ca. 1 170 km Länge einer der größten Flüsse Mitteleuropas. In diesem Fließgewässer wirken charakteristische Umweltfaktoren.

- Ordnen Sie die folgenden Faktoren den abiotischen oder biotischen Umweltfaktoren zu: Fließgeschwindigkeit, Kieselalgen, Plötze, Sauerstoffgehalt.
- Erklären Sie die Wirkung des Umweltfaktors Licht auf die Entwicklung einer Friedfischpopulation. 4

5.2 Lesen Sie den folgenden Text zum Elbebiber. Bearbeiten Sie die im Anschluss gestellten Aufgaben.

Biber

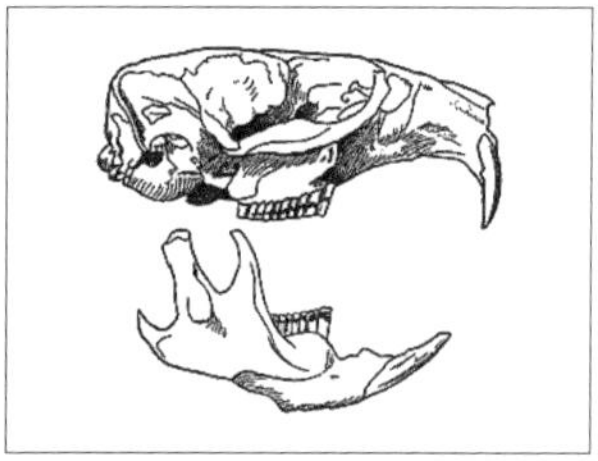

Nagetiergebiss

Die Biber sind zurück!

Der Biber wurde vor nahezu 100 Jahren in der Elbregion ausgerottet. Man jagte ihn wegen seines Fleisches und seines wasserdichten, mit langen Grannenhaaren besetzten Fells. Jetzt ist er an die Elbe zurückgekehrt. Sein Körperbau stellt eine perfekte Anpassung an diesen Lebensraum dar. Der Biber schwimmt mit kräftigen Bewegungen seiner Beine und dem breiten Schwanz, der „Kelle". Seine Füße sind mit Schwimmhäuten versehen. Als größtes europäisches Nagetier ernährt er sich hauptsächlich von Blüten, Wurzeln, Rinde, Blättern und Zweigen. Fast zu spät erkannte man die Rolle dieses Tieres im biologischen Gleichgewicht. Biber können nämlich durch Dammbauten den Wasserstand ihres Wohngewässers regulieren. Dazu werden Zweige und Äste in den Grund des Gewässers gesteckt, um den aus Pflanzenmaterial, Schlamm und sogar Baumstämmen bestehenden Damm standfest zu machen. Schneller als Ingenieure sind sie in der Lage, die Löcher in Dämmen zu verstopfen oder die Dämme bei Bedarf zu öffnen. Das Anhäufen von Ästen und Zweigen vor ihren Burgen und das Fällen von Bäumen gehören zu den ererbten Verhaltensweisen. Dabei werden Zweige zerbissen, zum Wasser geschleppt und schwimmend zur Burg gebracht. In Fließgewässern gräbt der Biber einen Tunnel in das Ufer und erweitert das Ende zu einer Wohnkammer. Diese befindet sich immer über dem Wasserspiegel. Die Biberburg wird regelmäßig auf Schäden kontrolliert. Bei Zugluft reagieren alle Tiere gleich, sie versuchen die Löcher zu verstopfen. Heute steht der Biber in Deutschland unter strengem Naturschutz.

Quelle: Rabisch, G., Jänicke, J., Dobers, J.: Erlebnis Biologie – Methoden und Basiskonzepte 5/6; Schroedel Verlag, 1999

- Geben Sie zwei angeborene Verhaltensweisen des Bibers an.
- Erläutern Sie eine Bedeutung des Bibers für das Ökosystem Elbe.
- Übernehmen Sie die folgende Tabelle in Ihre Arbeit. Ergänzen Sie die fehlenden Fakten. 6

Körpermerkmale des Bibers	Bau	Funktion
Fell	–	–
Gliedmaßen	–	–
Nagezähne	–	–

5.3 Bei der Erschließung neuer Gebiete bevorzugten die Menschen die Nähe von Flüssen. Heute finden wir an den Ufern der Elbe zahlreiche Städte und Dörfer.
- Beschreiben Sie an einem Beispiel den Einfluss der menschlichen Siedlungen auf das Ökosystem Elbe.
- Begründen Sie eine Maßnahme zum Schutz der Gewässer. 4

5.4 Mit der Verbesserung der Wasserqualität der Elbe wurde in den 1990er-Jahren in einigen Nebenflüssen Lachsbrut ausgesetzt. Lachse sind hervorragend an den Lebensraum Wasser angepasst.

- Beschreiben Sie an einem Sachverhalt die Angepasstheit des Lachses an den Lebensraum Wasser. 2

5.5 Zwischen den Organismen der Elbe bestehen zahlreiche Nahrungsbeziehungen.
- Stellen Sie unter Verwendung folgender Organismen eine mögliche Nahrungskette, bestehend aus vier Gliedern, auf: erwachsener Lachs, Grünalgen, junger Flussbarsch, Bakterien, junge Plötze, Wasserfloh.
- Kennzeichnen Sie alle Konsumenten dieser Nahrungskette.
- Definieren Sie den Begriff Produzent. 5

5.6 Die Arbeitsgemeinschaft zur Reinhaltung der Elbe (ARGE) erhebt fortlaufend Daten über den Zustand des Ökosystems Elbe. Das nachfolgende Diagramm „Entwicklung der Anzahl der Fischarten“ zeigt statistische Daten von sächsischen Elbeabschnitten.

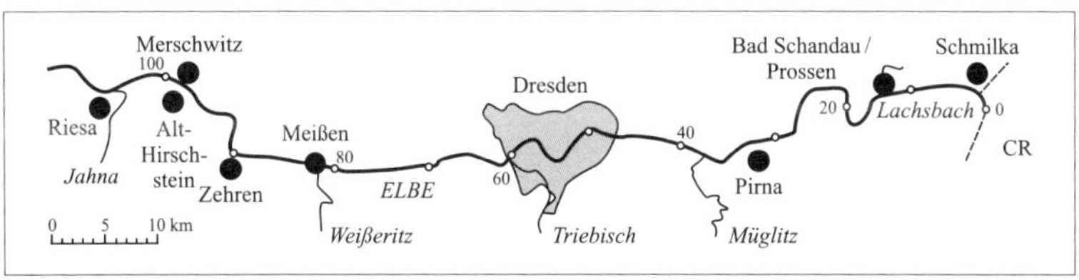

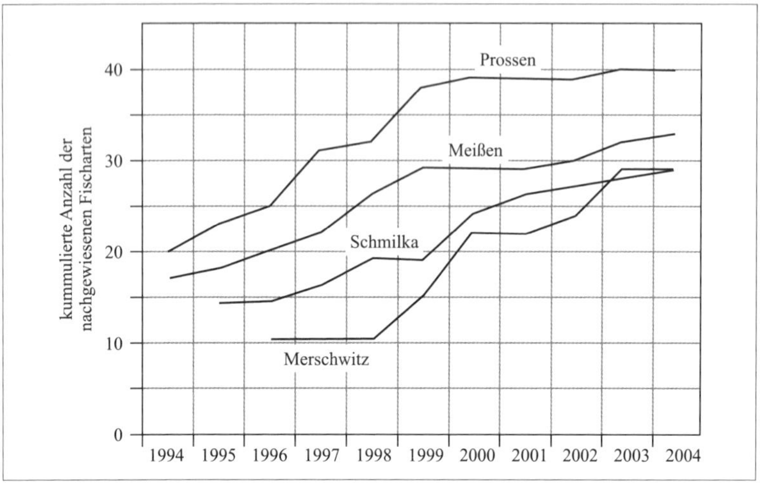

Quelle: ARGE für die Reinhaltung der Elbe, 2005; Autoren: Löffler, J., Bergemann, M., Gaumert, T.; www.arge-elbe.de

- Werten Sie das Diagramm hinsichtlich der Entwicklung in den Elbeabschnitten bei Prossen und Merschwitz aus.
- Formulieren Sie eine begründete Vermutung für die unterschiedliche Anzahl der Fischarten in diesen beiden Abschnitten. 4

Lösungen

5.1 *Bei dieser Aufgabe geht es um die Zuordnung der Umweltfaktoren der Elbe. Ordnen Sie diese in eine Tabelle ein. Wie wirkt sich der Umweltfaktor Licht auf das Wachstum und die Entwicklung von Fischen aus? Antworten Sie in ganzen Sätzen.*

Abiotische Umweltfaktoren	**Biotische Umweltfaktoren**
Fließgeschwindigkeit	Kieselalgen
Sauerstoffgehalt	Plötze

Friedfische sind Tiere, die von pflanzlicher Nahrung leben. Diese Pflanzen, z. B. Algen, gedeihen im Gewässer nur bei Einwirkung von Licht. Sie benötigen diesen Umweltfaktor für den Vorgang der **Fotosynthese**. Steigt das Lichtangebot, so steigt auch das Wachstum der Pflanzen an, und die Fische finden genügend Nahrung sowie Versteckmöglichkeiten und Brutplätze. Dadurch können sie sich gut entwickeln und vermehren.

5.2 *Bei dieser Aufgabe wird von Ihnen wieder konzentrierte Textarbeit gefordert. Entnehmen Sie dem Text zwei Verhaltensweisen, die dem Biber angeboren sind. Beantworten Sie die Frage, weshalb der Biber für die Elbe so wichtig ist, in vollständigen Sätzen. Übernehmen Sie die Tabelle in Ihre Arbeit und finden Sie im Text die fehlenden Informationen.*

Angeborene Verhaltensweisen des Bibers sind das Anhäufen von Ästen und Zweigen zum Bau von Dämmen sowie das Fällen von Bäumen.

Der Biber kann in seinen Wohnbauten durch das Stopfen von Löchern oder das Öffnen von Dämmen den **Wasserstand regulieren**. Damit hält er in den Uferbereichen seines Lebensraumes den Wasserstand konstant und sorgt für die Schaffung von neuen **Lebensräumen** für andere Lebewesen. Durch die Biberdämme wird z. B. die Fließgeschwindigkeit von Gewässerarmen verringert oder Gebiete überflutet. Dadurch können beispielsweise neue Seen entstehen.

Körpermerkmale des Bibers	**Bau**	**Funktion**
Fell	Mit langen Grannenhaaren besetzt, wasserdicht	Schutz vor Kälte und Wasser auf der Haut
Gliedmaßen	Kräftig, Füße mit Schwimmhäuten, breiter Schwanz (Kelle)	Schwimmen mit kräftigen Bewegungen
Nagezähne	Kräftiges Nagergebiss mit großen Schneidezähnen, starke Backenzähne	Bearbeitung von Zweigen, Wurzeln, Rinde; Fällen von Bäumen

5.3 *Stellen Sie in vollständigen Sätzen dar, wie menschliche Siedlungen sich auf das Ökosystem Elbe ausgewirkt haben.*
Es gibt viele Maßnahmen, die zum Schutz von Gewässern durchgeführt werden können. Wählen Sie eine davon aus und begründen Sie diese.

Im Mittelalter entstanden viele Städte an Wasserstraßen, die z. B. als Transportwege oder als Fischgewässer wichtig waren. Dadurch begann die Störung der Lebewesen sowie die Verschmutzung von Wasser und Ufer. Der Bau von Straßen und Brücken verdrängte viele Tier- und Pflanzenarten und nahm ihnen ihre Lebensräume.

Heute gelten für die Bebauung strenge gesetzliche Regelungen und die Nutzung der Elbe wird überwacht. Dieser strenge Schutz der Gewässer ist zum Erhalt der flussnahen Lebensräume und damit für den Fortbestand vieler Tier- und Pflanzenarten wichtig. Die Qualität des Wassers soll weiter erhöht und ehemals verdrängte Lebewesen wieder angesiedelt werden. Dies ist für den Menschen auch direkt von Bedeutung, da der Fluss als Trinkwasserspeicher dient.

5.4 *Wodurch sind Lachse an den Lebensraum Wasser ideal angepasst? Wählen Sie <u>ein</u> Merkmal aus und beschreiben Sie es in ganzen Sätzen.*

Lachse sind Fische, die auf ihren Wanderungen große Strecken zurücklegen müssen. Ihr Körper ist **stromlinienförmig**, damit die Tiere gut durch das Wasser gleiten können.

Oder:
- Seine **Flossen** dienen dem Lachs dazu, im Wasser Vortrieb zu erhalten und seine Körperbewegungen zu lenken.
- Durch ihre Körperfärbung sind die Lachse ideal an das Leben im Wasser angepasst. Zur **Tarnung** ist ihre Rückenseite dunkler gefärbt als die Bauchseite. Somit können sie von ihren Fressfeinden nur schwer entdeckt werden.

5.5 *Aus den gegebenen Organismen erstellen Sie eine Nahrungskette mit <u>vier</u> Gliedern. Benennen Sie <u>alle</u> Konsumenten dieser Nahrungskette. Was bedeutet der Begriff Produzent?*

Grünalge → **Wasserfloh → junge Plötze → erwachsener Lachs**

Oder z. B.:
Grünalge → **Wasserfloh → junger Flussbarsch → erwachsener Lachs**

Die Konsumenten sind in **Fettdruck** dargestellt.

Produzenten, auch Erzeuger genannt, sind alle grünen Pflanzen, die die Nahrungsgrundlage für die anderen Lebewesen bilden und den für die Atmung benötigten Sauerstoff erzeugen.

5.6 *Bei dieser Aufgabe müssen Sie die im Diagramm enthaltenen Daten ablesen und auswerten.*
Stellen Sie eine Vermutung auf, wie die unterschiedliche Anzahl der Fischarten an den Elbeabschnitten bei Prossen und bei Merschwitz zustande kommt.

Die Anzahl der Fischarten ist im gesamten Gebiet in den Jahren 1994 (1996) bis 2004 deutlich angestiegen. In Prossen hat sich die Artenzahl innerhalb von 10 Jahren von 20 auf 40 verdoppelt.
Die Anzahl der Fischarten in Merschwitz ist von 10 auf etwa 29 angewachsen und hat sich demnach fast verdreifacht.

Die unterschiedliche Anzahl der Fischarten kann in der unterschiedlichen Fließgeschwindigkeit, Sauberkeit oder Temperatur der jeweiligen Elbeabschnitte begründet liegen.
Der obere Elbeabschnitt im Bereich von Prossen mit der größten Artenanzahl verfügt sicherlich über eine bessere Wasserqualität als der Elbeabschnitt bei Merschwitz.

BE

6.1 Fortpflanzung und Entwicklung umfassen viele unterschiedliche Vorgänge.
– Ordnen Sie den nachfolgenden Vorgängen (1–6) die jeweils entsprechende Erläuterung (a–f) zu. 3

	Vorgang		Erläuterung
1	Befruchtung	a	Bildung von Tochterzellen aus einer Mutterzelle
2	Individualentwicklung	b	Übertragung von genetischem Material auf die Nachkommen
3	Vererbung	c	Übertragung männlicher Geschlechtszellen in die weiblichen Geschlechtsorgane
4	Zellteilung	d	Verschmelzen der Zellkerne einer Samenzelle und einer Eizelle
5	Wachstum	e	Entwicklung von der befruchteten Eizelle bis zum Tod
6	Begattung	f	durch Hormone gesteuerte Volumen- und Substanzzunahme

6.2 Viele Samenpflanzen sind bei ihrer Fortpflanzung auf Insekten angewiesen.

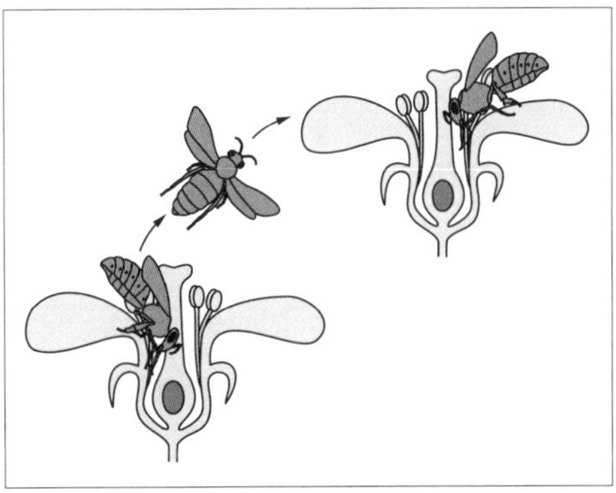

– Benennen Sie den in der Abbildung dargestellten Vorgang.
– Erläutern Sie an einem Sachverhalt, wie der Bau von Blüte und Insekt aufeinander abgestimmt sind. 3

6.3 Die kreuzweise Anordnung von Blütenteilen ist ein charakteristisches Merkmal der Familie der Kreuzblütengewächse. Bestimmen Sie mithilfe des nachfolgenden Bestimmungsschlüssels zwei Arten dieser Pflanzenfamilie. Lassen Sie sich dazu das Pflanzenmaterial vom Lehrer geben. Nutzen Sie den Bestimmungsschlüssel im Anhang.
– Notieren Sie für jede zu bestimmende Art:
  a) den jeweiligen Bestimmungsweg
  b) den Artnamen 4

6.4 Lesen Sie den folgenden Text zum Paarungsverhalten der Seidenlaubenvögel. Bearbeiten Sie die im Anschluss gestellten Aufgaben.

Paarungsverhalten der Seidenlaubenvögel

Der Seidenlaubenvogel lebt in den Wäldern Ostaustraliens. Im Frühjahr beginnt das Männchen mit dem Bau einer kunstvollen Balzlaube. Zuerst errichtet es eine Plattform aus Zweigen. In diese werden weitere Zweige eingeflochten, sodass zwei parallel stehende Wände entstehen, die anschließend bogenförmig geschlossen werden. Dann schmückt der Vogel den Eingang mit Blüten und Früchten. Auch glänzende Teile wie Steinchen, Federn oder Schalen von Muscheln werden verwendet. Mit einem Stöckchen als „Pinsel" bemalt das Männchen noch die Wände seiner Laube. Dazu produziert es Speichel, der mit einem blauen Beerensaft vermischt wird. Auf Weibchen wirkt die Farbe Blau besonders anziehend. Nach dieser Arbeit stolziert das Männchen vor seinem Bauwerk herum und gibt laute Rufe von sich. Das Weibchen wird durch diese Rufe angelockt und beobachtet das Männchen. Die Balz dauert meist mehrere Tage. Oft bietet das Männchen dem Weibchen noch ein Geschenk an. Ist das Weibchen endlich an einer Paarung interessiert, geht es in die Laube und hockt sich hin. Nach der kurzen Paarung verlässt es die bunte Laube und baut in einem Baum ein Nest für die Eiablage.

Textquelle: Rabisch, G., Jänicke, J., Dobers, J.: Erlebnis Biologie – Methoden und Basiskonzepte 5/6; Schroedel Verlag, 1999
Bildquelle: www.animalpicturesarchive.com/view.php?tid=3&did=20948

- Notieren Sie vier Signale, die auf das Weibchen des Seidenlaubenvogels einwirken.
- Erläutern Sie den Einfluss eines dieser Signale auf das Verhalten des Weibchens.
- Begründen Sie, welche Art der Fortpflanzung bei den Seidenlaubenvögeln vorliegt. 6

6.5 Menschen können ihre Fortpflanzung durch Empfängnisverhütung steuern.
- Erklären Sie die Wirkungsweise einer Verhütungsmethode.
- Übernehmen Sie die folgende Tabelle in ihre Arbeit. Ergänzen Sie die fehlenden Fakten. 4

Verhütungsmittel	**Kondom**	**Pille**
Vorteil	–	–
Nachteil	–	–

6.6 Die Gefahr einer Übertragung von HI-Viren kann durch geschützten Geschlechtsverkehr eingeschränkt werden. Zum Thema AIDS gibt es unterschiedliche Meinungen. Lesen Sie die nachfolgenden Aussagen. Bearbeiten Sie die im Anschluss gestellten Aufgaben.

Manfred:	AIDS kann jeder bekommen und man sieht es auch niemandem an, ob er sich infiziert hat.
Bernd:	Gegen AIDS lasse ich mich impfen, dann brauche ich mir keine Sorgen wegen einer Ansteckung zu machen.
Birgit:	Wenn man sich mit dem HI-Virus infiziert hat, bemerkt man unter Umständen einige Jahre nichts davon.
Monika:	Wenn ich Sex ohne Kondom hatte, lasse ich am nächsten Tag einen AIDS-Test machen, dann weiß ich, ob ich mich angesteckt habe.
Gunter:	Ich bin nicht schwul, deshalb ist AIDS für mich kein Thema.

- Notieren Sie die Namen der Personen, deren Aussage falsch ist.
- Begründen Sie Ihre Entscheidungen.
- Erstellen Sie einen Steckbrief mit folgenden Angaben zur Immunschwächekrankheit AIDS: Symptome, Inkubationszeit, Behandlung, Infektionsweg. 5

Anhang

Zu 6.3: Bestimmungsschlüssel zum Bestimmen von Kreuzblütengewächsen

1	Blüte gelb	**2**
1*	Blüte andersfarbig	**3**
2	Blüte etwa 1 cm groß	**4**
2*	Blüte deutlich kleiner als 1 cm	**Wege-Rauke**
3	Blüte rosa/blassviolett	**Wiesenschaumkraut**
3*	Blüte weiß	**5**
4	Blüte gelb, ohne Adern; Kelchblätter hellgrün, waagerecht	**Acker-Senf**
4*	Blüte hellgelb, mit Adern; Kelchblätter grün, aufrecht	**Acker-Hederich**
5	mittelgroße Blüten; beim Zerreiben Knoblauchgeruch	**Knoblauchsrauke**
5*	kleine Blüten; beim Zerreiben kein Knoblauchgeruch	**6**
6	Laubblätter mit Härchen; Früchte dreieckig	**Gemeines Hirtentäschel**
6*	Laubblätter ohne Härchen; Früchte rund	**Acker-Hellerkraut**

Lösungen

6.1 *Ihre Aufgabe ist es, den gegebenen Vorgängen die richtige Erläuterung zuzuordnen.*

Vorgang	Erläuterung
1	d
2	e
3	b
4	a
5	f
6	c

6.2 *Wie heißt der Vorgang, der auf dem Bild dargestellt ist?*
Wie passen Blüte und Insekt baulich zusammen, sodass dieser Vorgang in der Natur stattfinden kann? Erläutern Sie dies anhand eines Sachverhalts.

Vorgang: Bestäubung

Das Insekt wird durch die auffällige Farbe der Kronblätter sowie den Duft der Blüte angelockt und kriecht zur Nektarsuche in die Blüte hinein. Seine Mundwerkzeuge sind an die Aufnahme des Nektars angepasst, d. h. als Saugrüssel ausgebildet. Ist der Nektar aufgenommen, fliegt das Insekt zur nächsten Blüte, um den Vorgang zu wiederholen. Der an seinem Leib haftende Blütenstaub wird auf die klebrige Narbe der nächsten Blüte übertragen. Insekten sorgen mit ihrer Futtersuche also für die Bestäubung und die anschließende Befruchtung der Blüten.

6.3 *Ihnen liegen verschiedene Pflanzen der Familie der Kreuzblütengewächse vor. Geben Sie unter Benutzung des Bestimmungsschlüssels im Anhang zwei Pflanzennamen und den jeweiligen Bestimmungsweg an.*

Bestimmung von zwei Pflanzen z. B.:

a) 1* → 3* → 5* → 6 b) Gemeines Hirtentäschel
a) 1 → 2* b) Wege-Rauke

Oder:
a) 1* → 3* → 5 b) Knoblauchrauke

6.4 *Lesen Sie aufmerksam den vorgegebenen Text. Geben Sie zuerst vier Signale an, auf die das Weibchen reagiert.*
Wie wirkt eines dieser Signale auf das Verhalten des Weibchens ein?
Wie heißt die Art der Fortpflanzung, die bei den Seidenlaubenvögeln vorliegt? Begründen Sie Ihre Entscheidung.

Signale, die auf das Weibchen einwirken:
- Farbe der Balzlaube
- laute Rufe des Männchens
- Geschenk des Männchens
- Männchen präsentiert sich (balzt)

Die **prachtvolle Gestaltung der Balzlaube** mit glänzenden Teilen sowie die Farbe Blau machen auf das Weibchen besonderen Eindruck und führen nach tagelangem Werben zum Paarungserfolg.

Oder:
Die **lauten Rufe** des Männchens sagen dem Weibchen, dass die Laube für die Paarung fertiggestellt ist und locken das Weibchen dorthin.

Die **Paarung** ist Teil der **geschlechtlichen Fortpflanzung**. Bei der Paarung der Seidenlaubenvögel werden die Geschlechtszellen des Männchens in den Körper des Weibchens übertragen. Das bedeutet, dass eine **innere Befruchtung** stattfindet.

6.5 *Der Mensch hat verschiedene Methoden zur Empfängnisverhütung entwickelt. Wählen Sie eine Methode aus und erklären Sie, wie diese funktioniert.*
Vervollständigen Sie danach die Tabelle, die Sie in Ihre Arbeit übernommen haben.

Zur Empfängnisverhütung können verschiedene mechanische oder chemische Methoden eingesetzt werden. In jedem Fall soll verhindert werden, dass eine reife Eizelle von einer Samenzelle befruchtet wird.
Kondome verhindern das Eindringen von Sperma in die Scheide. Damit wird eine Befruchtung der Eizelle verhindert.

Oder:
Die **Pille** ist ein chemisches Präparat, welches durch unterschiedliche Hormonbestandteile die Reifung der Eizellen oder die Bildung von Gelbkörperhormonen verhindert und somit eine Befruchtung unmöglich macht.

Verhütungsmittel	**Kondom**	**Pille**
Vorteil	Bei sorgfältiger Anwendung relativ sicher, Schutz vor sexuell übertragbaren Krankheiten	Hohe Sicherheit, besser geeignet bei festen Beziehungen
Nachteil	Möglichkeit einer allergischen Reaktion auf das Material, aus dem das Kondom hergestellt ist	Möglichkeit von Nebenwirkungen, kein Schutz vor sexuell übertragbaren Krankheiten

6.6 *Lesen Sie sich die Aussagen der Personen genau durch. Schreiben Sie die Namen der Personen mit falschen Aussagen auf. Wählen Sie anschließend eine falsche Antwort aus und begründen Sie, weshalb diese Antwort nicht korrekt ist.*
Fertigen Sie dann einen Steckbrief zur Krankheit AIDS an. Benutzen Sie die vorgegebenen Schwerpunkte.

Bernd, Monika und Gunter haben falsche Antworten gegeben.

Begründung:
Bernd: Gegen das AIDS-Virus ist noch kein Impfstoff auf dem Markt. Deshalb ist keine Impfung möglich. Ein aktiver Schutz vor der Übertragung des Virus ist deshalb unbedingt erforderlich.

Oder:
- **Monika:** Der AIDS-Test am nächsten Tag ist unsinnig, da das Virus einige Zeit benötigt, um sich zu vermehren und im Körper auszubreiten. Erst dann kann es durch einen Test nachgewiesen werden. Deshalb ist ein aktiver Schutz gegen die Übertragung des Virus immer notwendig.
- **Gunter:** AIDS kann beim Geschlechtsverkehr sowohl von Männern als auch von Frauen durch die Körperflüssigkeiten übertragen werden. Daher ist die Krankheit kein Problem, das nur homosexuelle Menschen betrifft. Deshalb ist auch für Gunter stets ein Schutz vor einer Übertragung wichtig. Bei wechselnden Geschlechtspartnern ist das Kondom zwingend als Schutz erforderlich.

Steckbrief Immunschwächekrankheit AIDS:

Symptome:	Krankheitsanzeichen von Erkältung, Schwäche, Fieber, Erschöpfung, Hirnschädigungen
Inkubationszeit:	Wochen bis Jahre nach der Infektion
Behandlung:	Nur Linderung der Symptome möglich, keine Heilung
Infektionsweg:	Durch ungeschützten Geschlechtsverkehr (sexuell übertragbare Krankheit), über Fixerbestecke bei Drogensüchtigen, selten durch Bluttransfusionen

Realschulabschluss 2012 Biologie (Sachsen)
Pflichtaufgabe 1: Das Atmungssystem des Menschen

BE

1.1 Vergleicht man Einatem- und Ausatemluft, so stellt man fest, dass der Anteil von Kohlenstoffdioxid in der Ausatemluft höher ist als in der Einatemluft. Der Lehrer demonstriert Ihnen ein Experiment zum Nachweis des Kohlenstoffdioxids in der Ausatemluft.
- Geben Sie das verwendete Nachweismittel an.
- Notieren Sie Ihre Beobachtung. 2

1.2 In einer Stunde holen wir durchschnittlich 900-mal Luft. Durch die Atmungsorgane gelangt die Einatemluft in den Körper.

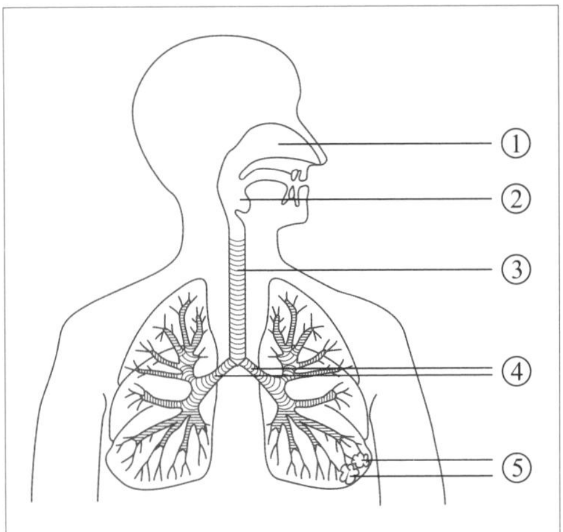

Atmungsorgane Mensch (schematisch)

- Benennen Sie vier der in der Abbildung gekennzeichneten Teile.
- Beschreiben Sie am Beispiel von Teil 5 einen Zusammenhang zwischen Bau und Funktion. 4

1.3 Rauchen ist eines der größten vermeidbaren Gesundheitsrisiken in Deutschland. Der Anteil der Raucherinnen und Raucher im Alter von 12 bis 17 Jahren hat sich mehr als halbiert und ist von 27,5 % im Jahr 2001 auf 12,9 % im Jahr 2010 zurückgegangen.
- Nennen Sie zwei mögliche Gründe für diese Entwicklung.
- Erläutern Sie an einem Sachverhalt die Schädlichkeit des Rauchens für den menschlichen Organismus. 3

Lösungen

1.1 *Beobachten Sie den vom Lehrer demonstrierten Nachweis des Kohlenstoffdioxids in der Ausatemluft genau. Nennen Sie das verwendete Nachweismittel und schreiben Sie Ihre Beobachtung auf.*

- Das Nachweismittel ist eine klare Barium- oder Calciumhydroxidlösung.
- Die klare Lösung trübt sich ein, es entsteht eine milchig-weiße Flüssigkeit.

1.2 *Die Abbildung zeigt schematisch die Atmungsorgane des Menschen. Benennen Sie vier der fünf gekennzeichneten Teile. Am Beispiel von Teil Nr. 5 sollen Sie den Bau und die entsprechende Funktion in einen Zusammenhang bringen.*

1 Nasenhöhle
2 Rachen
3 Luftröhre
4 Bronchien
5 Lungenbläschen

Die Vielzahl der Lungenbläschen bewirkt eine stark vergrößerte Oberfläche für den Austausch der Atemgase Sauerstoff und Kohlenstoffdioxid. Ein dichtes Netz von Kapillaren umspinnt jedes Lungenbläschen, damit der Sauerstoff schnell in die Blutbahn gelangen und in den Körper transportiert werden kann.

1.3 *Lesen Sie den einleitenden Text genau durch und erfassen Sie die angegebenen Zahlen. Geben Sie zwei Ursachen für diese Veränderungen an. Weshalb ist das Rauchen für den menschlichen Organismus schädlich? Zeigen Sie dies an einem Beispiel/Organsystem auf.*

Der Anteil der Raucher an der Altersgruppe der 12- bis 17-Jährigen ist von 27,5 % im Jahr 2001 auf 12,9 % im Jahr 2010 gesunken. Gründe dafür könnten die verstärkte Aufklärung über die Gefahren des Rauchens in der Schule sowie die hohen Kosten für Zigaretten sein.

Oder:
- Die Möglichkeiten zum Kauf von Zigaretten wurden für Jugendliche eingeschränkt.
- Das soziale Umfeld und die Erziehung der Kinder und Jugendlichen wirken dem Zigarettenkonsum verstärkt entgegen.

Rauchen bringt viele Giftstoffe (Teer, Nikotin, Kohlenstoffmonoxid) in den Körper, die an verschiedenen Organen bzw. Organsystemen Schäden hinterlassen, die Funktionen einschränken und das Risiko weiterer Erkrankungen stark erhöhen.

Realschulabschluss 2012 Biologie (Sachsen)
Pflichtaufgabe 2: Grundlagen der Genetik

BE

2.1 Wissenschaftler entdeckten 1878 in den Zellen Strukturen, die als Chromosomen bezeichnet werden.
- Notieren Sie den Zellbestandteil, der Chromosomen enthält.
- Skizzieren Sie ein Chromosom.
- Beschriften Sie zwei Teile des skizzierten Chromosoms. 3

2.2 Bei Untersuchungen der Chromosomen stellten Forscher fest, dass diese eine fadenförmige Substanz enthalten, die DNA (DNS).
- Übertragen Sie den Lückentext in Ihre Aufzeichnungen und ergänzen Sie die fehlenden Fakten. 2

> Die DNA ist ein Riesenmolekül und hat die Form einer ___________. Die beiden Einzelstränge bestehen abwechselnd aus ___________ und Phosphorsäureresten. Die Verbindung der Einzelstränge erfolgt durch organische Basen. Dabei gehen jeweils Adenin mit Thymin und Guanin mit ___________ eine Bindung ein. Eine Funktion der DNA ist die ___________ der Erbinformation.

2.3 Mutagene wirken auf die Erbanlagen ein. Dies kann zu Veränderungen im Erscheinungsbild von Lebewesen führen. Beispielsweise können Albinoformen den Farbstoff Melanin nicht herstellen. Bei Vögeln führt das u. a. dazu, dass das Gefieder weiß ist.

Amselmännchen (Normalform)
Quelle: © Prentiss40/Dreamstime.com

Amselmännchen (Albinoform)
Quelle: Umweltzentrum Schneckenhaus, Grevenbroich

- Geben Sie zwei Mutagene an.
- Beurteilen Sie die Überlebenschance eines Albinos in der Natur. 3

Lösungen

2.1 *Benennen Sie den Teil der Zelle, in dem sich die Chromosomen befinden. Zeichnen Sie anschließend ein Chromosom und geben Sie für zwei Teile den Namen an.*

Die Chromosomen befinden sich im **Zellkern** der Zelle.

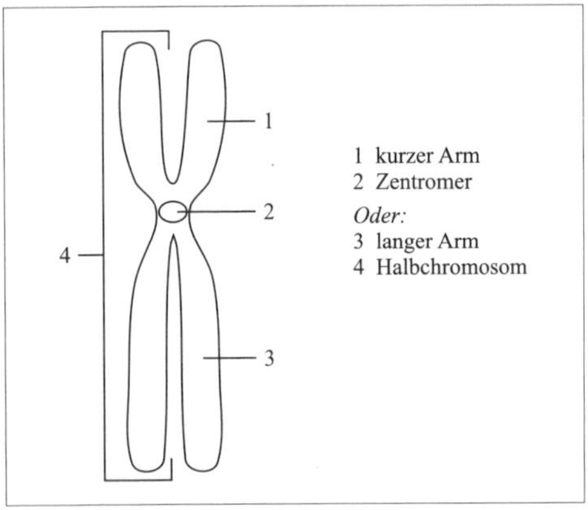

2.2 *Übernehmen Sie den vorgegebenen Lückentext vollständig in Ihre Prüfungsarbeit und setzen Sie in die Lücken die richtigen Begriffe ein.*

Die DNA ist ein Riesenmolekül und hat die Form einer **Doppelspirale/Doppelhelix**. Die beiden Einzelstränge bestehen abwechselnd aus **Zucker** und Phosphorsäureresten. Die Verbindung der Einzelstränge erfolgt durch organische Basen. Dabei gehen jeweils Adenin mit Thymin und Guanin mit **Cytosin** eine Bindung ein. Eine Funktion der DNA ist die **Weitergabe/Speicherung** der Erbinformation.

2.3 *Betrachten Sie die Abbildung der beiden Vögel und überlegen Sie, was zu dieser Veränderung geführt hat. Welche Mutagene kennen Sie? Nennen Sie zwei davon.*
Wie groß ist die Chance eines Tiers mit weißem Gefieder, in der Natur zu überleben? Weshalb ist das so?
Als Mutagene werden mutationsauslösende Faktoren bezeichnet.

Beispiele für **Mutagene:**
- radioaktive Strahlung
- Pflanzengifte

Oder:
- Röntgenstrahlung
- Temperaturschocks

Die Überlebenschancen eines Albinos in der freien Natur sind sehr schlecht, da ihnen die Tarnung (Gefiederfarbe) fehlt und sie somit von ihren natürlichen Feinden sehr schnell erkannt werden. Auch bei der eigenen Nahrungssuche sind sie benachteiligt, da sie von ihren Beutetieren frühzeitig wahrgenommen werden. Ein ausreichender UV-Schutz ist ebenfalls nicht vorhanden.

Realschulabschluss 2012 Biologie (Sachsen)
Pflichtaufgabe 3: Stammesentwicklung des Menschen

BE

3.1 Mensch und Menschenaffen sind stammesgeschichtlich eng miteinander verwandt. Die Unterschiede zwischen Mensch und Schimpanse sind in einer etwa 2-prozentigen Abweichung ihrer Erbanlagen begründet.

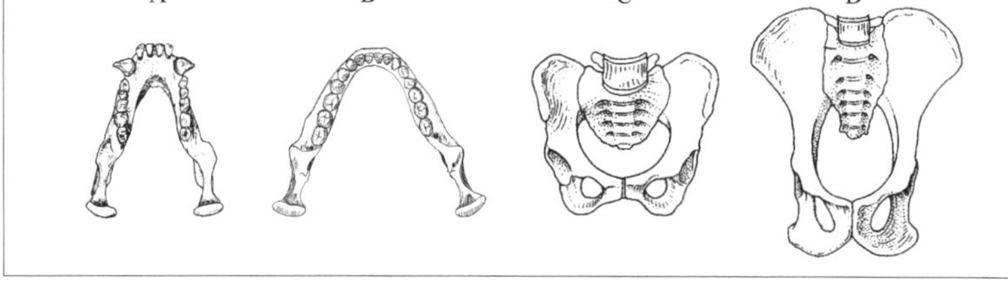

Gebisse und Becken von Mensch und Schimpanse (schematisch)
Quellen: Gebisse: Bernhard G. Campbell: Entwicklung zum Menschen. Stuttgart: Fischer 1972. Uni-Taschenbücher, 170; Becken: Leslie Aiello, Christopher Dean: An Introduction to Human Evolutionary Anatomy, © 2002 Elsevier

- Notieren Sie die Buchstaben der Abbildungen, die dem Menschen zuzuordnen sind.
- Wenden Sie das Erschließungsfeld Bau und Funktion auf eine der Abbildungen (A–D) an. 3

3.2 Der aufrechte Gang stellt eine wesentliche Etappe in der Menschwerdung dar.
- Erläutern Sie einen Vorteil des aufrechten Ganges. 2

3.3 Zahlreiche Wissenschaftler gehen davon aus, dass der Ursprung der Menschheit in Afrika liegt. Die Vielfalt der Menschen wird u. a. mit der Besiedelung neuer Lebensräume in anderen Klimazonen erklärt.
- Geben Sie zwei abiotische Umweltfaktoren an, die den Menschen die Besiedelung neuer Lebensräume erschwert haben.
- Erläutern Sie an einem Beispiel die Angepasstheit des Menschen an klimatische Verhältnisse. 3

Anhang: Überblick Erschließungsfelder

Vielfalt:	Vorhandensein von Gemeinsamkeiten und Unterschieden in den Merkmalen Bau, Funktion, Verhalten von Lebewesen sowie deren Lebensräumen
Bau und Funktion:	Zusammenhänge zwischen dem Bau von Körperteilen oder Organen und deren entsprechenden Aufgaben
Angepasstheit:	Merkmale von Lebewesen, die das Leben in einem bestimmten Lebensraum ermöglichen
Information:	Fähigkeit der Lebewesen, Signale zu senden und auf Signale zu reagieren
Fortpflanzung:	Geschlechtliche und ungeschlechtliche Erzeugung von Nachkommen
Wechselwirkung:	Ursache-Wirkungs-Beziehung im Lebewesen, zwischen Lebewesen sowie zwischen Lebewesen und ihrer Umwelt

Lösungen

3.1 *Betrachten Sie die schematischen Abbildungen von Gebissen und Becken von Mensch und Schimpanse. Welche Abbildungen gehören zum Menschen? Wählen Sie eine Abbildung aus und erklären Sie anhand des Erschließungsfeldes Bau und Funktion das Aussehen mit den entsprechenden Aufgaben des Gebisses oder des Beckens.*

Mensch: Abbildung B und C

Dies ist daran zu erkennen, dass der Kiefer halbrund ist und keine großen Eckzähne aufweist und das Becken breit und schüsselförmig gebaut ist.

Das Gebiss ist mit seinen Schneide-, Eck- und Backenzähnen an die jeweilige Ernährung angepasst. Beim Menschen sind alle Zähne relativ klein und er benötigt keine Reißzähne mehr, da seine Nahrung nicht mehr aus rohem Fleisch besteht. Die Backenzähne zermahlen pflanzliche und tierische Kost und die Schneidezähne sind kräftig genug, um von den gegarten Nahrungsmitteln abzubeißen.

3.2 *Weshalb stellt der aufrechte Gang in der Entwicklung des Menschen einen Vorteil dar? Nennen Sie einen Grund.*

Durch den aufrechten Gang verlagerte sich das Sichtfeld des Menschen weiter nach oben. Dadurch konnte er sich nähernde Feinde früher erkennen und seine Umgebung besser wahrnehmen. Auch sein Jagderfolg erhöhte sich, da er seine Beute bereits aus größerer Entfernung erkennen konnte.

Oder:
Die Hände wurden für das Sammeln von Früchten frei oder konnten für die Bearbeitung von Werkzeug genutzt werden.

3.3 *Lesen Sie aufmerksam den einleitenden Text. Nennen Sie zwei abiotische Umweltfaktoren, die auf die Menschen bei der Besiedelung neuer Lebensräume in anderen Klimazonen einwirkten.*
Welche Angepasstheiten des Menschen an das Klima kennen Sie? Nennen Sie ein Beispiel.

Abiotische Umweltfaktoren, die den Menschen die Besiedelung neuer Lebensräume erschwert haben:
- Temperaturschwankungen und Kälte in nördlichen Regionen
- starke Winde

Oder:
- häufige Nässe in Form von Regen oder Schnee
- weniger Sonnenlicht durch die Entfernung vom Äquator

Angepasstheit bedeutet, dass die körperlichen Merkmale das Leben in einem bestimmten Lebensraum ermöglichen.

Eine Anpassung des Menschen an die klimatischen Verhältnisse ist seine Hautfarbe. Je dunkler die Pigmentierung, desto größer ist der UV-Schutz durch das Melanin in der Haut. Menschen in sonnenreichen Teilen der Erde sind mit ihrer dunkleren Hautfarbe an diesen Umweltfaktor angepasst. Auch die Haut von Menschen mit hellerem Hauttyp schützt sich im Sommer durch die Bildung von Melanin. Es kommt zu einer Bräunung.

BE

4.1 In Form von Pommes frites, Kartoffelchips, Röstkartoffeln, Salzkartoffeln oder Püree landen Kartoffeln fast täglich auf unseren Tellern. Kaum vorstellbar, dass diese Samenpflanze erst seit ca. 250 Jahren in Deutschland angebaut wird.

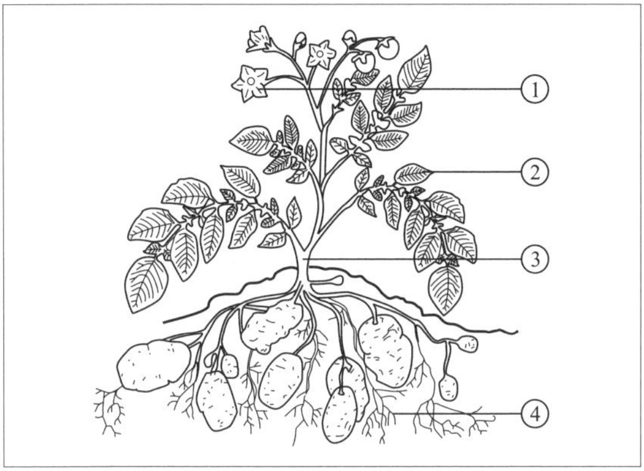

Kartoffelpflanze (schematisch)

– Benennen Sie die in der Abbildung gekennzeichneten Teile.
– Ordnen Sie zwei der benannten Teile je eine Funktion zu. 3

4.2 In der Kartoffel sind Stoffe gespeichert, die für die Ernährung von großer Bedeutung sind. Weisen Sie nach, ob in der Kartoffel der Speicherstoff Stärke enthalten ist.
– Fordern Sie das Nachweismittel für Stärke beim Lehrer schriftlich an.
– Führen Sie das Experiment durch und notieren Sie Ihre Beobachtung.
– Werten Sie Ihre Beobachtung aus. 3

4.3 Neben der Kartoffel zählt der Mais zu den wichtigsten Kulturpflanzen. Dabei ist das Wissen über die Gestaltung optimaler Umweltfaktoren für das Erzielen hoher Erträge ausschlaggebend.

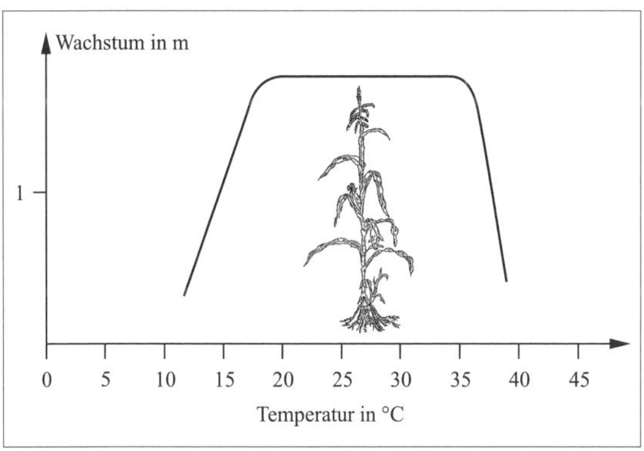

Toleranzkurve von Mais
Quelle: Erlebnis Biologie Sachsen, Arbeitsheft Kl. 7; Schroedel

- Geben Sie den Toleranzbereich der Maispflanze für den Umweltfaktor Temperatur an.
- Notieren Sie den Temperaturbereich, in dem sich die Maispflanze optimal entwickeln kann.
- Erläutern Sie die Wirkung eines biotischen Umweltfaktors auf die Entwicklung einer Maispflanze. 4

4.4 Kaum ist im Frühjahr der erste Schnee geschmolzen, beginnt die Aussaat von Samen.
Bereits Mendel erkannte, dass die Merkmalsanlagen der Eltern nach bestimmten Gesetzen an die Nachkommen weitergegeben werden. Er kreuzte u. a. Erbsenpflanzen, deren Hülsenformen voneinander abwichen. Dabei stellte sich heraus, dass in der ersten Tochtergeneration (F1) alle Hülsen eine glatte Form hatten.

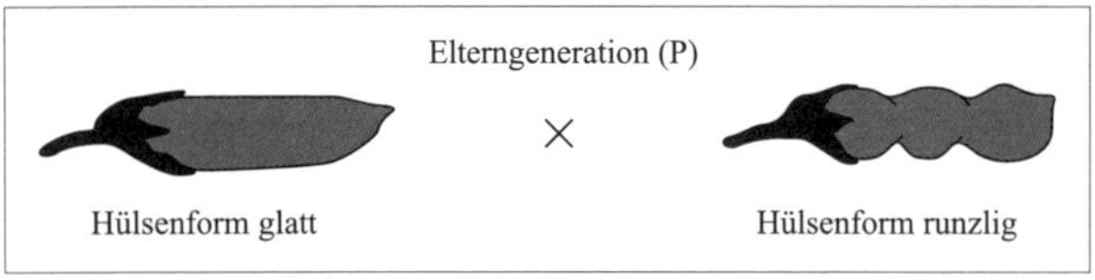

Hülsenformen der Elterngeneration (schematisch)

- Erstellen Sie ein entsprechendes Kreuzungsschema bis zur ersten Tochtergeneration. Legen Sie für die Merkmalsanlagen eine geeignete Symbolik fest.
- Begründen Sie das Aussehen der Hülsen in der ersten Tochtergeneration.
- Formulieren Sie den Wortlaut der zutreffenden Mendelschen Regel. 7

4.5 Neben der herkömmlichen Pflanzenzucht spielen gentechnische Verfahren zur Veränderung der Organismen seit einigen Jahrzehnten eine bedeutende Rolle.
Lesen Sie dazu auch den folgenden Text zur Gentechnik und bearbeiten Sie die im Anschluss gestellten Aufgaben.

Gentechnik auf dem Vormarsch

„Während in der herkömmlichen Tier- und Pflanzenzucht meist Erbgut innerhalb derselben Art neu kombiniert wird, entstehen durch Übertragung von Genen anderer Arten transgene Organismen, die mit den herkömmlichen Methoden nicht gezüchtet werden können. Dem Raps zum Beispiel, einem wichtigen Lieferanten pflanzlicher Öle, wird ein Gen einer anderen Art übertragen. Es bewirkt eine Resistenz (Unempfindlichkeit) gegen Unkrautvernichtungsmittel, die Herbizide. So entsteht eine transgene *herbizidresistente* Rapssorte, bei deren Anbau unerwünschte Wildkräuter bekämpft werden können, ohne den Raps zu schädigen. Auch bei anderen Nutzpflanzen wie Mais und Baumwolle wird dieses Verfahren angewendet. Da die Zusammensetzung des Rapsöles nicht immer den Ansprüchen der Industrie genügte, wollte man auch die Zusammensetzung des Öls an Fettsäuren verändern. In das Erbgut des Rapses wurde daraufhin ein Gen des Lorbeerbaums eingeschleust. Es gelang dadurch, eine transgene Rapssorte mit veränderten Inhaltsstoffen zu züchten."

Quelle: Erlebnis Biologie Kl. 9, Sachsen; Schroedel

- Erklären Sie den Begriff „transgene Organismen".
- Geben Sie zwei Eigenschaften an, die beim transgenen Raps erzielt wurden.
- Beurteilen Sie die Anwendung gentechnischer Verfahren. 5

4.6 Der steigende Bedarf an nachwachsenden Rohstoffen führt dazu, dass immer mehr natürliche Lebensräume den Anbauflächen für Kulturpflanzen weichen müssen.
- Nennen Sie zwei Gründe für die steigende Nachfrage an nachwachsenden Rohstoffen.
- Beschreiben Sie eine mögliche Auswirkung dieser Entwicklung für die nachfolgenden Generationen. 3

Lösungen

4.1 *Betrachten Sie die schematische Abbildung der Kartoffelpflanze und geben Sie für alle Teile den Namen an. Ergänzen Sie für zwei der vier Teile je eine Aufgabe.*

Gekennzeichnete Teile:
1 Blüte
2 Laubblatt
3 Sprossachse
4 Wurzel

Funktionen:

Teile der Samenpflanze	Funktionen
1 Blüte	Samenbildung *oder:* Fortpflanzung
2 Laubblatt	Fotosynthese *oder:* Gasaustausch

Oder:

3 Sprossachse	Leitung von Wasser und Nährstoffen
4 Wurzel	Nährstoffaufnahme *oder:* Wasseraufnahme, Verankerung im Boden

4.2 *Hier sollen Sie den Speicherstoff Stärke in einer Kartoffel nachweisen. Bestellen Sie das Nachweismittel dafür schriftlich beim Lehrer. Anschließend machen Sie selbstständig das Experiment und schreiben auf, was Sie beobachtet haben. Zuletzt erklären Sie Ihre Beobachtungen.*

Nachweis des Speicherstoffs Stärke
- **Nachweismittel:** Iod-Kaliumiodidlösung
- **Durchführung:** Das Nachweismittel wird auf ein Kartoffelstück getropft.
- **Beobachtung:** Die Kartoffel färbt sich nach Zugabe des Nachweismittels violett bis schwarz.
- **Auswertung:** Durch die Verfärbung der Kartoffel zeigt sich, dass in der Kartoffel der Speicherstoff Stärke enthalten ist.

4.3 *Betrachten Sie die Abbildung der Toleranzkurve von Mais genau. In welchem Temperaturbereich gedeiht die Maispflanze? In welchem Temperaturbereich entwickelt sie sich besonders gut? Wählen Sie danach einen biotischen Umweltfaktor aus und erklären Sie, wie dieser auf die Maispflanze einwirkt.*

Toleranzbereich: 12 °C – 38 °C
Optimumswert: 20 °C – 35 °C

Wirkung eines biotischen Umweltfaktors auf die Maispflanze:
Ein biotischer Umweltfaktor sind z. B. andere Maispflanzen, die als Konkurrenten auftreten. Wenn zwei Maispflanzen zu dicht nebeneinander wachsen, konkurrieren sie miteinander um Nährstoffe, Wasser und Licht.

Oder:
Ein biotischer Umweltfaktor sind Fressfeinde. Hamster beispielsweise fressen auf ihrer Suche nach Nahrung die Maispflanze an und schädigen sie dadurch.

4.4 *Lesen Sie den einleitenden Text aufmerksam durch. Fertigen Sie das Ihnen bekannte Kreuzungsschema an. Finden Sie für die Merkmale selbst geeignete Abkürzungen. Erklären Sie, weshalb die Hülsen in der ersten Tochtergeneration so aussehen. Schreiben Sie den Wortlaut des Mendelschen Gesetzes auf, welches hier angewendet wurde.*

Kreuzungsschema bis zur F1-Generation:

Legende:
A: dominante Merkmalsanlage
a: rezessive Merkmalsanlage

P-Generation: AA aa
Phänotyp: glatt runzlig
Genotyp: reinerbig reinerbig
Keimzellen: A A a a

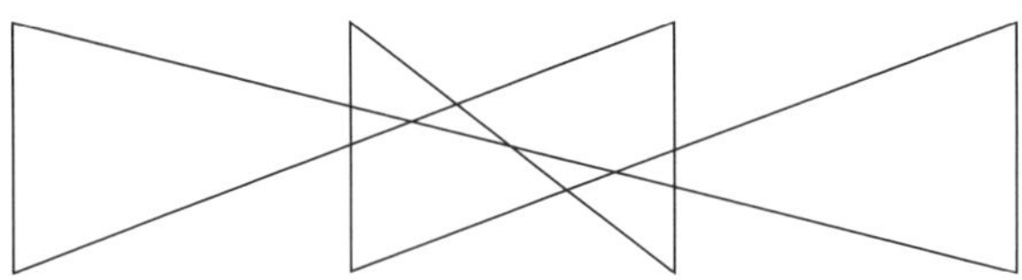

F1-Generation: Aa Aa Aa Aa
Phänotyp: glatt
Genotyp: mischerbig

Die Hülsen der ersten Tochtergeneration F1 müssen glatt sein, weil die glatte Hülsenform in der Elterngeneration als dominantes Merkmal auftritt. Das Merkmal „runzelige Hülsenform“ ist dagegen rezessiv und kann sich daher bei Mischerbigkeit nicht durchsetzen.

Hier findet das **1. Mendelsche Gesetz** Anwendung **(Uniformitätsgesetz):**
Kreuzt man zwei Individuen, die in einem Merkmal unterschiedlich, aber jeweils reinerbig sind, so sind die Nachkommen in der 1. Tochtergeneration in diesem Merkmal untereinander gleich.

4.5 *Lesen Sie konzentriert den vorliegenden Text und beantworten Sie die Fragen dazu. Was sind transgene Organismen? Welche Eigenschaften hat der transgene Raps? Nennen Sie zwei der Merkmale. Geben Sie anschließend Ihre Meinung zur Anwendung gentechnischer Verfahren wider.*

Transgene Organismen sind Arten, die durch Übertragung von Genen anderer Arten in ihrem Erbgut verändert wurden.

Eigenschaften von transgenem Raps:
- Unempfindlichkeit (Resistenz) gegen Unkrautvernichtungsmittel (Herbizidresistenz)
- veränderte Zusammensetzung des Öls durch Beeinflussung des Fettsäuregehaltes

Die **Anwendung gentechnischer Verfahren** kann für den Menschen von Vorteil sein, da die transgenen Nutzpflanzen widerstandsfähiger sind und dadurch bessere Erträge liefern. Es lassen sich ständig neue Sorten erzeugen, um die Wünsche der Menschen immer besser erfüllen zu können. Allgemein werden durch die Gentechnik neue Verfahren entwickelt, um Wirkstoffe zum Wohle des Menschen zu produzieren.
Einem Missbrauch der Möglichkeit zur gentechnischen Veränderung von Lebewesen muss jedoch durch Kontrollen und Informationen bzw. Transparenz entgegengewirkt werden.

4.6 *Erklären Sie, weshalb immer mehr nachwachsende Rohstoffe angebaut werden müssen. Nennen Sie zwei Gründe dafür. Welche Folgen hat dieser Anbau für die nachfolgenden Generationen?*
Als nachwachsende Rohstoffe werden z. B. Holz und Pflanzenöle bezeichnet.

Gründe für den steigenden Bedarf:
- Energiebedarf steigt
- Weltbevölkerung nimmt zu

Oder:
- Umdenken hat begonnen: nachwachsende Rohstoffe werden den anderen Rohstoffen vorgezogen

Um nachwachsende Rohstoffe anbauen zu können (z. B. Ölpalmen), müssen riesige Flächen bereitgestellt werden. Diese Areale werden beispielsweise durch die Brandrodung von Regenwald gewonnen. Damit fehlen große Waldbestände zur Sauerstoffproduktion und die Brände geben zusätzlich enorme Mengen an Kohlenstoffdioxid und Verschmutzung in die Atmosphäre ab. Viele Pflanzen- und Tierarten werden verdrängt oder ausgerottet.

Oder:
Um die nachwachsenden Rohstoffe anbauen zu können, werden die ursprünglich für die Produktion von Nahrungspflanzen genutzten Felder verwendet. Durch die Reduzierung der Anbauflächen verteuern sich die Nahrungspflanzen, wodurch es zu Hungersnöten kommen kann.

BE

5.1 Die Ernährung ist ein Merkmal aller Lebewesen. Mit dem Wort Ernährung bringt man viele Begriffe in Verbindung.

- Ordnen Sie den nachfolgenden Begriffen (1–6) jeweils die entsprechende Erläuterung (a–f) zu. 3

Begriffe	
1	autotrophe Ernährung
2	heterotrophe Ernährung
3	Kohlenhydrate
4	Eiweiße (Proteine)
5	Konsumenten
6	Produzenten

Erläuterungen	
a	Nährstoffe, die vorwiegend dem Zellaufbau dienen
b	Ernährungsform von Zellen mit Chloroplasten
c	Lebewesen, die sich von körperfremden organischen Stoffen ernähren
d	Ernährungsform von Zellen ohne Chloroplasten
e	Lebewesen, die durch Fotosynthese organische Stoffe erzeugen
f	Nährstoffe, die vorwiegend der Energiefreisetzung dienen

5.2 Die Fotosynthese ist ein grundlegender Prozess für das Leben auf der Erde. Samenpflanzen nehmen für diesen Vorgang Stoffe aus dem Boden und der Luft sowie Energie aus der Umwelt auf.

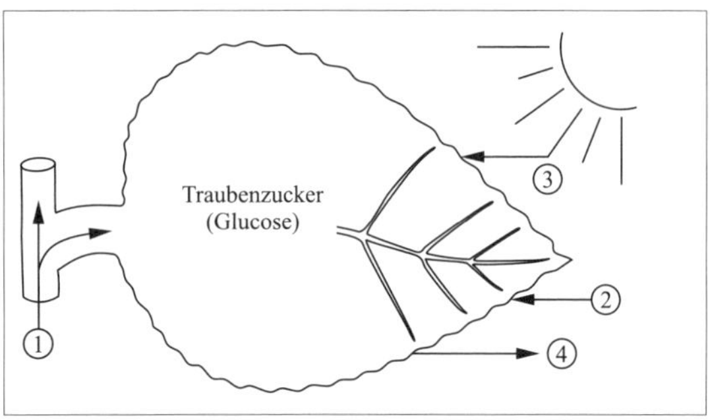

Schema Fotosynthese

- Geben Sie für die Ziffern 1–4 die fehlenden Begriffe zum Vorgang der Fotosynthese an.
- Nennen Sie den Zellbestandteil, in dem die Fotosynthese stattfindet.
- Begründen Sie die folgende Aussage: „Die Fotosyntheseleistung einer Pflanze ist bei starker Luftverschmutzung eingeschränkt.“ 5

5.3 Säugetiere verfügen entsprechend ihrer Nahrung über spezialisierte Gebissformen.

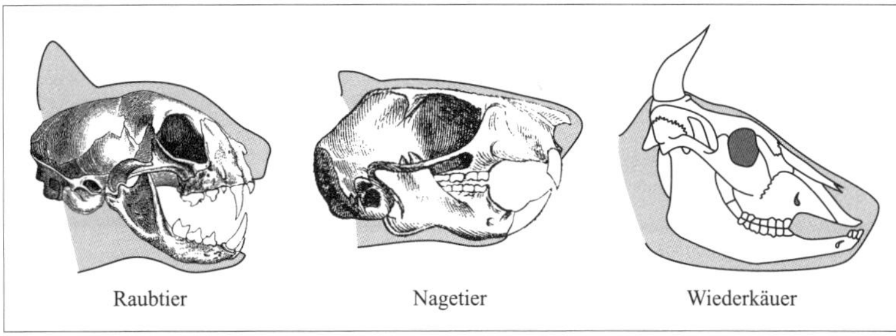

Gebissformen von Säugetiergruppen (schematisch)

- Wenden Sie das Erschließungsfeld Bau und Funktion auf eine der abgebildeten Gebissformen an.
- Erläutern Sie an einem Beispiel einen Nachteil von Spezialisierungen. 4

5.4 Zahlreiche Menschen ernähren sich nicht gesund. Dies äußert sich unter anderem im Körpergewicht. Das Diagramm zeigt den Toleranzbereich für das Körpergewicht von Kindern und Jugendlichen im Alter von 3 bis 17 Jahren.

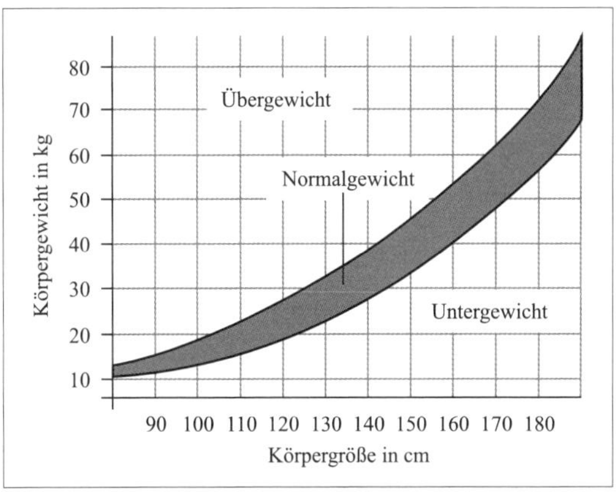

Toleranzbereich für Körpergewicht
Quelle: Erlebnis Biologie 7 Sachsen; Schroedel-Verlag

- Ermitteln Sie mithilfe des Diagramms, ob Anja (1,75 m/40 kg) und Felix (1,50 m/75 kg) normal-, unter- oder übergewichtig sind und notieren Sie Ihre Ergebnisse.
- Nennen Sie zwei gesundheitsbeeinträchtigende Folgeerscheinungen von Übergewicht.
- Begründen Sie für Anja **oder** Felix einen Vorschlag für eine gesunde Lebensweise. 4

5.5 Die Krankheit Skorbut entsteht durch unzureichende Aufnahme des wasserlöslichen und hitzeempfindlichen Vitamin C. Mittels eines Experiments lässt sich feststellen, ob ein Lebensmittel Vitamin C enthält. Lesen Sie dazu die nachfolgende Versuchsdurchführung:

Vitamin-C-Nachweis

Einer Lebensmittelprobe in einem Reagenzglas werden etwa 2 Pipettenfüllungen einer verdünnten Kaliumpermanganatlösung zugegeben. Anschließend wird der Inhalt zwei Minuten geschüttelt. Vitamin-C-haltige Lebensmittel bewirken eine Farbveränderung der Kaliumpermanganatlösung.

- Überprüfen Sie experimentell die Proben von Apfel und Gurke auf das Vorhandensein von Vitamin C. Die benötigten Materialien erhalten Sie vom Lehrer.
- Notieren Sie Ihre Beobachtungen.
- Werten Sie die Beobachtungen aus.
- Begründen Sie die folgende Kochregel: „Gemüse sollte erst nach dem Waschen zerkleinert werden.“ 6

5.6 Essstörungen, wie z. B. Magersucht und Bulimie, können verschiedene Ursachen haben. Lesen Sie dazu auch den folgenden Erlebnisbericht und bearbeiten Sie die im Anschluss gestellten Aufgaben.

Erlebnisbericht:
Per, 22 Jahre, Student

„Wir waren nach außen hin eine Familie, in der alles stimmte. Über Gefühle wurde aber wenig gesprochen, Schwächen durfte keiner zeigen. In mich als Sohn wurden hohe Erwartungen gesteckt. In der Schule und im Studium musste alles glatt gehen. Mein heimliches Essen durchbrach die Ordnung. Ich gab mich dem Hunger nach irgendwas hin und steckte mein ganzes Geld in Essen, das ich heimlich herbeischaffte. Lange Zeit verbrachte ich im Bad und ließ das Wasser laufen, damit keiner merkte, wenn ich mich übergab. Das ging fast zwei Jahre so. Eigentlich bin ich erst davon losgekommen, als ich meine feste Freundin kennenlernte. Von ihr fühle ich mich angenommen, so wie ich bin – auch als Mann.“

Quelle: Erlebnis Biologie 7 Sachsen; Schroedel

- Notieren Sie für die vorgestellte Essstörung je zwei Ursachen und Folgen.
- Geben Sie zwei Hilfsmöglichkeiten für Per an. 3

Anhang: Überblick Erschließungsfelder

Vielfalt:	Vorhandensein von Gemeinsamkeiten und Unterschieden in den Merkmalen Bau, Funktion, Verhalten von Lebewesen sowie deren Lebensräumen
Bau und Funktion:	Zusammenhänge zwischen dem Bau von Körperteilen oder Organen und deren entsprechenden Aufgaben
Angepasstheit:	Merkmale von Lebewesen, die das Leben in einem bestimmten Lebensraum ermöglichen
Information:	Fähigkeit der Lebewesen, Signale zu senden und auf Signale zu reagieren
Fortpflanzung:	Geschlechtliche und ungeschlechtliche Erzeugung von Nachkommen
Wechselwirkung:	Ursache-Wirkungs-Beziehung im Lebewesen, zwischen Lebewesen sowie zwischen Lebewesen und ihrer Umwelt

Lösungen

5.1 *Lesen Sie die Begriffe und die Erläuterungen und entscheiden Sie, welche Ziffer mit welchem Buchstaben kombiniert werden muss. Schreiben Sie diese Kombinationen in Ihre Arbeit.*

Vorgang	Erläuterung
1	b
2	d
3	f
4	a
5	c
6	e

5.2 *Betrachten Sie die schematische Darstellung der Fotosynthese und nennen Sie die den Ziffern entsprechenden Begriffe.*
Schreiben Sie genau den Teil der Zelle auf, in dem die Fotosynthese stattfindet. Finden Sie Argumente, die für einen negativen Zusammenhang zwischen Fotosyntheseleistung und Luftverschmutzung sprechen.

1 Wasser
2 Kohlenstoffdioxid
3 Licht
4 Sauerstoff

Die Fotosynthese findet in den **Chloroplasten** statt.

Die Fotosyntheseleistung einer Pflanze ist bei starker Luftverschmutzung deshalb eingeschränkt, weil zum einen durch die trübe Luft weniger Sonnenlicht auf die Blätter trifft und zum anderen Staub auf der Blattfläche die Aufnahme von CO_2 behindern kann.

5.3 *Betrachten Sie die abgebildeten Gebissformen der Säugetiergruppen. Lesen Sie das Erschließungsfeld Bau und Funktion im Anhang und erklären Sie für <u>eine</u> Gebissform den Zusammenhang zwischen Bau und Funktion.*
Weshalb sind Spezialisierungen für Lebewesen auch von Nachteil? Zeigen Sie dafür <u>ein</u> Beispiel auf.

Die Gebisse der abgebildeten Säugetiergruppen sind an die jeweilige Nahrungsart angepasst und so gebaut, dass jeder Teil eine bestimmte Funktion erfüllen kann.
Das **Raubtier** hat kleine Schneidezähne zum Abschaben des Fleisches von den Knochen, große Eckzähne zum Festhalten und Töten der Beute, Reißzähne zum Zerfetzen des Fleisches sowie die Backenzähne zum Zerkleinern der Nahrung.

Oder:
- Der **Wiederkäuer** benötigt als Pflanzenfresser viele große Backen- und Mahlzähne, um die reine Pflanzenkost zu zerkleinern. Eck- und Reißzähne werden nicht benötigt. Auch die Vorderzähne des Oberkiefers sind reduziert.
- Das **Nagetier** hat große Vorderzähne, die als Nagezähne z. B. zum Öffnen von Nüssen dienen. Die Backenzähne sind für das Zermahlen der Nahrung zuständig. Eckzähne werden nicht benötigt und sind daher reduziert.

Eine **Spezialisierung** ist eine Anpassung an bestimmte Bedingungen z. B. bestimmte Lebensräume oder Arten der Nahrungsaufnahme.
Die Mundwerkzeuge der Insekten besitzen zwar den gleichen Grundaufbau, sind aber sehr unterschiedlich ausgebildet (z. B. leckend-saugend oder stechend-beißend). Dies liegt daran, dass sich die Tiere auf ganz unterschiedliche Nahrungsquellen spezialisiert haben. Wird ihnen ihre spezielle Nahrungsquelle entzogen, können sie in vielen Fällen nicht auf andere Nahrung ausweichen und verhungern.

5.4 *Nutzen Sie für die Lösung der Aufgabe das Diagramm. Finden Sie heraus, in welchem Bereich sich die Personen befinden, und schreiben Sie die Lösung in Ihre Arbeit. Welche gesundheitlichen Folgen kann Übergewicht haben? Nennen Sie zwei mögliche Konsequenzen. Schlagen Sie für eine der Personen eine Maßnahme zur Verbesserung der Lebensweise vor und begründen Sie diese schlüssig.*

Person 1: **Anja** (1,75 m, 40 kg) ist untergewichtig.
Person 2: **Felix** (1,50 m, 75 kg) ist übergewichtig.

Konsequenzen:
Übergewicht ist schädlich für Herz und Kreislauf, führt zur Verengung der Arterien oder der Herzkranzgefäße.
Übergewicht belastet Knochen und Gelenke stark, weil sie eine größere Körpermasse zu tragen haben.

Oder:
Übergewicht belastet das Atmungssystem, da durch die große Körpermasse schon bei geringer Anstrengung eine Erhöhung der Atemfrequenz notwendig wird.

Maßnahmen:
Felix braucht eine ausgewogene und kalorienarme Ernährung. Dadurch wird verhindert, dass der Körper in der Nahrung enthaltene überschüssige Energie in Form von Körperfett speichert.

Oder:
- Felix benötigt viel und regelmäßige Bewegung, um seinen Stoffwechsel anzuregen. Dadurch verbraucht er mehr Energie und baut überschüssige Fettreserven ab.
- Felix braucht Ruhe beim Essen. Damit ist er bei der Nahrungsaufnahme nicht abgelenkt, isst bewusster und das Sättigungsgefühl stellt sich schneller ein.

5.5 *Lesen Sie die Experimentieranleitung und führen Sie das Experiment selbstständig durch. Schreiben Sie alle Veränderungen in Ihre Arbeit und werten Sie diese danach aus. Lesen Sie die Kochregel und finden Sie Gründe, weshalb diese beachtet werden sollte.*

Experiment zum Vitamin-C-Gehalt von Lebensmitteln
- **Durchführung:** In zwei Reagenzgläser werden jeweils 2 Pipettenfüllungen einer verdünnten Kaliumpermanganatlösung ($KMnO_4$) pipettiert. In eines der Gefäße wird ein Stück Apfel, in das andere ein Stück Gurke gegeben. Die mit einem Stopfen verschlossenen Reagenzgläser werden anschließend 2 Minuten lang geschüttelt.
- **Beobachtung:** Die Kaliumpermanganatlösung entfärbt sich nach einiger Zeit. Beim Apfel tritt diese Veränderung schnell, bei der Gurke langsam ein.
- **Auswertung:** Die schnelle Farbänderung zeigt an, dass der Apfel viel Vitamin C enthält. Die Gurke enthält dagegen nur sehr wenig Vitamin C, weshalb die Entfärbung sehr lange dauert.

Da das Vitamin C gut wasserlöslich ist, sollte das Gemüse nur äußerlich von Verschmutzung gereinigt werden. Das Vitamin C bleibt somit in den Nahrungsmitteln und wird nicht ausgewaschen. Dadurch verliert das Gemüse nicht an Wert für unsere Ernährung. Auch Farbe und Geschmack bleiben erhalten.
Wird das Gemüse jedoch vor dem Waschen geschnitten, wird relativ viel Vitamin C ausgewaschen.

5.6 *Arbeiten Sie den Erlebnisbericht gewissenhaft durch und schreiben Sie je zwei Ursachen und Folgen der vorgegebenen Essstörung aus dem Text heraus. Überlegen Sie, wie dem jungen Mann im Text zu helfen wäre. Notieren Sie zwei Angebote.*
Bei der vorgestellten Essstörung handelt es sich um die Bulimie (Ess-Brech-Sucht).

Ursachen:
- hoher Erwartungsdruck in der Familie
- Nichtbeachtung der Person in der Familie

Oder:
- Schuldgefühle

Folgen:
- Verzehren großer Nahrungsmengen
- Auslösen des Brechreizes

Oder:
- Angst, entdeckt zu werden

Hilfe für Per:
- psychologische Beratung
- Anerkennung seiner Leistungen

Oder:
- Stärkung seines Selbstbewusstseins

BE

6.1 Die weltweiten Veränderungen des Klimas wirken sich auch auf Sachsen aus. Die Erhöhung der Lufttemperatur, die Abnahme von Niederschlägen und die Zunahme von Extremereignissen (z. B. Stürme, Hochwasser) haben Einfluss auf die Ökosysteme. Ökosysteme, wie z. B. Moore, Feuchtwiesen, aber auch Wälder, verändern sich.

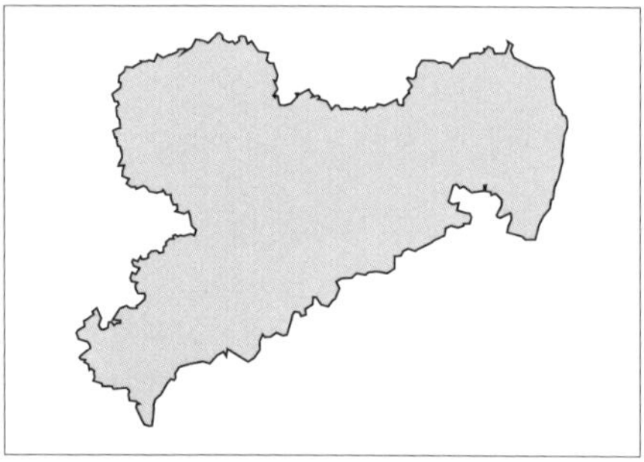

- Definieren Sie den Begriff Ökosystem.
- Beschreiben Sie eine Auswirkung eines oben genannten abiotischen Umweltfaktors auf das Wachstum der Bäume.
- Nennen Sie zwei biotische und zwei weitere abiotische Umweltfaktoren, die das Ökosystem Wald beeinflussen. 6

6.2 Fichten- und Kiefernforste sind zurzeit noch die dominierenden Waldformen in Sachsen. Nach und nach werden die Fichtenforste aber wieder durch Laubmischwälder ersetzt.

Laubmischwald und Fichtenforst (schematisch)
Quelle: Horn, F.: Lehrerhandbuch Klasse 9, Mittelschule; Paetec, 1999

Baumgattung	Fichte	Kiefer	Lärche	Eiche	Buche	Andere
Anteil in den Wäldern Sachsens in %	35	30	3	7	3	22

Baumbestand der sächsischen Wälder
Quelle: Forstbericht 2008

- Stellen Sie die in der Tabelle aufgeführten Daten in einem Säulendiagramm grafisch auf Millimeterpapier dar.
- Erläutern Sie an einem Sachverhalt einen ökologischen Vorteil von Laubmischwäldern gegenüber Nadelwaldmonokulturen. 5

6.3 Einwirkungen menschlichen Handelns können nachteilige Folgen für die Ökosysteme haben. So kann es beispielsweise durch sauren Regen zu Veränderungen des pH-Wertes des Bodens kommen. Durch ein Experiment kann der pH-Wert ermittelt werden. Lesen Sie dazu die nachfolgende Versuchsdurchführung:

Ermittlung des pH-Wertes

Geben Sie zu der Bodenprobe im Reagenzglas so viel destilliertes Wasser, bis das Glas halb gefüllt ist. Schütteln Sie den Inhalt des Reagenzglases gut durch. Filtrieren Sie die Flüssigkeit und prüfen Sie das Filtrat mit einem Universalindikator.

- Überprüfen Sie die vorliegende Bodenprobe auf ihren pH-Wert.
- Notieren Sie Ihre Beobachtung.
- Werten Sie die Beobachtung hinsichtlich des pH-Wertes der Bodenprobe aus.
- Geben Sie zwei Möglichkeiten an, wie einer Übersäuerung der Böden entgegengewirkt werden kann. 5

6.4 Der Klimawandel wirkt sich bereits jetzt auf viele Bereiche unseres Lebens aus. Beantworten Sie die nachfolgenden Aufgaben. Lesen Sie dazu auch den Text.

Der Klimawandel beeinflusst unsere Ökosysteme

Die Folgen des Klimawandels sind bereits heute in Sachsen vielfältig. Durch eine Veränderung der Lebensräume gibt es unter den Tier- und Pflanzenarten Gewinner und Verlierer. Lebewesen, die klare Gewässer bzw. feuchte, kühle Gebiete bevorzugen wie die Bachforelle, der Bergmolch oder Torfmoose werden zurückgedrängt. Wärmeliebende Arten, z. B. der Eisvogel, die Maulwurfsgrille und exotische Baumarten, verbreiten sich bzw. wandern ein. Die veränderte Wettersituation führt in unseren Wäldern zur stärkeren Vermehrung von Schadinsekten wie dem Borkenkäfer. Die Waldbrandgefahr wird zunehmen. Durch den Klimawandel verbessern sich auch die Lebensbedingungen für neue Krankheitsüberträger und Pflanzenkrankheiten. Daraus resultieren oft akute Gesundheitsrisiken (z. B. die durch Zecken übertragene Borreliose). In der Landwirtschaft kommt es durch extreme Dürreperioden zu Ernteausfällen. In unseren Gärten beginnt die Apfelblüte deutlich früher. Wo aber stecken die Insekten zu dieser Zeit? Auf die milden Temperaturen können sie nicht so schnell reagieren. Das Zusammenspiel „Insekt – Blüte“ gerät aus den Fugen. Die Folgen der Klimaveränderungen wirken sich aber nicht nur auf den Gartenbau sowie die Land- und Forstwirtschaft aus. Gerade in Ballungsgebieten wie Dresden und Leipzig steigt durch hohe Ozonwerte, Hitzewellen und Luftverschmutzung die Gefahr für Herz- und Kreislauf-Erkrankungen. Allergien nehmen zu. Auf diese Veränderungen müssen wir uns langfristig vorbereiten, z. B. durch den Umbau unserer Wälder, Schaffung von Naturschutzgebieten, Züchtung neuer Kulturpflanzen in der Landwirtschaft und wassersparende Maßnahmen.

Quelle: Kompendium Klima – Sachsen im Klimawandel; Sächsisches Landesamt für Umwelt, Landwirtschaft und Geologie

- Nennen Sie vier Folgen des Klimawandels in Sachsen.
- Erläutern Sie an einem Beispiel einen Zusammenhang zwischen dem Klimawandel und einer Folge für die Lebewesen.
- Erstellen Sie für eine im Text aufgeführte Wirbeltierart eine Übersicht (z. B. Mindmap, Tabelle, Steckbrief) mit folgenden Gliederungspunkten:

Art mit entsprechender Wirbeltierklasse, Lebensraum der Art, Maßnahme zum Schutz des Lebensraums dieser Art, Maßnahme zum Schutz dieser Art. 6

6.5 Bereits 1992 wurde auf der Konferenz für Umwelt und Entwicklung in Rio de Janeiro durch 172 Staaten ein entwicklungs- und umweltpolitisches Aktionsprogramm für das 21. Jahrhundert (Agenda 21) verabschiedet. Durch dieses Programm sollen die Bedürfnisse der heutigen Generation gesichert werden, ohne die Chancen zukünftiger Generationen zu beeinträchtigen. Wie schwer dieses Vorhaben umzusetzen ist, zeigte die Klimakonferenz in Kopenhagen im Jahr 2009. Es gelang den Delegierten aus 190 Staaten nicht, sich auf ein verbindliches Klimaschutzabkommen zu einigen.

Karikatur „Umgang mit unserer Erde“
Quelle:
Horst Haitzinger

- Interpretieren Sie in diesem Zusammenhang die dargestellte Karikatur.
- Geben Sie zwei mögliche Gründe an, welche die Umsetzung der Agenda 21 erschweren. 3

Anhang: Überblick Erschließungsfelder

Vielfalt:	Vorhandensein von Gemeinsamkeiten und Unterschieden in den Merkmalen Bau, Funktion, Verhalten von Lebewesen sowie deren Lebensräumen
Bau und Funktion:	Zusammenhänge zwischen dem Bau von Körperteilen oder Organen und deren entsprechenden Aufgaben
Angepasstheit:	Merkmale von Lebewesen, die das Leben in einem bestimmten Lebensraum ermöglichen
Information:	Fähigkeit der Lebewesen, Signale zu senden und auf Signale zu reagieren
Fortpflanzung:	Geschlechtliche und ungeschlechtliche Erzeugung von Nachkommen
Wechselwirkung:	Ursache-Wirkungs-Beziehung im Lebewesen, zwischen Lebewesen sowie zwischen Lebewesen und ihrer Umwelt

Lösungen

6.1 *Lesen Sie den einleitenden Text und erklären Sie den Begriff Ökosystem. Welche Wirkung hat einer der im Text genannten abiotischen Umweltfaktoren auf das Wachstum der Bäume? Zählen Sie zwei biotische und zwei nicht im Text genannte abiotische Umweltfaktoren auf.*

Ein **Ökosystem** ist eine Einheit von Lebensgemeinschaften der Organismen und deren Lebensräumen, zwischen denen enge Wechselwirkungen bestehen.

Viele Ökosysteme sind sehr störungsanfällig. Verändern sich die abiotischen Umweltfaktoren, so treten Veränderungen in Wachstum und Entwicklung von Pflanzen und Tieren ein. Sinken beispielsweise die Niederschlagsmengen deutlich ab, so wird das Wachstum der Bäume eingeschränkt. Junge Bäume mit ihrem noch nicht so gut entwickelten Wurzelsystem erreichen eventuell nicht genug Wasser und sterben ab. Blüten und Früchte entwickeln sich nur sehr zögerlich, der Fortbestand der betroffenen Baumarten ist gefährdet.

Abiotische Umweltfaktoren	Biotische Umweltfaktoren
– Wind – Licht *Oder:* – Nährsalze	– Andere Pflanzen der gleichen Art (Konkurrenz) – Tiere als Fressfeinde *Oder:* – Pflanzen anderer Arten (Konkurrenz) – Parasiten/Krankheitserreger – Neue Pflanzen aus anderen Ökosystemen

6.2 *Fertigen Sie auf Millimeterpapier ein Säulendiagramm mit den Werten der Tabelle an. Welchen Vorteil haben Laubmischwälder gegenüber Monokulturen? Schreiben Sie einen Vorteil auf und belegen Sie ihn mit Fakten.*

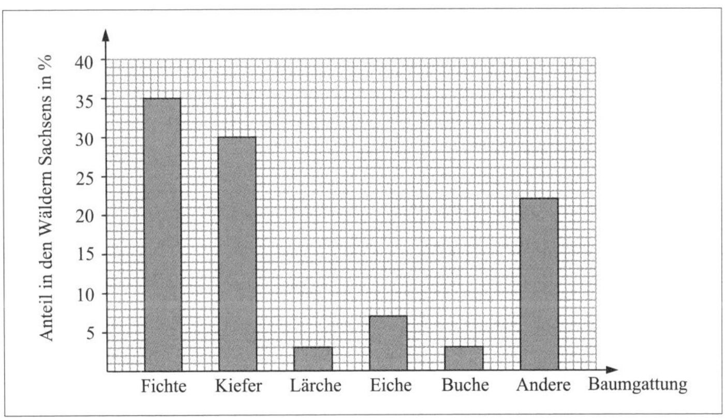

Vorteil der Laubmischwälder:
Laubmischwälder weisen eine größere Artenvielfalt an Pflanzen auf als Nadelwaldmonokulturen und bieten damit geeignete Ökologische Nischen (z. B. ausreichend Futter und Plätze für die Aufzucht ihrer Jungen) für viele verschiedene Tierarten.

Oder:
- Laubmischwälder sind weniger stark von Parasitenbefall betroffen, da jeweils nur wenige Bäume der gleichen Art nah beieinander stehen und somit die Ausbreitung von Schädlingen erschwert wird.
- Laubmischwälder bieten einen guten Schutz vor Windbruch, da alle Stockwerke des Waldes bewachsen sind und starke Windböen somit gebremst werden.

6.3 *Lesen Sie die Aufgabenstellung und führen Sie das Experiment selbstständig durch. Schreiben Sie alle Veränderungen auf und werten Sie diese anschließend aus. Wie kann eine Übersäuerung der Böden verhindert werden? Geben Sie zwei Vorschläge an.*

Bestimmung des pH-Wertes der Bodenprobe
- **Beobachtung:** Die Überprüfung des pH-Wertes der vorliegenden Bodenprobe zeigt eine schwache Rotfärbung des Universalindikators (Unitest). Der pH-Wert liegt bei 3.
- **Auswertung:** Die Färbung des Indikators zeigt an, dass eine schwach saure Lösung vorliegt. Der Boden ist demzufolge übersäuert.

Der Übersäuerung der Böden kann entgegengewirkt werden, indem man weniger mit dem Auto fährt und Energie, die durch die Verbrennung fossiler Brennstoffe erzeugt wurde, einspart. Dadurch wird die Schadstoffbelastung der Luft, die zur Bildung des sauren Regens führt, herabgesetzt.

6.4 *Lesen Sie den Text in Ihrer Aufgabenstellung konzentriert durch. Suchen Sie vier Folgen des Klimawandels heraus. Schreiben Sie ein Beispiel auf, das zeigt, welche Folgen der Klimawandel für die Lebewesen hat.*
Fertigen Sie für ein im Text genanntes Wirbeltier eine Übersicht mit den vorgegebenen Angaben an.

Folgen des Klimawandels:
- Höhere Temperaturen
- Weniger Niederschlag
- Arten werden verdrängt/neue Arten wandern ein
- Neue Krankheitserreger und Krankheiten treten auf

Oder:
- Allergien nehmen zu
- Waldbrandgefahr steigt
- Ernteausfälle
- Gefahr für Herz-Kreislauf-Erkrankungen nimmt zu

Forellen lieben klare, schnell fließende, sauerstoffreiche Gewässer. Diese werden durch den Klimawandel jedoch immer seltener. Die entstehenden warmen und trüben Gewässer bieten hervorragende Lebensbedingungen für Parasiten und Krankheitserreger, die den Forellen und ihrem Nachwuchs schaden. Dadurch ist der Fortbestand der Art stark gefährdet.

Oder:
Die Ansiedlung neuer Arten von Krankheitserregern gefährdet den Menschen. Gegen neuartige Erreger haben wir in der Regel keine Abwehrkräfte und müssen daher mit großem medizinischen Aufwand gegen sie vorgehen.

Steckbrief

Tierart:	Bachforelle
Art der Wirbeltierklasse:	Fische
Lebensraum:	Wasser (klar, schnell fließend, kühl)
Schutz des Lebensraumes:	Klimaschutz, Umweltschutz
Schutz der Art:	Bestand nachsetzen; Fischtreppen bauen, um Wanderungen zu ermöglichen

6.5 *Lesen Sie den Einleitungstext und betrachten Sie die Karikatur. Was ist hier dargestellt? Beschreiben Sie Ihre Eindrücke von diesem Bild.*
Überlegen Sie, weshalb eine Umsetzung der Agenda 21 so schwierig ist und nennen Sie zwei der Gründe.

Die Karikatur zeigt ein Baby, als Sinnbild für die kommenden Generationen, welches eine Weltkugel mit sichtbaren Schäden in der Hand hält. Die vorherigen Generationen haben diese Schäden verursacht und geben eine zerstörte Erde an ihre Nachkommen weiter, die sich gezwungenermaßen und unverschuldet mit den Schäden auseinandersetzen müssen.

- In den Staaten, die an dem Aktionsprogramm beteiligt sind, gibt es sehr unterschiedliche Meinungen und Gesetze zum Thema Umweltpolitik und Umweltschutz. Eine klare Entscheidung wird dadurch erschwert. Die Bereitschaft von Politik und Wirtschaft, für die Erhaltung der Umwelt zu kämpfen und für den Naturschutz zu arbeiten, hängt dabei oft stark von den wirtschaftlichen Interessen und der Entwicklung der einzelnen Länder ab.
- Eine Kontrolle verbindlicher Klimaschutzabkommen gestaltet sich äußerst kompliziert.

BE

1.1 Sinne ermöglichen uns die Orientierung in der Umwelt. Sie werden durch das komplexe Zusammenspiel von Sinnesorganen und Nervensystem aktiviert.
– Übertragen Sie die Tabelle in Ihre Aufzeichnungen und ergänzen Sie die fehlenden Fakten.

Reiz	**Sinnesorgan**	**Sinn**
–	– Zunge	–
–	–	– Hörsinn

2

1.2 Das Auge führt dem Gehirn etwa zehnmal mehr Informationen zu als alle anderen Sinnesorgane zusammen.

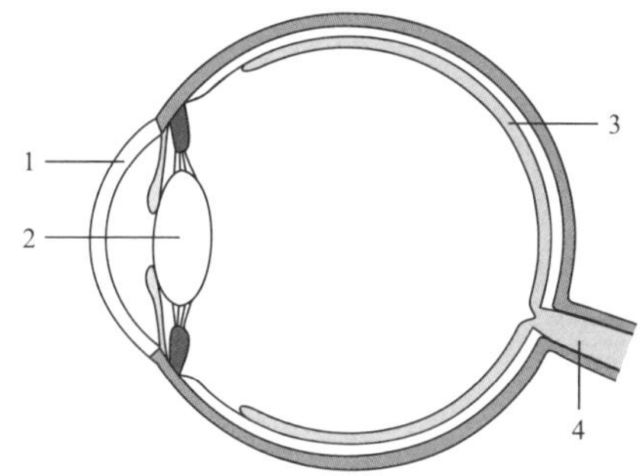

Menschliches Auge (schematisch)

– Benennen Sie die in der Abbildung gekennzeichneten Teile.
– Beschreiben Sie am Beispiel der Aderhaut einen Zusammenhang von Bau und Funktion. 4

1.3 Die Anpassung des Auges an die Entfernung der betrachteten Gegenstände wird als Akkommodation bezeichnet.

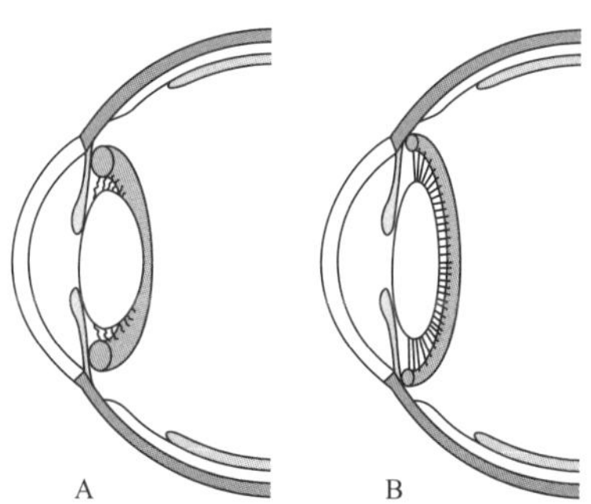

Abbildungen A und B: Akkommodationsformen

– Beschreiben Sie die Veränderung eines Teiles des Auges beim Wechsel von der Nahakkommodation (A) zur Fernakkommodation (B).
– Notieren Sie eine Auswirkung bei gestörter Akkommodation auf das Sehvermögen. 3

Lösungen

1.1 *Zeichnen Sie die Tabelle ab und vervollständigen Sie die fehlenden Angaben.*

Reiz	**Sinnesorgan**	**Sinn**
chemischer Reiz	Zunge	Geschmackssinn
akustischer Reiz	Ohr	Hörsinn

1.2 *Geben Sie die Begriffe für die Ziffern 1–4 an. Beschreiben Sie den Bau der Aderhaut und die daraus mögliche Funktion.*

Teile des Auges:
1 Hornhaut
2 Linse
3 Netzhaut
4 Sehnerv

Die Aderhaut enthält eine Vielzahl an Blutkapillaren. Dadurch wird das Auge durchblutet und somit mit Nährstoffen und Sauerstoff versorgt.

1.3 *Betrachten Sie die Abbildungen und geben Sie an, wie sich ein Teil des Auges (Linse) beim Wechsel vom Betrachten eines nahen Gegenstandes zu einem fernen Gegenstand verändert. Wie verändert sich Ihr Sehvermögen, wenn dieser Wechsel nicht mehr ohne Störung funktioniert? Nennen Sie eine Auswirkung.*

A Nahakkommodation
B Fernakkommodation

Die Linse bei A ist stark gewölbt, um den Lichtbrechungswinkel für das scharfe Sehen naher Gegenstände einzustellen. Die Linse bei B ist abgeflacht, da der Brechungswinkel für das scharfe Sehen ferner Gegenstände kleiner ist. Die Veränderung der Linsenform wird durch den ringförmigen Ziliarmuskel bewirkt, der sich um die Linse herum befindet.
Da die Elastizität der Linse mit steigendem Alter abnimmt, kann diese Anpassung nicht mehr problemlos ablaufen und der Mensch sieht unscharf. Es entsteht die sogenannte Altersweitsichtigkeit.

Realschulabschluss 2013 Biologie (Sachsen)
Pflichtaufgabe 2: Vererbung und ihre Gesetze

BE

2.1 Durch die Entdeckung der DNA ist es möglich, genauere Aussagen zum Vererbungsgeschehen zu treffen.

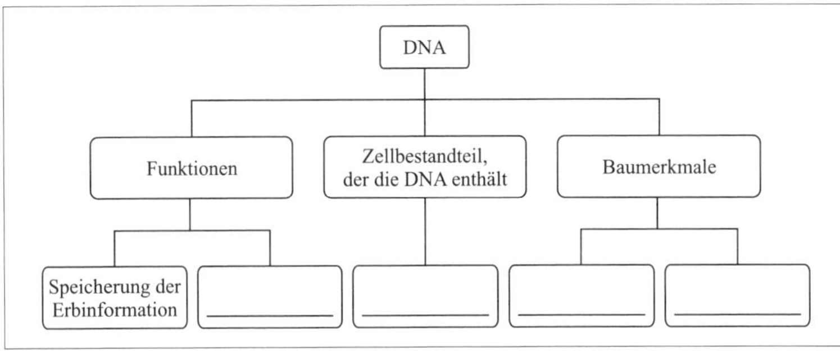

- Übernehmen Sie die Übersicht zur DNA in Ihre Aufzeichnungen und ergänzen Sie die fehlenden Fakten. 2

2.2 Fast 100 Jahre vor der Entdeckung der DNA führte der Augustinermönch Johann Gregor Mendel Kreuzungsexperimente mit Pflanzen durch. Die von ihm gefundenen Regelmäßigkeiten bei der Vererbung sind auch heute noch eine Grundlage der Tier- und Pflanzenzucht.

Elterngeneration (P)

Quelle: Kaninchenzeitung

Kaninchen Normalhaar
Erbanlagen: nn

×

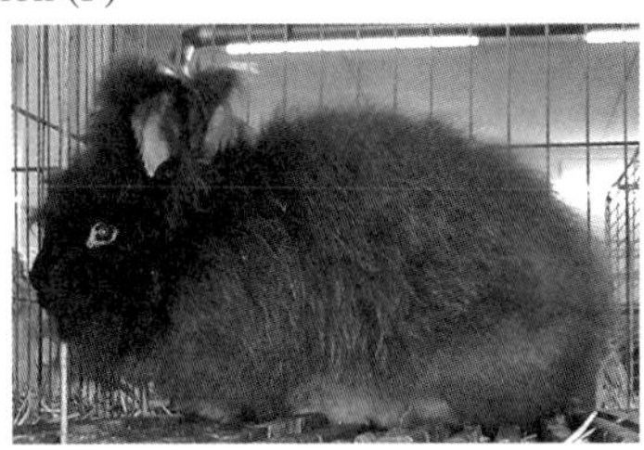

Quelle: Kaninchenzucht.De

Kaninchen Langhaar
Erbanlagen: LL

- Erstellen Sie ein Kreuzungsschema bis zur ersten Tochtergeneration (F_1) für die Vererbung der Felllänge der Kaninchen. Verwenden Sie für das Schema die oben angegebene Symbolik.
- Begründen Sie das Aussehen der Kaninchen in der ersten Tochtergeneration.
- Notieren Sie den Wortlaut der für diesen Erbgang zutreffenden Mendelschen Regel. 6

Lösungen

2.1 *Zeichnen Sie die Übersicht in Ihre Arbeit und setzen Sie die fehlenden Begriffe ein.*

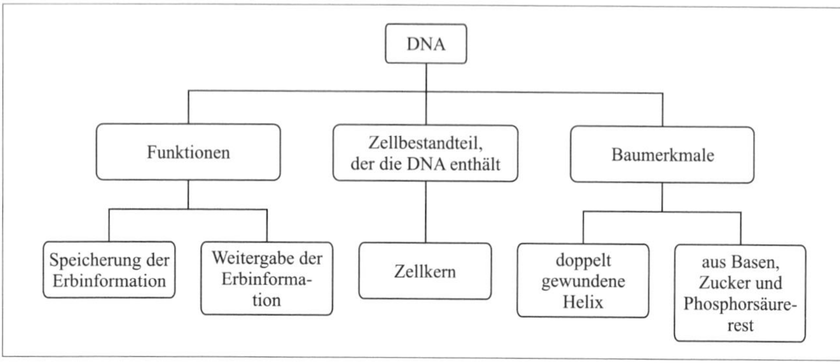

2.2 *Betrachten Sie das Beispiel für die Vererbung und entwickeln Sie das Kreuzungsschema für die Kaninchen. Weshalb haben die Nachkommen dieses Aussehen? Schreiben Sie den Wortlaut des Mendelschen Gesetzes auf, das hier anwendbar ist.*

P-Generation:	Kaninchen (nn)	Kaninchen (LL)
Phänotyp:	Normalhaar	Langhaar
Genotyp:	reinerbig	reinerbig

Keimzellen: n n L L

F_1-Generation: Ln Ln Ln Ln

Phänotyp: Langhaar
Genotyp: mischerbig

Die Kaninchen der F_1-Generation sind alle langhaarig, da das Merkmal dominant bei einem Elternteil auftrat und das rezessive Merkmal überdeckt.

1. Mendelsches Gesetz (Uniformitätsgesetz):
Kreuzt man zwei Individuen, die in einem Merkmal unterschiedlich, aber jeweils reinerbig sind, so sind die Nachkommen in der F_1-Generation in diesem Merkmal untereinander gleich (uniform).

Pflichtaufgabe 3: Verwandtschaften

3.1 Fossilien weisen darauf hin, dass die ersten Wirbeltiere vor ca. 500 Millionen Jahren in den Ozeanen lebten. Im Verlauf der Evolution entwickelten sich aus diesen Urwirbeltieren die heutigen Wirbeltiere. Stammbäume veranschaulichen, wie sich Wissenschaftler diese Entwicklung vorstellen.

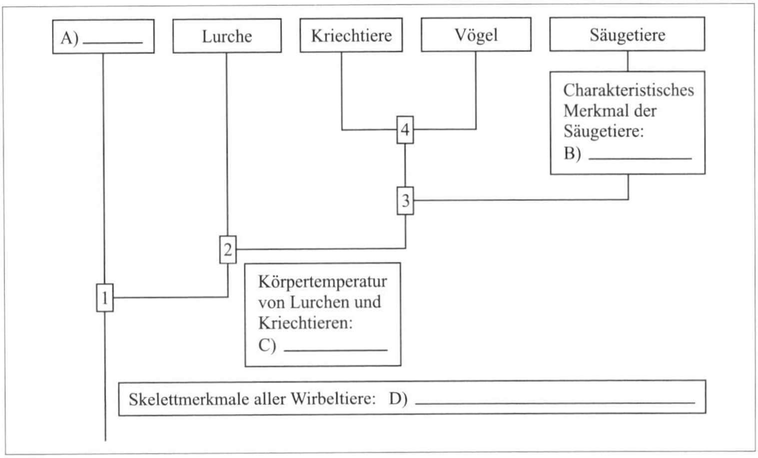

Stammbaum der Wirbeltierklassen

- Ordnen Sie den Buchstaben A–D die jeweils fehlende Angabe zu.
- Geben Sie für **eine** der mit den Ziffern 1–4 gekennzeichneten Stellen im Stammbaum eine entsprechende Übergangsform an. 3

3.2 Rudimentäre Organe sind ein weiterer Beleg für die Verwandtschaft der Wirbeltiere.
- Definieren Sie den Begriff rudimentäre Organe.
- Notieren Sie für ein Lebewesen ein Beispiel für rudimentäre Organe. 3

3.3 Verwandtschaften zeigen sich auch in der Ausbildung homologer Organe. Je nach Lebensraum ist der Grundbauplan dieser Organe abgewandelt.

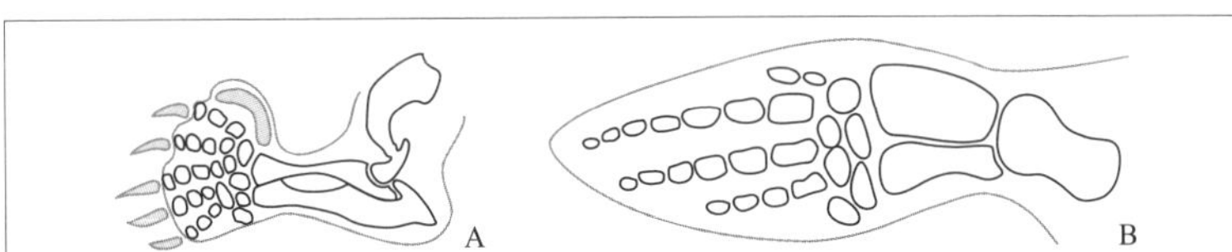

Vordergliedmaßen verschiedener Wirbeltiere (schematisch)

- Erläutern Sie für **eine** der beiden abgebildeten Gliedmaßen (A oder B) einen Zusammenhang zwischen dem Bau und dem Lebensraum. 2

Lösungen

3.1 *Betrachten Sie konzentriert die Übersicht und geben Sie für die Buchstaben A – D die jeweils richtigen Begriffe an. An den Stellen mit den Ziffern 1 – 4 gibt es Übergangsformen. Geben Sie eine dieser Übergangsformen an.*

A Fische
B Lebend gebärend
C wechselwarm
D Wirbelsäule

Oder:
B Säugen der Jungen

1 Quastenflosser

Oder:
2 Urlurch
3 Schnabeltier
4 Urvogel

3.2 *Erklären Sie den Begriff rudimentäre Organe und geben Sie ein Lebewesen und sein rudimentäres Organ an.*

Rudimentäre Organe sind rückgebildete, meist äußerlich nicht mehr sichtbare Organe, die bei den stammesgeschichtlichen Vorfahren noch voll funktionstüchtig waren.

Ein Beispiel für rudimentäre Organe sind die **zurückgebildeten Hintergliedmaßen** bei **Walen**.

Oder:
Ein Beispiel für rudimentäre Organe sind die **zurückgebildeten Gliedmaßen** bei den **Blindschleichen**.

Oder:
Ein Beispiel für rudimentäre Organe sind die stark **zurückgebildeten Augen** von **Tiefseefischen, Höhlenfischen** oder **Maulwürfen**.

Oder:
Der **Wurmfortsatz** des **Menschen** ist ein rudimentäres Organ. Er hat seine Funktion als Teil des Verdauungskanals verloren.

3.3 *Betrachten Sie die Abbildungen der Vordergliedmaßen und stellen Sie für eine der Abbildungen einen Zusammenhang zwischen Bau und Lebensraum dar.*

Bild A zeigt die Grabhand eines **Maulwurfs**.
Um sich beim Bau seiner Gänge durch das Erdreich graben und die Erdmassen wegschieben zu können, benötigt der Maulwurf kräftige, große Vordergliedmaßen mit Krallen.

Oder:
Bild B zeigt die Vorderextremität (Flosse) eines **Wals**.
Im Gegensatz zu ihren Vorfahren leben und jagen die Wale nicht mehr im Uferbereich: Sie bewegen sich im offenen Meer und benötigen daher Flossen zum schwimmen.

Realschulabschluss 2013 Biologie (Sachsen)
Wahlaufgabe 4: Hauptsache gesund

BE

Die Weltgesundheitsorganisation WHO definiert Gesundheit als „Zustand vollkommenen körperlichen, sozialen und geistigen Wohlbefindens".

4.1 Durch eine gesunde Lebensweise können wir auf unser Wohlbefinden bewusst Einfluss nehmen.
- Notieren Sie jeweils eine Regel zur Gesunderhaltung der Atemorgane und des Herz-Kreislauf-Systems.
- Begründen Sie die gesundheitsförderliche Wirkung einer dieser Regeln. 4

4.2 Krankheiten können beispielsweise in Erbkrankheiten und Infektionskrankheiten unterschieden werden.
- Übernehmen Sie die folgende Tabelle in Ihre Aufzeichnungen und ergänzen Sie die fehlenden Fakten.

	Erbkrankheiten	**Infektionskrankheiten**
Beispiel	–	–
Ursache	–	–
Heilungschancen	–	–

3

4.3 Hepatitis ist eine weltweit verbreitete, ansteckende Krankheit. Lesen Sie dazu den Text. Bearbeiten Sie die nachfolgenden Aufgaben.

Die Hepatitis

Die Hepatitis ist eine Entzündung der Leber. Man nennt diese Erkrankung auch Gelbsucht, weil sich bei einem Drittel der Kranken die Haut und die Bindehaut am Auge gelb färben. Es werden drei Typen von Hepatitis (A, B, C) unterschieden. Hepatitis A wird fast immer durch mit Fäkalien verseuchte Nahrung oder verseuchtes Wasser übertragen. Die Ansteckung anderer Personen mit Hepatitis-A-Viren geschieht meist über Darmausscheidungen. Hepatitis-B-Viren und Hepatitis-C-Viren kommen vor allem im Blut vor. Beim ungeschützten Geschlechtsverkehr können Viren durch kleine Wunden oder Schleimhäute in den Körper von Gesunden gelangen. Auch das gemeinsame Rauchen einer Zigarette mit einem Erkrankten kann ausreichen, um sich anzustecken. Bei einem Teil der Hepatitis-B- bzw. Hepatitis-C-Erkrankten geht die akute Leberentzündung in eine chronische Form über. Dabei kann es zu einem allmählichen Ausfall der Leberfunktion und zu Leberkrebs kommen.

Quelle: WPU Biologie – Gesundheit; Hrsg.: Kähler, H., Janowitz, K., Freudner-Huneke, I.; Schroedel, 2002 (bearbeitet)

- Notieren Sie je einen Ansteckungsweg für Hepatitis-A-Viren und Hepatitis-B-Viren.
- Begründen Sie, weshalb die chronische Form der Hepatitis gefährlicher ist als die akute Form.
- Erläutern Sie eine Möglichkeit zum Schutz vor sexuell übertragbaren Krankheiten. 5

4.4 Werden bei Unfällen große Blutgefäße verletzt, ist eine schnelle Erste Hilfe lebenswichtig. Unter Umständen sind auch Bluttransfusionen notwendig.
- Beschreiben Sie eine Erste-Hilfe-Maßnahme bei Verletzungen einer Arterie.
- Begründen Sie, weshalb bei Bluttransfusionen nur Blut der gleichen Blutgruppe übertragen werden darf. 4

4.5 Von Ärzten werden zunehmend mehr psychosomatische Erkrankungen diagnostiziert. Dauerstress ist eine der Hauptursachen für die Zunahme dieser Erkrankungen.
- Geben Sie zwei stressauslösende Faktoren an.
- Notieren Sie zwei körperliche Folgen von Dauerstress.
- Formulieren Sie eine Regel zur Vermeidung von negativem Stress. 3

4.6 Zahlreiche Kieferngewächse enthalten ätherische Öle, die u. a. in Medikamenten genutzt werden. Bestimmen Sie mithilfe des folgenden Bestimmungsschlüssels zwei Kieferngewächse. Lassen Sie sich dazu das Pflanzenmaterial vom Lehrer geben.
- Notieren Sie für jede zu bestimmende Art **a)** den jeweiligen Bestimmungsweg und **b)** den Namen.

Bestimmungsschlüssel für Kieferngewächse		
1	Nadeln stehen immer einzeln am Zweig	**2**
1*	Nadeln stehen zu zweit oder in Büscheln bis zu vielen am Zweig	**4**
2	Nadeln im Querschnitt vierkantig, dunkelgrüne Ober- und Unterseite, einzeln auf kleinen Stielchen stehend	**Gemeine Fichte**
2*	Nadeln im Querschnitt flach, mit zwei weißen Streifen auf der Unterseite, in zwei Reihen am Zweig sitzend	**3**
3	Zapfen hängend, Nadeln mit stumpfer Spitze, Nadelquerschnitt in der Mitte flacher als an den Seiten	**Douglasie**
3*	Zapfen aufrecht stehend, Nadeln mit eingekerbter Spitze, Nadelquerschnitt in der Mitte dicker als an den Seiten	**Weiß-Tanne**
4	Nadeln immer zu zweit stehend	**5**
4*	Nadeln immer in Büscheln stehend	**6**
5	Nadeln wenigstens 7 cm, meist bis 15 cm lang, dunkelgrün, mit auffallend gelber Spitze	**Schwarz-Kiefer**
5*	Nadeln 4 cm, höchstens 7 cm lang, Nadeln stachlig spitz	**Wald-Kiefer**
6	Nadeln zu 15 oder mehr in Büscheln stehend, Zapfen aufrecht	**Europäische Lärche**
6*	Nadeln zu fünft stehend, Zapfen hängend	**Weymouths-Kiefer**

4

4.7 „Gesundheit ist ein Geschenk, das man sich selber machen muss.“
- Beurteilen Sie diese Aussage. 2

Lösungen

4.1 *Formulieren Sie jeweils einen Satz, wie Atemorgane und Herz-Kreislauf-System gesund erhalten werden können. Geben Sie für einen dieser Sätze an, weshalb eine gesundheitsfördernde Wirkung besteht.*

a) **Regel zur Gesunderhaltung der Atemorgane:**
Finger weg von Zigaretten und anderen Rauchwaren!

b) **Regel zur Gesunderhaltung des Herz-Kreislauf-Systems:**
Bewege dich regelmäßig an der frischen Luft, treibe Sport und rauche nicht!

Begründung zu a: Zigarettenrauch enthält viele schädigende und giftige Substanzen, die den Körper gefährden und zu Krankheiten führen. Der Gasaustausch in den Lungenbläschen wird beeinträchtigt und damit die Versorgung des Körpers mit Sauerstoff gestört.

Oder:

Begründung zu b: Sport und Bewegung an der frischen Luft tragen zum Training unseres Kreislaufsystems bei, der Körper erhält viel Sauerstoff und Übergewicht wird vermieden. Die Folgen von Übergewicht können Bluthochdruck und eine Überlastung des Herzens sein, wodurch weitere Krankheiten begünstigt werden.

4.2 *Tragen Sie die Tabelle in Ihre Arbeit ein und ergänzen Sie die fehlenden Angaben.*

	Erbkrankheiten	**Infektionskrankheiten**
Beispiel	Trisomie 21 *Oder:* Bluterkrankheit	Grippe *Oder:* Röteln
Ursache	Fehler in der genetischen Information, Übertragungsfehler	krankheitsauslösende Bakterien, Viren
Heilungschancen	Heilung bis jetzt noch nicht möglich, nur Linderung der Symptome möglich	Heilung in vielen Fällen durch Impfungen oder durch Medikamente (z. B. Antibiotika) möglich

4.3 *Lesen Sie aufmerksam den Text und beantworten Sie die dazu gestellten Fragen. Welche Ansteckungswege für Hepatitis-A- und Hepatitis-B-Viren können Sie dem Text entnehmen? Nennen Sie je eine Möglichkeit. Warum ist die chronische Form der Hepatitis gefährlicher als die akute? Welche Möglichkeiten zum Schutz vor sexuell übertragbaren Krankheiten gibt es? Notieren Sie eine davon.*

Ansteckungsweg für **Hepatitis-A-Viren:** mit Fäkalien verseuchte Nahrung

Oder:

mit Fäkalien verseuchtes Wasser

Ansteckungsweg für **Hepatitis-B-Viren:** über Wunden oder die Schleimhäute bei ungeschütztem Geschlechtsverkehr

Die **chronische Form** der Hepatitis ist gefährlicher als die **akute Form**, weil durch die fortlaufende Schädigung der Leber deren Funktion gestört ist und es zum Ausfall des Organs kommen kann. Auch die Entstehung von Leberkrebs ist eine mögliche Folge.

Eine Möglichkeit zum **Schutz vor sexuell übertragbaren Krankheiten** ist ein verantwortungsvolles Verhalten sowie der Gebrauch von Kondomen, die verhindern, dass eventuell in den Körperflüssigkeiten enthaltene Krankheitserreger übertragen werden.

4.4 *Welche Erste-Hilfe-Maßnahme kann bei Verletzungen einer Arterie durchgeführt werden? Beschreiben Sie eine Maßnahme. Weshalb darf nur Blut der gleichen Blutgruppe übertragen werden?*

Bei einer Arterienverletzung muss nach dem sterilen Abdecken der Wunde ein **Druckverband** angelegt werden, da das mit großem Druck durch die Arterie gepumpte Blut andernfalls stoßweise aus dem Körper entweichen würde. Der Blutverlust des Patienten kann somit so gering wie möglich gehalten werden. Der Zustand des Verletzten ist zu beobachten.

Bei einer Bluttransfusion darf nur Blut der gleichen Blutgruppe übertragen werden, da es ansonsten durch die **Antikörper** im Blutplasma zu **Verklumpungen** kommt. Dadurch kann der Tod des Patienten eintreten.

4.5 *Nennen Sie zwei stressauslösende Faktoren. Welche körperlichen Schäden können durch Dauerstress entstehen? Schreiben Sie zwei davon auf. Notieren Sie einen Satz, wie Sie negativen Stress vermeiden können.*

Stressauslösende Faktoren sind:
- innere Faktoren: z. B. Krankheiten

  Oder:
  innere Belastungen, Probleme
- äußere Faktoren: z. B. Kälte

  Oder:
  störende Geräusche, Schadstoffe

Folgen von Dauerstress:
- Erschöpfung des Körpers
- Schwächung des Immunsystems

  Oder:
- Entstehung von Krankheiten

Regel: Um Stress zu vermeiden oder zu reduzieren, teile dir deine Zeit genau ein, plane deinen Tagesablauf und reduziere Störungen und Störreize!

4.6 *Sie erhalten vom Lehrer Pflanzenmaterial zweier Kieferngewächse. Betrachten Sie dieses genau. Vergleichen Sie die Merkmale mit dem vorgegebenen Bestimmungsschlüssel und halten Sie den Bestimmungsweg und den Namen der Arten fest.*

Beispiel 1:
a) 1* → 4 → 5*
b) Wald-Kiefer

Beispiel 2:
a) 1* → 4* → 6
b) Europäische Lärche

4.7 *Schätzen Sie die Richtigkeit der Aussage ein und geben Sie Argumente an, die Ihre Entscheidung belegen.*

Gesundheit ist ein Zustand, bei dem zwischen Körper, Geist und Umwelt ein Gleichgewicht herrscht. Dieses kann durch Störungen aus der Umwelt beeinflusst werden. Wenn wir in der Lage sind, diese Störfaktoren zu erkennen und zu vermeiden (z. B. Verzicht auf Nikotin- und Alkoholkonsum) und auch auf innere Faktoren (z. B. Stress, Überanstrengung) zu achten, können wir unsere Gesundheit lange erhalten und bewusst schützen. Die Wahrnehmung von medizinischen Vorsorgemaßnahmen ist eine weitere Möglichkeit, auf seine Gesundheit zu achten.

Realschulabschluss 2013 Biologie (Sachsen)
Wahlaufgabe 5: Das Grüne Band – ein lebendiges ökologisches Denkmal

BE

5.1 Das Grüne Band Deutschlands erstreckt sich auf etwa 1 400 Kilometern Länge mitten durch Deutschland. Es ist ein Naturparadies verschiedener Biotope, die sich entlang des ehemaligen Grenzstreifens zwischen Ost- und Westdeutschland entwickelt haben. Eines dieser Biotope, der Nationalpark „Vorpommersche Boddenlandschaft", zeichnet sich durch einen großen Artenreichtum an Vögeln aus.

Stockente

Seeadler

Graureiher

Quellen (von links nach rechts): http://commons.wikimedia.org/wiki/File:Magamo_fem2.jpg; Foto: Materialscientist; http://commons.wikimedia.org/wiki/File:White-tailed_Eagle_Head_detail.jpg; Foto: Eprdox; http://commons.wikimedia.org/wiki/File:Graureiher_Ardea_cinerea.jpg; Foto: H. Krisp; jeweils lizensiert unter CC-BY-SA-3.0

– Übernehmen Sie die folgende Tabelle in Ihre Arbeit und ergänzen Sie die fehlenden Fakten zu den oben abgebildeten Vogelarten.

Vogel	Schnabelbau	Funktion
–	– keilförmig, lang, schlank	–
–	–	– Herausfiltern von Nahrung aus dem Wasser
– Seeadler	–	–

– Erläutern Sie an einem Sachverhalt die Angepasstheit der Vögel an das Fliegen. 5

5.2 Im Bereich des Naturschutzprojektes „Grünes Band Harz-Eichsfeld-Werratal" findet man die seltene und scheue Wildkatze. Ihre Beute sind kleine Nagetiere und Vögel. Das Gebiss der Wildkatze ist auf diese Nahrung spezialisiert.

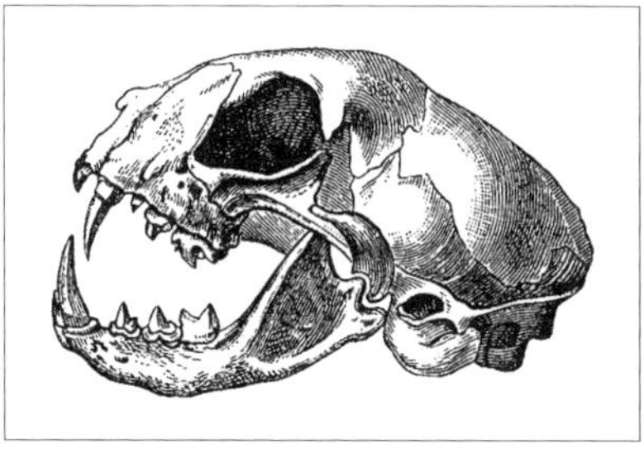

Schädel einer Wildkatze (schematisch)

– Wenden Sie das Erschließungsfeld Bau und Funktion auf das Gebiss der Wildkatze an.
– Stellen Sie unter Verwendung folgender Organismen eine mögliche Nahrungskette bestehend aus vier Gliedern auf: Haselmaus, Schimmelpilz, Rotbuche, Wildkatze, Zauneidechse, Rebhuhn, Bakterien.
– Definieren Sie den Begriff Konsument. 6

5.3 Hirschkäfer kommen unter anderem im Nationalpark „Harz" vor. Lesen Sie den folgenden Text. Bearbeiten Sie die im Anschluss gestellten Aufgaben.

Der Hirschkäfer – Insekt des Jahres 2012

Der Hirschkäfer ist bis zu 75 Millimeter groß und damit einer der größten Käfer in Mitteleuropa. Nur die Männchen haben die gewaltigen und großen „Geweihe", mit denen sie gegeneinander kämpfen. Mit den „Geweihen", den rund drei Zentimeter langen Oberkiefern, nehmen die Männchen keine Nahrung auf. Sie werden nur bei Rivalenkämpfen und zum Festhalten der Weibchen während der Paarung gebraucht.

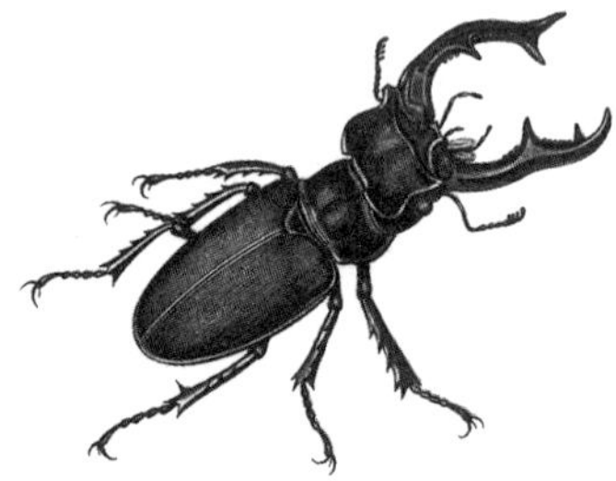

Männlicher Hirschkäfer

Hirschkäfer lieben besonders alte Eichen. Sie benötigen den Baumsaft u. a. für die Reifung ihrer Keimzellen. Den Saft finden die Käfer an Wundstellen eines Baumes, wenn dieser durch Frostrisse, Windbruch oder Blitzschlag verletzt worden ist. Wurde das Weibchen begattet, gräbt es sich 30 bis 50 Zentimeter tief in die Erde ein, um im Laufe von zwei Wochen 50 bis 100 weißlich-gelbe Eier an morschen Wurzelstöcken, vor allem von Eichen, zu legen. Nach etwa 14 Tagen schlüpfen die Larven. Sie häuten sich zweimal und erreichen schließlich eine Länge von zehn bis zwölf Zentimetern. Damit sind sie größer als später die vollentwickelten Käfer. Die Larven ernähren sich von morschem, feuchtem und verpilztem Holz, das sie mit der Zeit zu Mulm abbauen. Nach fünf, manchmal auch erst nach sechs oder acht Jahren, bauen sich die Larven in 15 bis 20 Zentimeter Tiefe eine Puppenwiege aus Erde und Mulm. Etwa sechs Wochen nach der Verpuppung schlüpfen die Käfer, bleiben aber den Winter über im Boden. Erst im Frühjahr graben sie sich nach oben durch und leben dort nur wenige Wochen. Die meiste Zeit ihres Lebens verbringen die Hirschkäfer also unter der Erde. Der Hirschkäfer ist besonders geschützt, da er überaus selten ist. Wir haben ihm in den letzten 100 Jahren kein geeignetes Brutsubstrat gelassen. Auch an Saftlecken mangelt es ihm. Die Ursachen liegen in der Intensivierung der Forstwirtschaft, bei der die Baumstümpfe gerodet werden und damit kein morsches Holz im Boden zurückbleibt. Daher ist der Hirschkäfer kaum noch zu finden und in vielen Gebieten ausgerottet.

Quelle (Text): Pressestelle NABU, NABU Deutschland;
www.nabu.de/tiere/naturdesjahres/tiereundpflanzen/2012/14287.html (bearbeitet)

– Notieren Sie die vier Entwicklungsstadien des Hirschkäfers in der richtigen Reihenfolge.
– Begründen Sie an einem Sachverhalt den Rückgang des Hirschkäferbestandes.
– Geben Sie zwei Gründe für die Wahl des Hirschkäfers zum „Insekt des Jahres" an. 5

5.4 Wälder, Moore und Fließgewässer machen den Harz zu einem der artenreichsten Nationalparks Deutschlands. So wachsen dort etwa 1 000 verschiedene Farn- und Blütenpflanzenarten. In 800 bis 1 000 Metern Höhe ist auch die Bergfichte zu finden. Auf diese wirken zahlreiche Umweltfaktoren ein.
- Ordnen Sie die folgenden Umweltfaktoren nach abiotischen und biotischen Faktoren: Wind, Bergahorn, Borkenkäfer, Niederschlag.
- Beschreiben Sie den Einfluss eines Umweltfaktors auf das Wachstum der Bergfichte. 4

5.5 Außerhalb des Grünen Bandes verändert der Mensch die Lebensgemeinschaften, u. a. durch das Anlegen von Monokulturen.

Tiergruppe	**Arten im Buchenwald**	**Arten in der Fichtenmonokultur**
Regenwürmer	4	1
Spinnen	93	78
Laufkäfer	26	13
Vögel	16	9
Hundertfüßer	7	4

Anzahl der Arten ausgewählter Tiergruppen in verschiedenen Waldformen
Quelle: Lehrbuch Biologie Kl. 7; Cornelsen/Volk und Wissen

- Stellen Sie in einem Säulendiagramm die in der Tabelle aufgeführten Daten grafisch dar. Verwenden Sie dazu Millimeterpapier.
- Begründen Sie an einem Sachverhalt die höhere Artenanzahl im Buchenwald. 5

Anhang: Überblick Erschließungsfelder

Vielfalt:	Vorhandensein von Gemeinsamkeiten und Unterschieden in den Merkmalen Bau, Funktion, Verhalten von Lebewesen sowie deren Lebensräumen
Bau und Funktion:	Zusammenhänge zwischen dem Bau von Körperteilen oder Organen und deren entsprechenden Aufgaben
Angepasstheit:	Merkmale von Lebewesen, die das Leben in einem bestimmten Lebensraum ermöglichen
Information:	Fähigkeit der Lebewesen, Signale zu senden und auf Signale zu reagieren
Fortpflanzung:	Geschlechtliche und ungeschlechtliche Erzeugung von Nachkommen
Wechselwirkung:	Ursache-Wirkungs-Beziehung im Lebewesen, zwischen Lebewesen sowie zwischen Lebewesen und ihrer Umwelt

Lösungen

5.1 *Übernehmen Sie die Tabelle in Ihre Arbeit und notieren Sie die fehlenden Angaben zu den abgebildeten Vogelarten. Wie sind die Vögel an das Fliegen angepasst? Wählen Sie ein Merkmal aus und erklären Sie dessen Bedeutung.*

Vogel	**Schnabelbau**	**Funktion**
Graureiher	keilförmig, lang, schlank	Ergreifen der Beute
Stockente	Seih- oder Siebschnabel mit Hornleisten	Herausfiltern von Nahrung aus dem Wasser
Seeadler	kräftiger, gebogener Hakenschnabel	Greifen, Töten, Zerreißen der Nahrung

Damit Vögel fliegen können, besitzen sie ein relativ leichtes Skelett mit dünnen und hohlen Röhrenknochen.
Dadurch wird das Gewicht der Tiere reduziert und sie können leichter in die Luft starten und sich dort halten.

Oder:
Damit Vögel fliegen können, besitzen sie gefiederte Flügel.
Durch das Federkleid entsteht an den Flügeln eine große geschlossene Fläche zur Fortbewegung in der Luft.

Oder:
Damit Vögel fliegen können, besitzen sie zusätzliche Luftsäcke neben der Lunge.
Die Luftsäcke treiben die Atmung in den Lungenflügeln an. Dadurch können die Tiere die anstrengende Fortbewegungsweise nutzen.

5.2 *Nehmen Sie das Erschließungsfeld und erläutern Sie damit Bau und Funktion des Gebisses der Wildkatze. Ordnen Sie die gegebenen Begriffe zu einer Nahrungskette aus vier Gliedern an. Was versteht man unter dem Begriff Konsument?*

Beim Erschließungsfeld Bau und Funktion sollen Zusammenhänge zwischen dem Bau von Organen und deren Aufgaben angegeben werden. Die Wildkatze hat ein typisches Raubtiergebiss. Gut erkennbar sind kräftige Reiß- und Eckzähne. Da sie lebende Beute jagt, muss sie diese mit den Eckzähnen festhalten und töten. Anschließend wird das erlegte Tier mit den Reißzähnen zerlegt.

Nahrungskette: Rotbuche → Haselmaus → Wildkatze → Bakterien

Oder:
Rotbuche → Rebhuhn → Wildkatze → Bakterien

Konsumenten (Verbraucher) stehen in der Nahrungskette hinter den Produzenten, von denen sie sich ernähren. Sie werden in Konsumenten 1. Ordnung (Pflanzenfresser), Konsumenten 2. Ordnung (Fleischfresser) und Endkonsumenten (Fleischfresser am Ende der Nahrungskette) eingeteilt.

5.3 *Lesen Sie konzentriert den gegebenen Text und beantworten Sie die Fragen zum Textinhalt. Nennen Sie die Namen der vier Entwicklungsstadien des Käfers. Weshalb wird die Anzahl der Käfer geringer? Führen Sie einen Sachverhalt an. Weshalb wurde der Hirschkäfer „Insekt des Jahres"? Nennen Sie zwei Gründe.*

Entwicklungsstadien des Hirschkäfers:
Ei ⇒ Larve ⇒ Puppe ⇒ Vollinsekt Hirschkäfer

Zum Rückgang des Hirschkäferbestandes trägt die Intensivierung der Forstwirtschaft bei, bei der die Baumstümpfe gerodet werden und somit kein morsches Holz im Boden zurückbleibt. Damit fehlt dem Käfer der Ort für die Eiablage bzw. den Larven fehlt die Nahrung und sie sterben ab. Die Gesamtzahl der Käfer wird reduziert.

Gründe für die Wahl zum „Insekt des Jahres":

- Hirschkäfer sind sehr selten geworden.
- Der Hirschkäfer ist im natürlichen Nahrungskreislauf von großer Bedeutung, da er morsches Holz verarbeitet.

Oder:

- Der Hirschkäfer ist einer der größten Käfer Mitteleuropas.

5.4 *Stellen Sie in einer Übersicht abiotische und biotische Umweltfaktoren einander gegenüber. Wählen Sie einen Umweltfaktor aus und zeigen Sie seine Bedeutung für das Wachstum der Bergfichte.*

abiotische Umweltfaktoren	biotische Umweltfaktoren
– Wind	– Bergahorn
– Niederschlag	– Borkenkäfer

Ein bedeutsamer Umweltfaktor im Harz ist der **Wind**. Da er oft sehr kräftig weht, nimmt er großen Einfluss auf das Wachstum und die Entwicklung der Bergfichte. Ihre Wurzeln müssen sich fest im Boden verankern, damit sie den nötigen Halt finden. Um dem Wind standzuhalten, muss zusätzlich ein kräftiger Stamm ausgebildet werden.

Oder:

Der **Borkenkäfer** breitet sich in Fichtenwäldern aus, wenn er genügend Totholz und beschädigte oder geschwächte Bäume findet. Dort herrschen zur Eiablage ideale Bedingungen. Eine Ausbreitung der Borkenkäfer führt zu großen Schäden auch am Bestand der gesunden Bäume und schadet ihrem Wachstum.

5.5 *Nehmen Sie Millimeterpapier zur Hand und zeichnen und beschriften Sie ein Diagramm. Tragen Sie die gegebenen Werte als Säulen ein. Weshalb gibt es im Buchenwald eine größere Anzahl an Tierarten? Begründen Sie anhand eines Sachverhalts.*

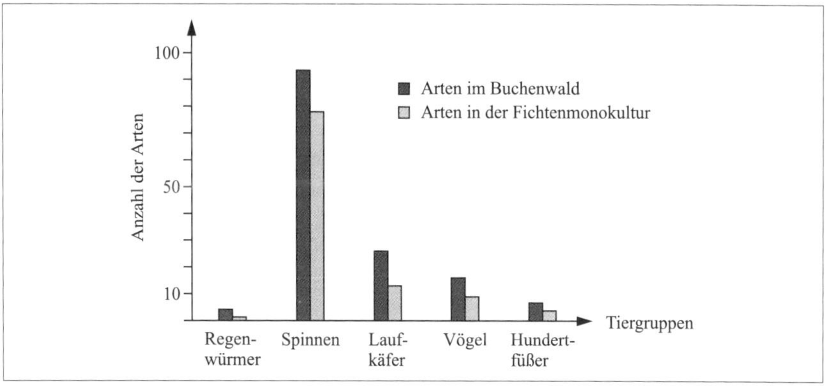

Die Artenanzahl im Buchenwald ist höher, da mehr Pflanzenarten und damit mehr Lebensräume und Nahrung für die unterschiedlichen Tiergruppen zur Verfügung stehen. Die Bedingungen für Wachstum und Entwicklung der Tiergruppen sind vielfältiger.

BE

6.1 Die Aufnahme, die Umwandlung sowie die Ausscheidung von Stoffen gehören zum Stoffwechsel. Ein wesentlicher Vorgang des Stoffwechsels ist die Verdauung.
- Benennen Sie die in der Abbildung mit den Ziffern 1 und 2 gekennzeichneten Verdauungsorgane.
- Beschreiben Sie eine Aufgabe von Enzymen (z. B. Trypsin) bei der Eiweißverdauung.
- Geben Sie den Fachbegriff für den mit **A** gekennzeichneten Vorgang an.
- Notieren Sie zwei Bedeutungen der Eiweiße für den menschlichen Organismus.

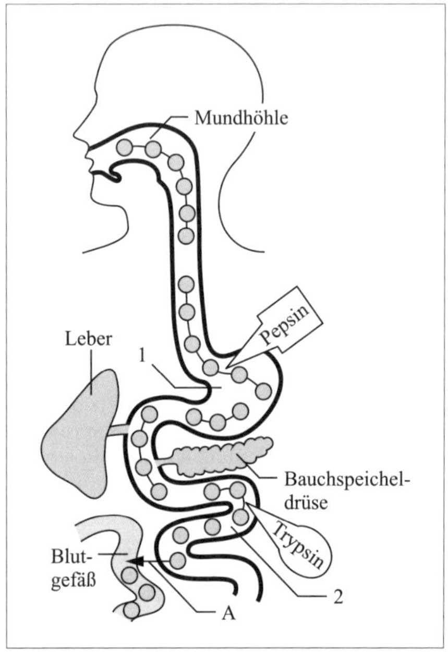

Eiweißverdauung (schematisch)

5

6.2 Eine weitere Nährstoffgruppe unserer Nahrung sind die Kohlenhydrate, zu denen Traubenzucker und Stärke gehören. Beides sind weiße, pulverförmige Feststoffe, die sich experimentell unterscheiden lassen.
- Untersuchen Sie die Wasserlöslichkeit von **Traubenzucker (A)** und **Stärke (B)**.
- Notieren Sie Ihre Beobachtungen.
- Stellen Sie einen Zusammenhang zwischen beiden Beobachtungen und der Kohlenhydratverdauung her. 4

6.3 Über das Atmungssystem werden ebenfalls Stoffe aufgenommen bzw. abgegeben.

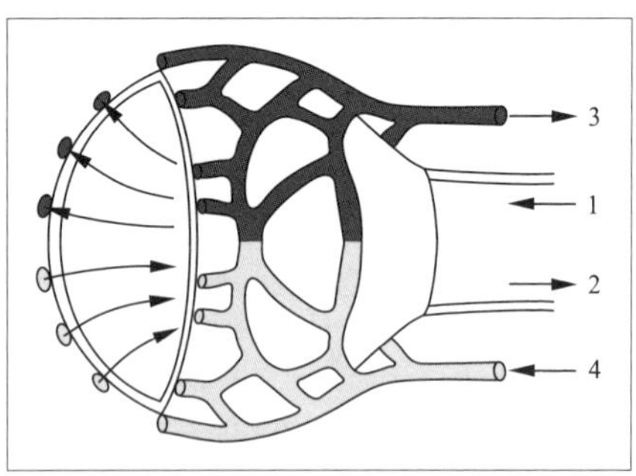

Gasaustausch in den Lungenbläschen (schematisch)

– Ordnen Sie die folgenden Angaben jeweils dem entsprechenden Pfeil (1–4) der Abbildung zu:
kohlenstoffdioxidreiche Ausatemluft, sauerstoffreiches Blut, kohlenstoffdioxidreiches Blut, sauerstoffreiche Einatemluft.
– Wenden Sie das Erschließungsfeld Bau und Funktion auf das Lungenbläschen an. 4

6.4 Der Sauerstoffbedarf des Menschen ist u. a. von Alter, Größe, Geschlecht und der momentan ausgeübten Tätigkeit abhängig. Die nachfolgende Tabelle gibt die bei verschiedenen Tätigkeiten benötigten Mengen an Atemluft an.

	Tätigkeit	**benötigte Menge Atemluft Liter pro Minute**
1	Liegen	6
2	Sitzen	7
3	Gehen	17
4	Radfahren	23
5	Schwimmen	43
6	Kurzstreckenlauf	60

Durchschnittlich benötigte Menge an Atemluft bei verschiedenen Tätigkeiten

– Stellen Sie in einem Säulendiagramm die in der Tabelle aufgeführten Daten grafisch dar. Verwenden Sie dazu Millimeterpapier.
– Erklären Sie, weshalb die benötigte Menge an Atemluft von Tätigkeit 1 bis 6 zunimmt. 5

6.5 Menschliche Zellen enthalten im Durchschnitt 1 500 Mitochondrien. In diesen Zellbestandteilen findet die Zellatmung (Biologische Oxidation) statt.

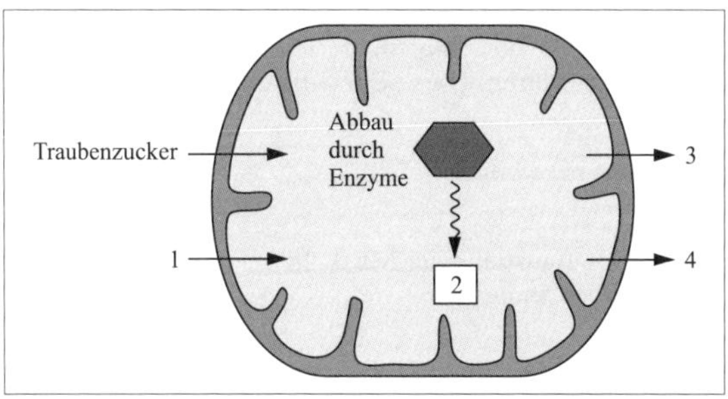

Umsetzung von Traubenzucker im Mitochondrium (schematisch)

– Ordnen Sie den Ziffern 1–4 jeweils die entsprechenden Begriffe zu.
– Erläutern Sie eine Bedeutung der Zellatmung für die Lebewesen. 4

6.6 Durch Stoffwechselprozesse entstehen zahlreiche Stoffwechselendprodukte, die unser Körper ausscheiden muss.
– Notieren Sie zwei Ausscheidungsorgane des Menschen.
– Begründen Sie an einem Sachverhalt die Notwendigkeit der Ausscheidung. 3

Anhang: Überblick Erschließungsfelder

Vielfalt:	Vorhandensein von Gemeinsamkeiten und Unterschieden in den Merkmalen Bau, Funktion, Verhalten von Lebewesen sowie deren Lebensräumen
Bau und Funktion:	Zusammenhänge zwischen dem Bau von Körperteilen oder Organen und deren entsprechenden Aufgaben
Angepasstheit:	Merkmale von Lebewesen, die das Leben in einem bestimmten Lebensraum ermöglichen
Information:	Fähigkeit der Lebewesen, Signale zu senden und auf Signale zu reagieren
Fortpflanzung:	Geschlechtliche und ungeschlechtliche Erzeugung von Nachkommen
Wechselwirkung:	Ursache-Wirkungs-Beziehung im Lebewesen, zwischen Lebewesen sowie zwischen Lebewesen und ihrer Umwelt

---

Lösungen

6.1 *Betrachten Sie die schematische Darstellung und geben Sie die Namen der Teile 1 und 2 an. Welche Aufgabe besitzen die Enzyme der Eiweißverdauung? Beschreiben Sie eine der Aufgaben. Wie heißt der Fachbegriff für den Vorgang A? Geben Sie zwei Bedeutungen der Eiweiße für den menschlichen Körper an.*

1 Magen
2 Dünndarm

Die Enzyme der Eiweißverdauung, z. B. das Trypsin, zerlegen die Eiweißketten in Eiweißbruchstücke und weiter in Aminosäuren. Diese Einzelbausteine können dann in das Blut aufgenommen werden.

Der Vorgang A wird als **Resorption** bezeichnet.

Bedeutung der Eiweiße:
- Aufbau körpereigener Eiweiße als Bausteine der Muskeln
- Erhaltung von Organen und Blutbestandteilen

Oder:
- Zellneubildung und Wundverschluss
- Aufrechterhaltung sämtlicher Lebensfunktionen

6.2 *Lesen Sie die Aufgabe genau und führen Sie das Experiment durch. Schreiben Sie Ihre Beobachtungen auf und werten Sie das Experiment aus. Welche Rückschlüsse lassen sich aus den Versuchsergebnissen auf die Kohlenhydratverdauung ziehen?*
Durchführung des Experiments: *Jeweils die gleiche Menge an Traubenzucker und Stärke wird in je ein Reagenzglas gegeben. Danach wird die jeweils gleiche Wassermenge in die Reagenzgläser gefüllt. Anschließend werden die Gläser vorsichtig geschüttelt und abgestellt.*

Beobachtung:
Traubenzucker (A): Das weiße Pulver ist nicht mehr sichtbar, es hat sich sehr schnell aufgelöst.
Stärke (B): Das weiße Pulver bleibt am Boden des Reagenzglases und verklumpt, es löst sich nicht auf bzw. nur zu einem sehr geringen Teil.

Herstellung eines Zusammenhangs:
Die Kohlenhydrate Traubenzucker und Stärke werden unterschiedlich schnell verdaut. Die Verdauung beginnt bereits in der Mundhöhle durch den Einfluss von Speichelenzymen.
Traubenzucker (A) kann im Dünndarm sehr schnell ins Blut aufgenommen werden, da er bereits ein Einfachzucker ist und damit kleinster Baustein.
Die Stärke (B) wird im Mund in Zweifachzucker gespalten, die im Dünndarm durch weitere Enzyme in Einfachzucker zerlegt und ins Blut aufgenommen werden. Der Vorgang der Verdauung von Stärke dauert dadurch etwas länger.

6.3 *Betrachten Sie die schematische Darstellung und benennen Sie die Pfeile 1–4 mit den vorgegebenen Begriffen. Erklären Sie Bau und Funktion des Lungenbläschens mit dem Erschließungsfeld Bau und Funktion.*

1 sauerstoffreiche Einatemluft
2 kohlenstoffdioxidreiche Ausatemluft
3 sauerstoffreiches Blut
4 kohlenstoffdioxidreiches Blut

Die Lungenbläschen dienen dem Gasaustausch. Sie besitzen eine sehr dünne Haut, durch die Sauerstoff in das Blut abgegeben und Kohlenstoffdioxid aus dem Blut aufgenommen werden kann. Es erfolgt jeweils ein Konzentrationsausgleich der Gase. Dieser physikalische Vorgang heißt Diffusion.

6.4 *Zeichnen Sie ein Diagramm auf Millimeterpapier und geben Sie die vorgegebenen Werte als Säulen an. Formulieren Sie Gründe, weshalb die benötigte Atemluft von Tätigkeit 1 bis 6 ansteigt.*

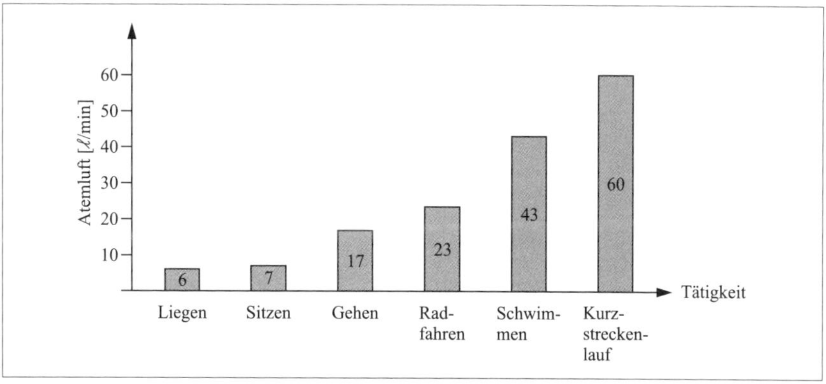

Der eingeatmete Sauerstoff wird für die Zellatmung und damit für die Bereitstellung von Energie benötigt. Da bei den Tätigkeiten 1 bis 6 die Muskelarbeit ansteigt, ist auch der Bedarf an Sauerstoff zur Energiegewinnung jeweils höher als bei der vorherigen Tätigkeit.

6.5 *Betrachten Sie die schematische Darstellung und geben Sie für die Ziffern 1–4 die jeweiligen Fachbegriffe an. Die Zellatmung hat für die Lebewesen große Bedeutung. Wählen Sie eine Bedeutung aus und erklären Sie diese.*

1 Sauerstoff
2 Energie
3 Kohlenstoffdioxid/Wasser
4 Wasser/Kohlenstoffdioxid

Die **Zellatmung** (biologische Oxidation) läuft in allen Zellen ab. Dabei werden die Grundbausteine der Nahrung, die durch die Verdauung bereitgestellt und beim Vorgang der Resorption an das Blut abgegeben wurden, mithilfe von Sauerstoff aus der Atmung umgewandelt. Durch diesen Prozess entsteht die für alle Lebensvorgänge (z. B. Aufrechterhaltung der Körpertemperatur, Wachstum, Muskelarbeit) notwendige Energie.

6.6 *Geben Sie zwei Ausscheidungsorgane des Menschen an. Zeigen Sie an einem Beispiel, wie wichtig und notwendig die Ausscheidung der Stoffwechselendprodukte ist.*

Ausscheidungsorgane des Menschen sind die Haut und die Lunge.

Oder:
Niere

Die beim Stoff- und Energiewechsel entstehenden Stoffwechselendprodukte müssen ausgeschieden werden, da sie sonst zu Erkrankungen und Vergiftungen und damit zum Tod des Menschen führen können.
Da **Kohlenstoffdioxid** für den Organismus schädlich ist, muss es schnell aus dem Körper entfernt werden. Dies geschieht beim Ausatmen.

Oder:
Der **Harnstoff** wird von den Nieren mit dem Harn ausgeschieden. Damit wird unser Blut entgiftet. Die Giftstoffe müssen den Körper verlassen, da sonst Entzündungen oder Organversagen die Folge sein können.

Realschulabschluss 2014 Biologie (Sachsen)
Pflichtaufgabe 1: Das Blut – ein wichtiger „Lebenssaft“

BE

1.1 Der Lehrer demonstriert Ihnen ein Experiment zur Löslichkeit von Stärke (Glas A) und Traubenzucker (Glas B) in Wasser.
- Notieren Sie Ihre Beobachtungen.
- Werten Sie Ihre Beobachtungen hinsichtlich der Löslichkeit der beiden Stoffe aus.
- Stellen Sie einen Zusammenhang zwischen der Auswertung und der Aufnahmemöglichkeit des Traubenzuckers **oder** der Stärke in das Blut her. 4

1.2 Durch den Körper eines erwachsenen Menschen fließen ca. 5 bis 6 Liter Blut. Betrachtet man einen Blutausstrich unter dem Mikroskop, kann man unterschiedliche Bestandteile erkennen. Diese erfüllen vielfältige Funktionen.

Blutbestandteil	**Funktion**
weiße Blutzellen	
	Sauerstofftransport
	Wundverschluss
Blutplasma	

- Übertragen Sie die Tabelle in Ihre Aufzeichnungen und ergänzen Sie die fehlenden Fakten. 2

1.3 Erkrankungen des Herz- und Kreislaufsystems stehen seit Jahren an erster Stelle in Krankheitsstatistiken.

Karikatur: Esssituation
Quelle: © BZgA, Köln 1994

- Geben Sie zwei Ursachen für Herz- und Kreislauferkrankungen an.
- Begründen Sie eine Maßnahme zur Gesunderhaltung des Herz- und Kreislaufsystems. 3

Lösungen

1.1 *Beobachten Sie das Experiment und ziehen Sie aus den Beobachtungen Ihre Schlussfolgerungen.*

Beobachtungen:
- Ich erkenne im **Glas A** eine Trübung des Wassers und einen weißen Bodensatz.
- Im **Glas B** ist eine klare Flüssigkeit zu erkennen, es ist kein Bodensatz sichtbar.

Auswertung:
- Die Stärke im **Glas A** hat sich nicht bzw. nur sehr wenig im Wasser gelöst.
- Der Traubenzucker im **Glas B** hat sich vollständig gelöst.

Zusammenhang:
Daraus folgt, dass der Traubenzucker aufgrund seiner guten Löslichkeit sehr schnell und problemlos in das Blut aufgenommen werden kann. Stärke dagegen muss zunächst über Verdauungsenzyme in seine Grundbausteine aufgespalten werden und kann daher nicht sofort ins Blut übergehen.

1.2 *Schreiben Sie die Tabelle ab und vervollständigen Sie die fehlenden Angaben.*

Blutbestandteil	**Funktion**
weiße Blutzellen	Abwehr von Krankheitserregern
rote Blutzellen	Sauerstofftransport
Blutplättchen	Wundverschluss
Blutplasma	Transport von Salzen und anderen gelösten Stoffen

1.3 *Nennen Sie zwei Ursachen für Erkrankungen des Herz-Kreislauf-Systems. Wie können diese Erkrankungen vermieden werden? Begründen Sie Ihre Antwort.*

Ursachen:
Ursachen können z. B. der Missbrauch von Genussmitteln (z. B. Tabak und Alkohol) oder zu wenig körperliche Bewegung sein.

Oder:
Ursachen können z. B. Fehlernährung und starkes Übergewicht sein.

Begründung einer Maßnahme:
Durch den Verzicht auf Nikotin gelangen keine schädigenden Stoffe in den Körper, die Blutgefäße werden geschützt und bleiben voll funktionstüchtig.

Oder:
Ausreichend körperliche Bewegung schützt vor Übergewicht und fördert die Belastbarkeit unseres Herz-Kreislauf-Systems.

Pflichtaufgabe 2: Schmerz – ein uraltes Signalsystem

BE

2.1 Berühren wir einen heißen Gegenstand, rasen Schmerzsignale mit einer Geschwindigkeit von bis zu 30 Metern pro Sekunde durch unsere Nerven. Wir reagieren blitzschnell. Dieser Vorgang kann durch folgendes Schema dargestellt werden:

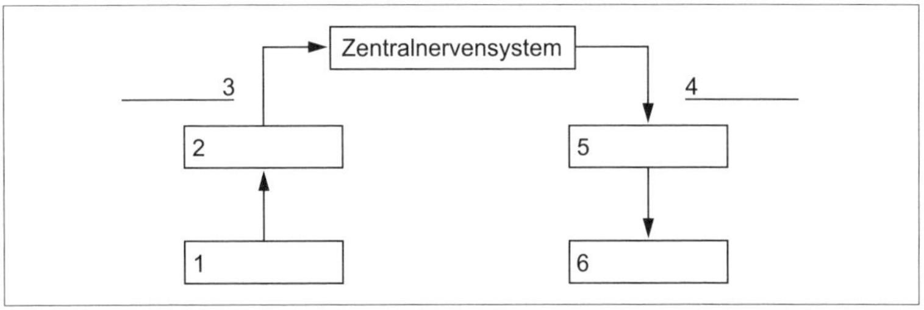

Reflexbogen (Reiz-Reaktions-Kette)

- Ordnen Sie den Ziffern 1 bis 6 die entsprechenden Fakten zu.
- Notieren Sie den Fachbegriff für solche unbewusst ablaufenden Reaktionen. 4

2.2 Die Nervenzellen sind die Grundbausteine unseres Nervensystems. Sie bilden ein verzweigtes Netz im ganzen Körper und können bis zu anderthalb Meter lang sein.

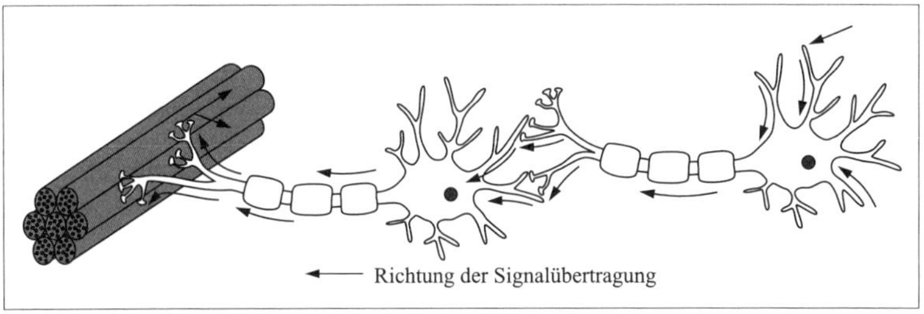

Signalübertragung durch Nervenzellen (schematisch)

- Beschreiben Sie am Beispiel der Nervenzelle einen Zusammenhang von Bau und Funktion. 2

2.3 Einigen wenigen Menschen fehlt genetisch bedingt jegliches Schmerzempfinden.
- Beurteilen Sie, ob Schmerzunempfindlichkeit ein evolutionärer Vor- oder Nachteil ist. 2

Lösungen

2.1 *Lesen Sie den Einleitungstext und vervollständigen Sie das Schema, indem Sie die entsprechenden Begriffe notieren. Geben Sie anschließend den Namen für diese Reaktion an.*

1 Reiz
2 Sinnesorgan
3 Sensible Nerven (Empfindungsnerven)
4 Motorische Nerven (Bewegungsnerven)
5 Erfolgsorgan
6 Reaktion

Fachbegriff: Solche unbewusst ablaufenden Reaktionen werden als **unbedingte Reflexe** bezeichnet.

2.2 *Geben Sie an, wie die Funktion der Nervenzelle durch eines ihrer Baumerkmale ermöglicht wird.*

Um eine schnelle Signalübertragung zu gewährleisten, muss ein weit verzweigtes Nervensystem mit unzähligen Nervenzellen durch unseren Körper verlaufen. Die Informationsübertragung zwischen den Nervenzellen und auf die Erfolgsorgane findet an den Synapsen statt.

Oder:
Durch die langen und vielfach verzweigten Fortsätze der Nervenzellen kann ein dichtes Nervennetz geknüpft werden. Dadurch ist eine schnelle Signalübertragung in alle Teile des Körpers möglich.

2.3 *Wäre es in der evolutionären Entwicklung des Menschen ein Vor- oder ein Nachteil, wenn wir keinen Schmerz empfinden würden?*

Schmerzunempfindlichkeit ist für die betroffenen Individuen ein großer Nachteil. Die Schmerzempfindlichkeit sorgt dafür, dass der Mensch gefährliche Situationen erkennen und sich von diesen entfernen oder sich auf andere Weise schützen kann. Werden Schmerzen dagegen nicht wahrgenommen, besteht im schlimmsten Fall Lebensgefahr ohne dass der Organismus davor gewarnt wird.

BE

3.1 Auf der Erde leben etwa 50 000 verschiedene Wirbeltierarten. Bestimmte Körpermerkmale ermöglichen ihnen das Überleben in ihren Lebensräumen.

Wirbeltier-klassen	Fische	Lurche	Kriechtiere	Vögel	Säugetiere
Körper-bedeckung	schleimige Haut mit Schuppen		trockene Haut mit Horn-schuppen		
Atmungs-organe		Haut und sackförmige Lungen		mehrfach gekammerte Lungen mit Luftsäcken	

– Übertragen Sie die Tabelle in Ihre Aufzeichnungen und ergänzen Sie die fehlenden Fakten. 3

3.2 Der Maulwurf ist an das Leben im Boden angepasst.
– Geben Sie zwei abiotische Umweltfaktoren an, die auf den Maulwurf im Boden einwirken.
– Erläutern Sie an einem Körpermerkmal die Angepasstheit des Maulwurfes.

Maulwurf 3

3.3 Lebewesen sind auch durch ihr Verhalten (z. B. unterschiedliche Jagdstrategien) an ihre Lebensräume angepasst.
– Werten Sie das Diagramm aus.

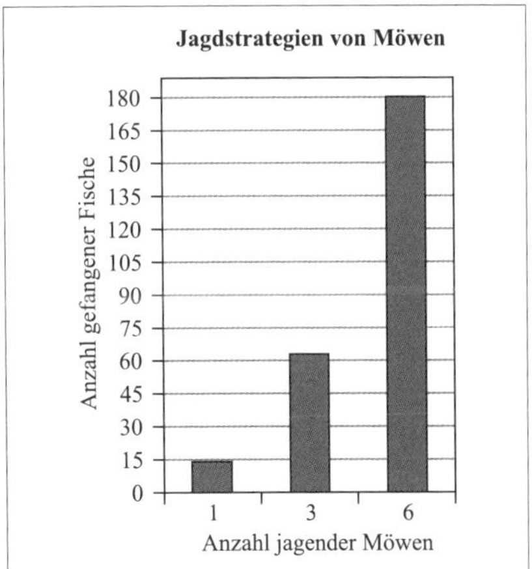

2

Lösungen

3.1 *Schreiben Sie die Tabelle in Ihre Arbeit ab und vervollständigen Sie die Übersicht.*

Wirbeltier-klassen	Fische	Lurche	Kriechtiere	Vögel	Säugetiere
Körper-bedeckung	schleimige Haut mit Schuppen	feuchte Haut mit Drüsen	trockene Haut mit Horn-schuppen	trockene Haut mit Federn	trockene Haut mit Fell
Atmungs-organe	Kiemen	Haut und sackförmige Lungen	einfach gekammerte Lungen	mehrfach gekammerte Lungen mit Luftsäcken	aus Lungen-bläschen bestehende Lungen

3.2 *Nennen Sie zwei abiotische Umweltfaktoren des Maulwurfs. Wie ist der Maulwurf an seinen Lebensraum angepasst?*

Abiotische Umweltfaktoren:
Auf den Maulwurf wirken als abiotische Umweltfaktoren die Temperatur und die Feuchtigkeit im Boden ein.

Oder:
Auf den Maulwurf wirken als abiotische Umweltfaktoren die Dunkelheit unter der Erde und die Beschaffenheit des Erdbodens ein.

Erläuterung der Angepasstheit des Maulwurfs:
Der Maulwurf besitzt sehr kleine Augen, mit denen er nur auf Helligkeitsunterschiede reagieren kann. Durch die Dunkelheit in seinen Gängen benötigt er dieses Sinnesorgan nicht mehr, was zur Rückbildung der Augen führte.

Oder:
Der Maulwurf besitzt ein sehr dichtes, kurzes Fell. Dadurch wird verhindert, dass Erde zwischen den Haaren zurückbleibt und verklebt, wenn sich das Tier durch die Erde hindurchgräbt.

Oder:
Die Hände des Maulwurfs sind zu Grabschaufeln umgebildet, mit deren Hilfe das Tier seine unterirdischen Gänge durch das Erdreich anlegen kann.

3.3 *Betrachten Sie das Diagramm und erklären Sie die dargestellten Werte.*

Während eine einzelne Möwe nur 14 Fische fängt, sind 3 Möwen in der Lage 63 Fische zu fangen (durchschnittlich 21 Fische je Möwe). Jagen 6 Möwen gemeinsam, so können sie sogar 180 Fische erbeuten (durchschnittlich 30 Fische je Möwe).
Man erkennt, dass die Möwen als Gruppe durch Zusammenarbeiten bei ihrer Jagd viel erfolgreicher sind, als wenn sie einzeln jagen. Die Jagd in Gruppen ist eine Anpassung der Möwen an die Gegebenheiten in ihrem Lebensraum.

Realschulabschluss 2014 Biologie (Sachsen)
Wahlaufgabe 4: Auf den Spuren Darwins

BE

4.1 Charles Darwin gilt als Begründer der Evolutionstheorie. Die während einer fünfjährigen Weltreise gefundenen Fossilien bildeten eine wesentliche Grundlage für die von ihm aufgestellte Theorie.
- Beschreiben Sie die Entstehung einer Fossilienform.
- Notieren Sie zwei weitere Fossilienformen.
- Begründen Sie an einem Sachverhalt die Bedeutung der Fossilien für die Evolutionstheorie. 5

4.2 Darwin sammelte auf den Galapagosinseln u. a. verschiedene Finkenvögel. Bei der Auswertung des Materials kam er zu der Annahme, dass diese Finken auf eine Ursprungsart des ca. 1 000 km entfernten Festlandes zurückzuführen sind.

Großer Baumfink
Insektenfresser

Sängerfink
baumbewohnender Insektenfresser

Kleiner Baumfink
am Boden suchender Insektenfresser

Spechtfink
stochert mit Kaktusdorn nach Insekten

Finkenarten der Galapagosinseln
Quellen:
Großer Baumfink, Sängerfink, Kleiner Baumfink: © 2010 – Ruben Heleno, Charles Darwin Foundation.
Spechtfink: © Alan Root/OKAPIA

- Erläutern Sie anhand dieses Beispiels das Wirken von zwei Evolutionsfaktoren. 4

4.3 Darwin war überzeugt, dass sich Lebewesen im Laufe langer Zeiträume verändern. Ein Beispiel dafür sind die Wale, die vor ca. 55 Millionen Jahren in Meeresnähe auf dem Land lebten und vier Gliedmaßen hatten.

Rekonstruktion eines Urwales
Quelle: Illustration by Carl Buell

– Definieren Sie den Begriff rudimentäres Organ.
– Ordnen Sie zwei Lebewesen je ein rudimentäres Organ zu. 4

4.4 Übergangsformen (Zwischenformen) sind Belege für Darwins Theorie.

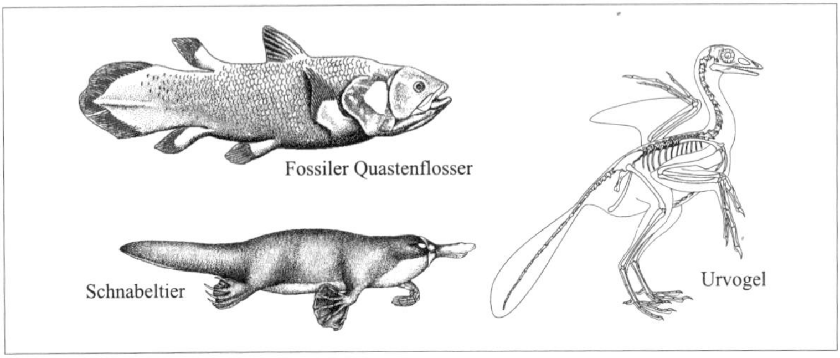

Übergangsformen
Quelle: Schnabeltier: © Patricia J. Wynne

– Notieren Sie für **eine** der abgebildeten Übergangsformen die zwei Wirbeltierklassen, von denen diese Merkmale besitzt.
– Ordnen Sie vier Merkmale der von Ihnen gewählten Übergangsform den entsprechenden Wirbeltierklassen zu.
– Erklären Sie eine Bedeutung von Übergangsformen für die Evolutionstheorie. 5

4.5 Darwins Annahme, Mensch und Menschenaffen hätten gemeinsame Vorfahren, stieß zur damaligen Zeit auf großen Widerstand. Erst mit der Entwicklung neuer Untersuchungsmethoden konnte diese Annahme bestätigt werden.
– Vergleichen Sie den Bau des Skeletts von Gorilla und Mensch, indem Sie zwei Gemeinsamkeiten und einen Unterschied angeben.
– Begründen Sie, weshalb der aufrechte Gang eine Voraussetzung für die erfolgreiche stammesgeschichtliche Entwicklung des Menschen war. 4

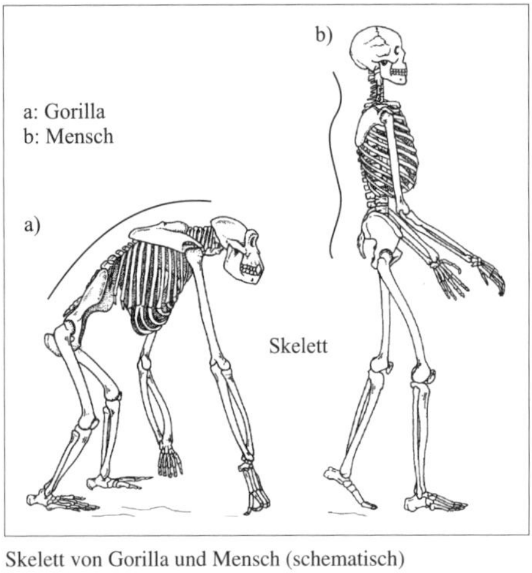

Skelett von Gorilla und Mensch (schematisch)

4.6 Darwin war davon überzeugt, dass alle heute lebenden Menschen einer Art angehören.
– Notieren Sie zwei Merkmale, die die Richtigkeit dieser Feststellung beweisen.
– Erläutern Sie am Beispiel der Hautfarbe die Angepasstheit der Menschen an klimatische Verhältnisse. 3

Lösungen

4.1 *Wie sind Fossilien entstanden? Nennen Sie weitere Fossilienformen. Welche Bedeutung besitzen Fossilien für die Evolutionstheorie?*

Entstehung einer Fossilienform:
Werden Insekten oder kleine Pflanzenteile von frischen Harztropfen eingeschlossen, so sind sie luftdicht verpackt. Verfestigt sich dieses Harz, kann im Verlauf von Jahrmillionen Bernstein entstehen, der mitsamt den eingeschlossenen Organismen für die Nachwelt erhalten bleiben.

Oder:
Ein Tier oder eine Pflanze wird beispielsweise an Land oder am Grund eines Sees von Sediment überdeckt und so großem Druck ausgesetzt. Das organische Material wird durch anorganisches Material ersetzt und Umrisse oder typische Formen des Lebewesens bleiben im Gestein erhalten.

Weitere Fossilienformen:
- Versteinerungen
- Inkohlungen

Oder:
- Mumifizierungen

Bedeutung für die Evolutionstheorie:
Fossilien sind Reste oder Spuren von Lebewesen vergangener Erdzeitalter. Sie ermöglichen uns Einblicke in die Merkmale bereits ausgestorbener Organismen und geben manchmal sogar Auskunft über die ehemals vorherrschenden Lebensbedingungen. Mit ihrer Hilfe können daher verwandtschaftliche Beziehungen zwischen den heute lebenden und bereits ausgestorbenen Arten nachgewiesen werden. Da nahezu jede neu entdeckte fossile Art neue Informationen liefert, wird die Abstammungslehre ständig aktualisiert.

4.2 *Wählen Sie zwei Evolutionsfaktoren aus und beziehen Sie diese auf die Darwinfinken.*

Die Evolutionsfaktoren sind **Mutation, Neukombination, Selektion und Isolation**. Durch ihr Wirken entstanden alle auf der Erde existierenden Lebewesen.

Wirken der Isolation: Die Finken gelangten auf die Galapagosinseln und waren dort von der Festlandfinken **isoliert**. Das heißt eine Vermischung des Erbguts war nicht mehr möglich.

Wirken von Mutation/Neukombination: Durch zufällige **Mutationen** und **Neukombinationen** des Erbguts traten auf den Inseln Finken mit unterschiedlichen Schnabelformen auf.

Oder:
Wirken der Selektion: Finken, die durch die veränderte Schnabelform in der Lage waren, neue Nahrungsquellen zu nutzen, hatten einen Vorteil gegenüber ihren Artgenossen, konnten sich dadurch stärker vermehren und ihre Erbinformation an die nächste Generation weitergeben. Die weniger gut angepassten Artgenossen wurden **selektiert**.

4.3 *Erklären Sie den angegebenen Begriff und nennen Sie zwei weitere Tiere und ihr jeweiliges rudimentäres Organ.*

Definition: Organe, die ihre Funktionen teilweise oder ganz verloren haben und daher teilweise zurückgebildet sind, werden als rudimentäre Organe bezeichnet.

Zuordnung:
- **Wal:** Hintergliedmaßen und Beckengürtel sind zurückgebildet
- **Mensch:** Blinddarm mit Wurmfortsatz hat seine Funktion verloren

Oder:
- **Maulwurf:** Augen sind aufgrund der ständigen Dunkelheit in seinem Lebensraum zurückgebildet

4.4 *Betrachten Sie die Abbildungen. Geben Sie für ein Lebewesen die beiden Wirbeltierklassen an, deren Merkmale hier vorhanden sind. Finden Sie zu jeder Übergangsform vier Merkmale. Weshalb sind Übergangsformen für die Evolutionstheorie von großer Bedeutung?*

Quastenflosser: Fisch und Lurch

Oder:
Urvogel: Kriechtier und Vogel

Oder:
Schnabeltier: Kriechtier und Säugetier

Quastenflosser	
Fisch-Merkmale	**Lurch-Merkmale**
– Ausbildung von Flossen – Körperform – Schuppen als Körperbedeckung *Oder:* – Kiemenatmung	– „Gliedmaßen" mit knöchernem Skelett

Oder:

Urvogel	
Kriechtier-Merkmale	**Vogel-Merkmale**
– Zähne im Kiefer – bekrallte Finger *Oder:* – langer Schwanz mit beweglichen Wirbeln – Mittelhandknochen nicht verwachsen	– Vordergliedmaßen als Flügel ausgebildet – Federkleid *Oder:* – hohle Knochen

Oder:

Schnabeltier	
Kriechtier-Merkmale	**Säugetier-Merkmale**
– legt Eier	– Milchdrüsen – Fell – gleichwarmes Lebewesen

Bedeutung für die Evolutionstheorie: Übergangsformen zeigen die Abfolge der stammesgeschichtlichen Entwicklung der Lebewesen und geben Aufschluss über die verwandtschaftlichen Beziehungen der Organismengruppen untereinander. Sie sind daher ein wichtiger Bestandteil der Evolutionsforschung.

4.5 *Betrachten Sie die Abbildungen beider Skelette und geben Sie zwei Gemeinsamkeiten und einen Unterschied an. Weshalb war die Entwicklung des Menschen durch den aufrechten Gang erst möglich?*

Gemeinsamkeiten:	– Grundaufbau des Skeletts mit Schulter- und Beckengürtel – Grundaufbau von Arm- und Beinskelett
Unterschiede:	– Form der Wirbelsäule • Mensch: doppelt-S-förmig • Gorilla: einfach gebogen *Oder:* – Struktur und Funktion von Hand und Fuß • Mensch: Greifhand und Standfuß • Gorilla: Klammerhand und Greiffuß *Oder:* – Schädel • Mensch: großer Gehirnschädel • Gorilla: großer Gesichtsschädel

4.6 *Weshalb gehören alle heute lebenden Menschen einer Art an? Wie passt sich der Mensch mit seiner Hautfarbe an die Umweltverhältnisse an?*

Beweis der Richtigkeit der Feststellung:
Alle heute auf der Erde lebenden Menschen gehören einer Art an, weil sie **in Bau und Funktion** ihres Körpers **übereinstimmen**, sich **untereinander fortpflanzen** können und **fruchtbare Nachkommen** erzeugen.

Hautfarbe als Angepasstheit:
Die Hautfarbe ist eine Angepasstheit des Menschen an die in den jeweiligen Herkunftsgebieten herrschende Sonneneinstrahlung und dient dem Schutz der Haut vor schädigender UV-Strahlung. Je weiter man sich dem Äquator nähert, desto dunkler ist ihre Hautfarbe der ursprünglich dort lebenden Bevölkerung (auch Haar- und Augenfarbe werden dunkler).

BE

5.1 Die Mangroven gehören zu den artenreichsten und produktivsten Ökosystemen der Erde. Lesen Sie dazu auch den Text und bearbeiten Sie die im Anschluss gestellten Aufgaben.

Ökosystem Mangrove

Mangroven sind baumbewachsene Feuchtgebiete in den Gezeitenzonen tropischer und subtropischer Küsten. Sie wachsen beidseitig vom Äquator in Gebieten, in denen die mittlere jährliche Wassertemperatur über 20 °C liegt. Die Mangrovenbäume wachsen an der Grenze zwischen Land und Meer. Sie wurzeln in schlammigen, sauerstoffarmen Böden und sind extremem Gezeitenwechsel mit hohen Salzgehaltsschwankungen und starken Winden ausgesetzt. Bei den meisten Bäumen keimen die Samen schon am Baum und fallen als schwimmender Keimling vom Mutterbaum ab.
Viele dieser Bäume bilden Stelzwurzeln mit zahlreichen Luftporen. Sie verschaffen sich somit im Schlick den erforderlichen Halt und den Zugang zum Sauerstoff. Gleichzeitig dienen die Luftwurzeln mit ihrer dichten Behaarung als ausgezeichnete Sedimentfänger. So schützt das dichte Wurzelgeflecht vor Bodenabtragung. Zusammen mit den vorgelagerten Korallenriffen bilden Mangroven einen natürlichen Schutz der Küstenregionen vor Tsunamis und Sturmfluten.
Mangroven sind äußerst produktive Ökosysteme. Das reichhaltige, von den Bäumen herabfallende organische Material, wird von Bakterien und Schimmelpilzen zersetzt und steht den heranwachsenden Fischen als Nahrung zur Verfügung. Im dichten Wurzelgeflecht der Mangroven finden Larven und Jungtiere Schutz und Nahrung. Von ca. 40 Fischarten ist bekannt, dass sie die Mangrove als Kinderstube nutzen. Die Mangroven sind der Lebensraum zahlreicher Tierarten, die sowohl das Land aber auch das Meer bewohnen. Im Schlamm leben Krabben, auf den Wurzeln siedeln unter anderem Algen, Seepocken und Schlammspringer. Im Wald leben verschiedene Säugetierarten und in den Baumkronen nisten Vögel, z. B. Ibisse und Reiher. Die Wälder der Mangroven nehmen als Übergangszone zwischen Wasser und Land in tropischen Küstenregionen ökologische und ökonomische Schlüsselfunktionen wahr.

- Geben Sie zwei abiotische Umweltfaktoren an, die auf die Lebewesen der Mangroven einwirken.
- Erläutern Sie an einem Sachverhalt die Angepasstheit der Mangrovenbäume an ihren Lebensraum.
- Wenden Sie das Erschließungsfeld Wechselwirkung auf folgende Aussage an: Überall dort, wo Mangrovenwälder großflächig abgeholzt werden, gehen die Erträge der Küstenfischerei zurück. 5

5.2 In der Lebensgemeinschaft der Mangrove gibt es vielfältige Nahrungsbeziehungen.

- Stellen Sie unter Verwendung folgender Lebewesen eine mögliche Nahrungsbeziehung bestehend aus vier Gliedern auf:
  Jungfische, Schlammspringer, Schimmelpilz, Reiher, Krabbe, Grünalge, Bakterien.
- Leiten Sie aus der folgenden Wortgleichung eine grundlegende Bedeutung der Produzenten in Nahrungsbeziehungen ab:

  Kohlenstoffdioxid + Wasser ⟶ Traubenzucker + Sauerstoff
- Geben Sie für die in der Wortgleichung gekennzeichnete biochemische Reaktion folgende Fachbegriffe an: Name der Reaktion, Reaktionsort (Zellbestandteil). 5

5.3 Einige Lebewesen, wie z. B. der Schlammspringer, haben sich auf eine amphibische Lebensweise spezialisiert. Sie besitzen einen Körperbau, der ihnen das Leben in zwei Lebensräumen ermöglicht. Dabei sind einige Körpermerkmale besondere Anpassungen an das Landleben, andere an das Leben im Wasser.

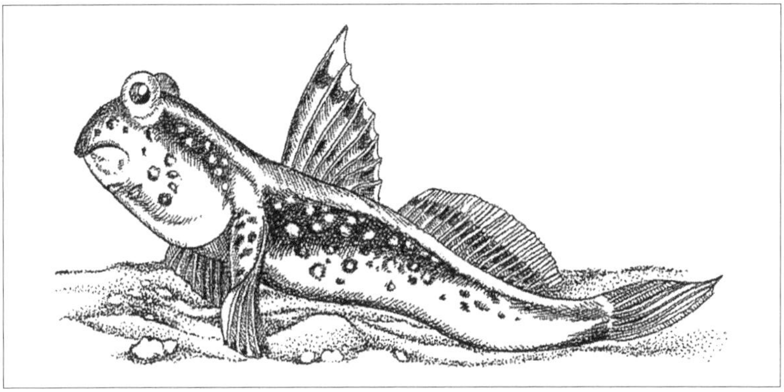

Schlammspringer

- Ordnen Sie die folgenden Körpermerkmale des Schlammspringers den entsprechenden Lebensräumen (Wasser oder Land) zu:
  Atmung über die Kiemen; kräftige Rücken- und Schwanzflosse; stromlinienförmiger Körper; muskulöse, „beinartige" Brustflossen.
- Stellen Sie am Beispiel der Körperform einen Zusammenhang zwischen Bau und Funktion her.
- Erklären Sie einen Vorteil der muskulösen, „beinartigen" Brustflossen des Schlammspringers. 6

5.4 Wachsender Bevölkerungsdruck, Städtebau, Industrialisierung, Tourismusprojekte und Aquakulturanlagen (z. B. für Garnelenzucht) belasten das Ökosystem Mangrove zunehmend. Die nachfolgende Tabelle veranschaulicht den weltweiten Rückgang der Mangrovengebiete.

Kontinent	1980 Fläche in km²	2005 Fläche in km²	Flächenverlust 1980–2005 in km²	Flächenverlust 1980–2005 in %
A Afrika	36 700	31 600	5 100	14
B Asien	77 690	58 580	19 110	25
C Mittel- und Nordamerika	29 510	22 630	6 688	23
D Südamerika	22 220	19 780	2 440	11

Mangrovenflächen weltweit
Quelle: Biologie in unserer Zeit. 4/2008, bearbeitet nach Angaben der FAO 2008

- Stellen Sie die in der Tabelle aufgeführten Daten zum prozentualen Verlust der Mangrovenfläche in einem Säulendiagramm grafisch dar. Verwenden Sie dazu Millimeterpapier.
- Werten Sie das Säulendiagramm aus. 5

5.5 Der weltweit zu beobachtende Rückgang an Mangroven und die zunehmenden Kenntnisse ihrer globalen Bedeutung als Ökosystem verstärken die Notwendigkeit der Wiederaufforstung.
- Begründen Sie die Richtigkeit folgender Aussage:
  Die intensiven Eingriffe des Menschen auf das Ökosystem Mangrove wirken sich global, z. B. auf das Weltklima, aus.
- Erläutern Sie an einem weiteren Beispiel die Notwendigkeit der Wiederaufforstung der Mangroven. 4

Anhang: Überblick Erschließungsfelder

Vielfalt:	Vorhandensein von Gemeinsamkeiten und Unterschieden in den Merkmalen Bau, Funktion, Verhalten von Lebewesen sowie deren Lebensräumen
Bau und Funktion:	Zusammenhänge zwischen dem Bau von Körperteilen oder Organen und deren entsprechenden Aufgaben
Angepasstheit:	Merkmale von Lebewesen, die das Leben in einem bestimmten Lebensraum ermöglichen
Information:	Fähigkeit der Lebewesen, Signale zu senden und auf Signale zu reagieren
Fortpflanzung:	Geschlechtliche und ungeschlechtliche Erzeugung von Nachkommen
Wechselwirkung:	Ursache-Wirkungs-Beziehung im Lebewesen, zwischen Lebewesen sowie zwischen Lebewesen und ihrer Umwelt

Lösungen

5.1 *Lesen Sie sich den Text aufmerksam durch. Nennen Sie zwei abiotische Umweltfaktoren der in den Mangroven vorkommenden Lebewesen. Wie sind die Mangrovenbäume an ihren Lebensraum angepasst? Verwenden Sie den Text des Anhangs zur Beantwortung der Frage, welche Wechselwirkung zwischen der Abholzung der Mangrovenwälder und den Fischfangerträgen besteht.*

Abiotische Faktoren:
- mittlere Jahreswassertemperatur über 20 °C
- sauerstoffarme Böden

Oder:
- extreme Gezeitenwechsel
- Schwankungen des Salzgehalts
- starke Winde

Angepasstheit der Mangrovenbäume:
Wegen des Standorts der Pflanzen keimen die Samen bereits am Baum. Der Keimling fällt ins Wasser und ist schwimmfähig.

Oder:
Die Bäume bilden Stelzwurzeln mit Luftporen, damit sie im Schlick Halt finden und an Sauerstoff gelangen.

Oder:
Das dichte Netz aus Luftwurzeln mit starker Behaarung fängt Sediment ein und verhindert die Abtragung des Bodens.

Anwendung des Erschließungsfelds:
Das Erschließungsfeld erklärt das Ursache-Wirkungs-Prinzip: Werden die Mangrovenwälder abgeholzt, so wird die „Kinderstube" der Fische zerstört. Die Tiere finden weniger Nahrung und der Schutz durch die engmaschigen Stelzwurzeln entfällt. Somit gehen der Fischbestand und damit auch die Erträge der Küstenfischerei zurück.

5.2 *Entwickeln Sie aus den gegebenen Lebewesen eine Nahrungskette. Welche Bedeutung besitzt der in der Gleichung dargestellte Vorgang? Notieren Sie den Namen und den Ort der ablaufenden Reaktion.*

Nahrungskette:
Grünalge → Krabbe → Jungfisch → Reiher

Oder:
Grünalge → Schlammspringer → Reiher → Bakterien

Bedeutung der Produzenten:
Der von den Produzenten (alle grünen Pflanzen) hergestellte Traubenzucker (Kohlenhydrat) bildet die Ernährungsgrundlage für alle Konsumenten und Destruenten.

Name der Reaktion: Fotosynthese
Reaktionsort: Chloroplasten

5.3 *Geben Sie für die Lebensräume Wasser und Land die entsprechenden Körpermerkmale an. Welcher Zusammenhang besteht zwischen Bau und Funktion der Körperform? Welchen Vorteil besitzen die muskulösen, „beinartigen" Brustflossen des Schlammspringers?*

Zuordnung der Körpermerkmale:

Lebensraum Wasser	Lebensraum Land
– Atmung über die Kiemen – kräftige Rücken- und Schwanzflosse – stromlinienförmiger Körper	– muskulöse, „beinartige" Brustflossen

Zusammenhang zwischen Bau und Funktion:
Bei Flut bewegt sich der Schlammspringer schwimmend vorwärts, wobei sein stromlinienförmiger Körper und die Flossen eine schnelle Fortbewegung ermöglichen.

Oder:
Bei Ebbe ermöglichen die muskulösen, „beinartigen" Brustflossen die Fortbewegung auf dem schlammigen Untergrund. Mit ihnen stützt der Schlammspringer sich ab und kann z. B. auf Nahrungssuche gehen.

5.4 *Fertigen Sie mithilfe der Tabelle ein Säulendiagramm mit dem prozentualen Flächenverlust der Mangroven auf Millimeterpapier an. Erklären Sie die Werte des Diagramms.*

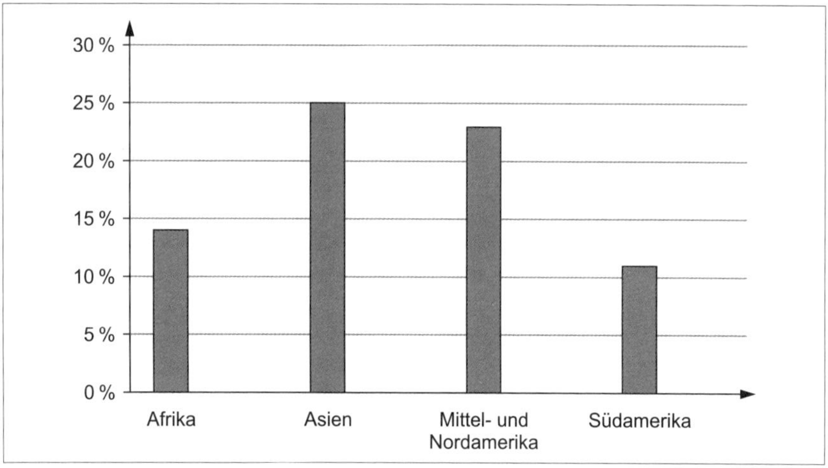

Die y-Achse zeigt den Flächenverlust der Mangrovenwälder zwischen 1980 und 2005 in Prozent an. Die x-Achse kennzeichnet die Kontinente Afrika, Asien, Mittel- und Nordamerika sowie Südamerika.
Es wird deutlich, dass in Asien während des betrachteten Zeitraums ein Viertel der Mangrovenwälder durch Städtebau, Industrialisierung usw. zerstört wurde und damit ein wichtiges Ökosystem stark gefährdet ist. Auch in Mittel- und Nordamerika ist der Flächenverlust mit 23 % sehr hoch. In Südamerika und Afrika sind die Flächenverluste weniger dramatisch: hier ist noch ein großer Teil der Mangrovenwälder erhalten geblieben.

5.5 *Lesen Sie die Aussage und finden Sie Argumente für deren Bestätigung. Weshalb müssen Mangrovenwälder unbedingt wieder aufgeforstet werden?*

Begründung der Richtigkeit:
Die intensiven Eingriffe des Menschen in das Ökosystem Mangrove wirken sich global auf das Weltklima aus, weil riesige Waldgebiete als Sauerstoffproduzenten und Kohlenstoffdioxidspeicher fehlen. Dadurch dass weniger Kohlenstoffdioxid gebunden wird, wird der Treibhauseffekt verstärkt. Auch die Luftfeuchtigkeit in den betroffenen Gebieten wird beeinflusst und damit das Klima verändert.

Notwendigkeit der Wiederaufforstung:
Die Wiederaufforstung der Mangroven ist für Küstengebiete sehr wichtig, da die Wälder durch ihr ausgedehntes und engmaschiges Wurzelgeflecht das Hinterland auch vor der zerstörerischen Wirkung von Sturmfluten und Tsunamis schützen.

BE

6.1 Familienmitglieder weisen häufig Ähnlichkeiten bezüglich äußerer Merkmale auf. Lange Zeit war die Ursache dafür unbekannt. Erst die moderne Genetik fand heraus, dass die DNA bei der Vererbung eine bedeutende Rolle spielt.

- Notieren Sie einen Zellbestandteil, der DNA enthält.
- Benennen Sie zwei der in der Abbildung gekennzeichneten Teile der DNA.
- Beschreiben Sie am Beispiel der DNA einen Zusammenhang zwischen Bau und Funktion.

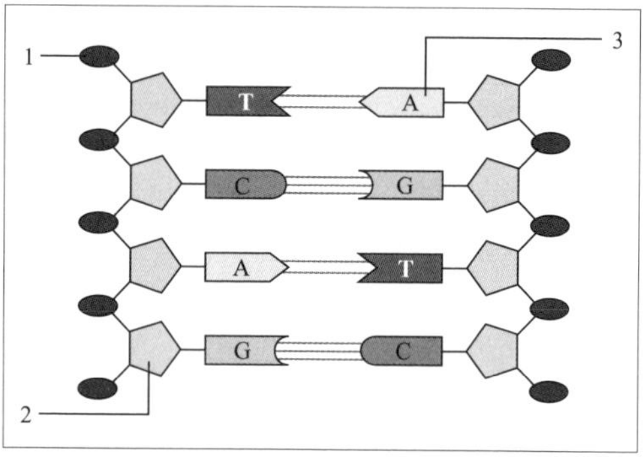

Bau der DNA (schematisch) 4

6.2 Durch die Erfindung des Mikroskops war es möglich, den Bau der Zellen zu erforschen.
- Fertigen Sie ein Frischpräparat vom Zwiebelhäutchen an.
- Stellen Sie ein scharfes mikroskopisches Bild ein und zeigen Sie das eingestellte Bild dem Lehrer.
- Zeichnen Sie aus dem mikroskopischen Bild eine Zelle mit den Anschlüssen an die Nachbarzellen.
- Beschriften Sie zwei Zellbestandteile. 5

6.3 Mikroskopiert man Zellkerne, werden darin fadenförmige Strukturen sichtbar, die Chromosomen. Die nachfolgende Abbildung zeigt den Chromosomensatz einer menschlichen Zelle.

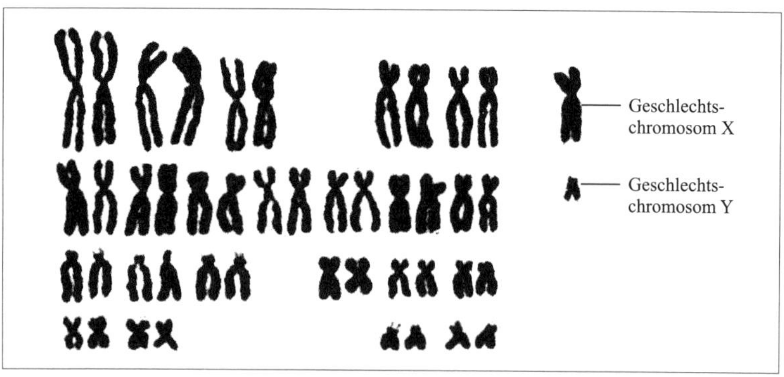

Chromosomensatz einer menschlichen Zelle

- Definieren Sie den Begriff Chromosomensatz.
- Entscheiden Sie, welche der folgenden Angaben für den abgebildeten Chromosomensatz zutreffend sind:
  a) Der Chromosomensatz entspricht dem einer Körperzelle.
  b) Der Chromosomensatz entspricht dem einer Geschlechtszelle.
  c) Der Chromosomensatz entspricht dem einer männlichen Zelle.
  d) Der Chromosomensatz entspricht dem einer weiblichen Zelle.
  Begründen Sie eine Ihrer Entscheidungen. 5

6.4 Veränderungen des Erbgutes können Einfluss auf die Merkmale von Lebewesen haben. Oft entstehen dabei genetische Defekte, die Erbkrankheiten hervorrufen können. Lesen Sie dazu auch den folgenden Text und bearbeiten Sie die im Anschluss gestellten Aufgaben.

Die Sichelzellenanämie

Eine besonders in Afrika häufig auftretende Erbkrankheit ist die Sichelzellenanämie. Der Name dieser Krankheit rührt von der Sichelform der roten Blutzellen her, die im Blut Erkrankter auftreten. Als Ursache gelten Mutagene, welche den Austausch einer organischen Base in dem Gen, das die Informationen zur Ausbildung des roten Blutfarbstoffes (Hämoglobin) enthält, bewirken. In Folge dieser Veränderung wird ein Hämoglobin-Protein gebildet, das dann zu den sichelzellförmigen roten Blutzellen führt. Hämoglobin ist ein wesentlicher Bestandteil der roten Blutkörperchen und dort für den Sauerstofftransport verantwortlich. Die Schwere der Erkrankung hängt vom jeweiligen Erbbild ab. Bei reinerbigen Merkmalsträgern sind sämtliche roten Blutzellen verändert. Betroffene zeigen daher nur eine geringe körperliche Leistungsfähigkeit. Da die Blutzellen häufiger zerbrechen, leiden die Erkrankten auch an Blutarmut. Die Lebenserwartung ist deshalb deutlich vermindert. Mischerbige Merkmalsträger zeigen fast keine Symptome, da nur wenige rote Blutkörperchen deformiert sind. die Sichelzellenanämie verleiht jedoch rein- und mischerbigen Menschen eine besondere Eigenschaft: Sie sind resistent gegen Malaria, was in vielen Gebieten Afrikas von Vorteil ist.

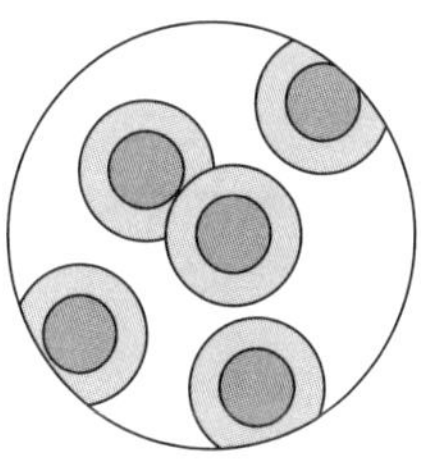
normale rote Blutzellen (schematisch)

sichelförmige rote Blutzellen (schematisch)

Textquelle: J. Dobers (Hrsg.), Th. M. Stein, A. Starke: Erlebnis Biologie 3, Schroedel Verlag, 2002, S. 51

- Erläutern Sie an einem Sachverhalt die geringe körperliche Leistungsfähigkeit von reinerbigen Merkmalsträgern der Sichelzellenanämie.
- Geben Sie zwei weitere Symptome (Erscheinungen) dieser Krankheit an.
- Notieren Sie zwei Mutagene. 4

6.5 Neben genetisch bedingten Erkrankungen können beim Menschen auch Infektionskrankheiten auftreten.

	Erbkrankheit	Infektionskrankheit
Krankheitsursache		
Heilungschance		

- Übertragen Sie die Tabelle in Ihre Aufzeichnungen und ergänzen Sie die fehlenden Fakten.
- Beschreiben Sie eine Maßnahme zur Vermeidung von Erbkrankheiten **oder** Infektionskrankheiten. 4

6.6 Mit Hilfe von Kenntnissen über die Vererbung der Blutgruppen kann man Familienzugehörigkeiten bestimmen. Vier Kinder eines Elternpaares haben die Blutgruppen A, B, AB und 0.
- Ermitteln Sie die Blutgruppen der Eltern mithilfe eines Kreuzungsschemas. 3

Lösungen

6.1 *Geben Sie an, in welchem Zellbestandteil sich die DNA befindet. Geben Sie die Namen von zwei in der Abbildung markierten Strukturen an. Welcher Zusammenhang besteht zwischen Bau und Funktion der DNA?*

Die DNA befindet sich im **Zellkern** der Zelle.

1 Phosphorsäurerest
2 Desoxyribose (Zucker)

Oder:
3 organische Base Adenin

Zusammenhang zwischen Bau und Funktion: Die Baueinheit aus Phosphorsäurerest, Zucker und organischer Base wird Nukleotid genannt. Es gibt vier verschiedene organische Basen und somit auch vier unterschiedliche Nukleotide. Durch die unterschiedliche Abfolge dieser Nukleotide in der DNA werden genetische Informationen verschlüsselt und das Lebewesen erhält seinen typischen genetischen Fingerabdruck. Die DNA ist somit der Träger der Erbinformation.

6.2 *Stellen Sie ein Frischpräparat vom Zwiebelhäutchen her. Fertigen Sie eine mikroskopische Zeichnung einer Zelle mit den Nachbarzell-Anschlüssen an, nachdem Sie das Bild eingestellt und dem Lehrer gezeigt haben. Beschriften Sie zwei Teile der Zelle.*

Herstellung des Abziehpräparats der Zwiebelhaut:

Geräte und Chemikalien:
Pinzette, Präpariernadeln, Pipette, Deckgläschen, Objektträger, Zwiebelhaut, Wasser, Farblösung

Durchführung:
Ein vorbereitetes Stück der Haut einer Zwiebelschuppe wird auf einen gesäuberten Objektträger aufgebracht, auf dem sich 1–2 Wassertropfen mit Farblösung befinden. Das Hautstück wird mit den Präpariernadeln ausgerichtet. Ein Deckgläschen wird seitlich angesetzt und langsam auf den Objektträger aufgelegt.
Danach erfolgen die Einstellung eines geeigneten Bildausschnitts im vorbereiteten Mikroskop sowie die saubere und genaue mikroskopische Zeichnung einer Zelle mit Anschlüssen an die Nachbarzellen.

Mikroskopische Zeichnung:

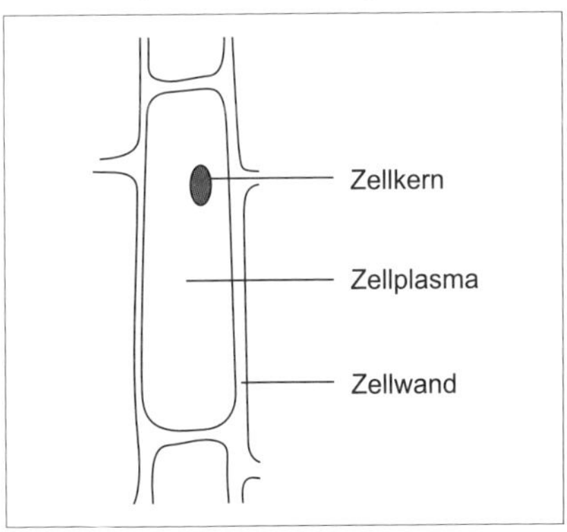

6.3 *Notieren Sie, was man unter einem Chromosomensatz versteht. Welche Angaben sind für die Abbildung zutreffend? Geben Sie für eine Ihrer Entscheidungen eine Begründung an.*

Definition: Der Chromosomensatz ist die Gesamtheit der Chromosomen einer Zelle. Dieser kann einfach (haploid) in Geschlechtszellen oder doppelt (diploid) in Körperzellen vorliegen. Die Anzahl der Chromosomen ist artspezifisch, das heißt, jede Art besitzt eine bestimmte Chromosomenanzahl.

Zutreffend ist: a)
Begründung: Der Chromosomensatz entspricht dem einer Körperzelle, weil 46 Chromosomen abgebildet sind und damit ein doppelter Satz bestehend aus 44 Körperchromosomen und 2 Geschlechtschromosomen vorliegt.

Oder:
Zutreffend ist: c)
Begründung: Der Chromosomensatz entspricht dem einer männlichen Zelle, weil als 23. Chromosomenpaar ein X- und ein Y-Chromosom vorliegen.

6.4 *Lesen Sie aufmerksam den Text. Weshalb besitzen Menschen mit Sichelzellanämie eine geringere körperliche Leistungsfähigkeit? An welchen Symptomen ist diese Erkrankung noch erkennbar? Geben Sie zwei Ursachen für genetische Veränderungen an.*

Erläuterung der geringen Leistungsfähigkeit:
Da bei den reinerbigen Merkmalsträgern die roten Blutzellen verändert sind, können diese **weniger Sauerstoff aufnehmen** und zu den Körperzellen transportieren. Die Betroffenen sind dadurch weniger körperlich leistungsfähig.

Oder:
Da bei den reinerbigen Merkmalsträgern die roten Blutzellen leichter zerbrechen als bei Gesunden und dadurch nicht mehr zur Verfügung stehen, entsteht eine **Blutarmut**. Die Betroffenen sind dadurch weniger körperlich leistungsfähig.

Weitere Symptome:
- Die **Lebenserwartung** bei reinerbigen Merkmalsträgern ist deutlich **vermindert**.
- Bei rein- und mischerbigen Merkmalsträgern entsteht eine **Resistenz gegenüber Malaria**.

Mutagene:
- UV-Strahlung
- Pflanzengifte

Oder:
- Röntgenstrahlung

6.5 *Schreiben Sie die Tabelle in Ihre Arbeit ab und vervollständigen Sie die Übersicht. Durch welche Maßnahmen können Erbkrankheiten oder Infektionskrankheiten vermieden werden?*

	Erbkrankheit	**Infektionskrankheit**
Krankheitsursache	genetischer Defekt, Fehler in der Erbinformation	krankheitsauslösende Bakterien oder Viren
Heilungschance	keine Heilung, nur Linderung der Symptome	Heilung möglich, Serumimpfung oder Medikamente

Vermeidung von Erbkrankheiten:
Erbkrankheiten können vermieden werden, indem die genetische Beratung wahrgenommen wird. Diese steht beispielsweise für Menschen zur Verfügung, in deren Familien Personen an Erbkrankheiten leiden. Werdenden Müttern, die über 35 Jahre alt sind, wird die Beratung ebenfalls empfohlen, da das Risiko für die Entstehung von Erbfehlern (z. B. Trisomie 21) ab diesem Alter statistisch stark ansteigt.

Oder:
Infektionskrankheiten können vermieden werden, indem erkrankte Personen keine engeren körperlichen Kontakte zu gesunden Personen unterhalten. Dadurch kann die Übertragung der Krankheitserreger verhindert werden.

6.6 *Fertigen Sie ein Kreuzungsschema für die Weitergabe der Blutgruppen an.*

Im Phänotyp der Kinder treten die Blutgruppen A, B, AB und 0 auf.
Ein Elternteil muss die Blutgruppe A mit dem Genotyp A0 aufweisen, der andere Elternteil muss die Blutgruppe B mit dem Genotyp B0 besitzen. Damit ist bei den Kindern die Ausprägung aller vier Möglichkeiten gegeben. Im Genotyp der Kinder liegen demnach die Merkmale A0, B0, AB und 00 vor.

	A	**0**
0	A0	00
B	AB	B0

Leerseiten verbilligen in diesem Fall die Herstellung des Buches!

Ihre Meinung ist uns wichtig!

Ihre Anregungen sind uns immer willkommen. Bitte informieren Sie uns mit diesem Schein über Ihre Verbesserungsvorschläge!

Titel-Nr.	Seite	Vorschlag

Bitte hier abtrennen

Bitte hier abtrennen

Zutreffendes bitte ankreuzen!

Die Absenderin/der Absender ist:

- ☐ Lehrer/in in den Klassenstufen: ____
- ☐ Fachbetreuer/in
  Fächer: ____
- ☐ Seminarlehrer/in
  Fächer: ____
- ☐ Regierungsfachberater/in
  Fächer: ____
- ☐ Oberstufenbetreuer/in
- ☐ Schulleiter/in
- ☐ Referendar/in, Termin 2. Staatsexamen: ____
- ☐ Leiter/in Lehrerbibliothek
- ☐ Leiter/in Schülerbibliothek
- ☐ Sekretariat
- ☐ Eltern
- ☐ Schüler/in, Klasse: ____
- ☐ Sonstiges: ____

Unterrichtsfächer: **(Bei Lehrkräften!)**

____

24-V_Abs

Bitte ausfüllen und im frankierten Umschlag an uns einsenden. Für Fensterkuverts geeignet.

STARK Verlag
Postfach 1852
85318 Freising

Kennen Sie Ihre Kundennummer?
Bitte hier eintragen.

Absender **(Bitte in Druckbuchstaben!)**

Name/Vorname

Straße/Nr.

PLZ/Ort/Ortsteil

Telefon privat

Geburtsjahr

E-Mail

Schule/Schulstempel **(Bitte immer angeben!)**

(Bitte blättern Sie um)